Springer-Lehrbuch

Klaus Jänich

Topologie

Vierte Auflage

Mit 182 Figuren

Springer-Verlag
Berlin Heidelberg New York
London Paris Tokyo
Hong Kong Barcelona
Budapest

Prof. Dr. Klaus Jänich
NWF I – Mathematik
Universität Regensburg
D-93040 Regensburg

Mathematics Subject Classification (1991): 54-01

ISBN 3-540-57471-9 Springer-Verlag Berlin Heidelberg New York
ISBN 3-540-52913-6 3. Auflage Springer-Verlag Berlin Heidelberg New York

Die Deutsche Bibliothek – CIP-Einheitsaufnahme
Jänich, Klaus: Topologie/Klaus Jänich. – 4. Aufl. – Berlin; Heidelberg; New York; London; Paris; Tokyo; Hong Kong; Barcelona: Springer, 1994
(Springer-Lehrbuch)
ISBN 3-540-57471-9

Satz: Reproduktionsfertige Vorlagen vom Autor
Vorbereitende $\TeX$-Schreibarbeiten: Karin Zirngibl
Figuren vom Autor

SPIN 10121743 44/3140 – 5 4 3 2 1 0 – Gedruckt auf säurefreiem Papier

Vorwort zur vierten Auflage

Dies ist die erste TeX-Auflage meines Topologiebuches, und ich glaube, nur wir Autoren aus der Schreibmaschinenzeit können den Segen von TeX ganz erfassen, so wie vermutlich nur die Petroleumlampengeneration das elektrische Licht voll zu würdigen wußte.

Die Neuauflage veranlaßte mich, den ganzen Text Wort für Wort durchzugehen. Natürlich nimmt man dabei hie und da kleine Verbesserungen vor, aber im Ganzen konnte ich das Buch lassen wie es ist. Den Vorschlag, Übungen oder Tests dazu zu schreiben, habe ich erwogen, aber dann fand ich das doch mit dem Spaziergangs-Charakter des Buches nicht recht vereinbar. Freilich muß man eine Technik einüben, um sie anwenden zu können, aber es gibt auch eine Stufe des orientierenden Kennenlernens, und dafür ist das vorliegende Buch eben gedacht.

Regensburg, am Neujahrstage 1994 Klaus Jänich

Vorwort zur dritten Auflage

Ich freue mich, mein Buch nach zwei Auflagen als Hochschultext nun in der Springer-Lehrbuch-Reihe zu sehen. Es sei auch weiterhin allen Lesern empfohlen, die sich für eine kurze Informationsreise durch die Topologie meiner wort- und bilderreichen Führung anvertrauen mögen.

Regensburg, im August 1990 Klaus Jänich

Vorwort zur zweiten Auflage

Das Buch ist jetzt, was die Verbesserung von Versehen angeht, ebenso gut wie die englische Ausgabe von 1984, ja sogar noch ein bißchen besser. Ich danke allen, die mir durch freundliche Hinweise dabei geholfen haben.

Regensburg, im März 1987 Klaus Jänich

Vorwort zur ersten Auflage

Das Buch behandelt ungefähr den Teil der Mengentheoretischen Topologie, den ein Student, der sich nicht gerade auf dieses Gebiet spezialisieren will, denn doch beherrschen sollte. Das wäre ja nun nicht gar viel und würde, lakonisch mitgeteilt, nur ein schmales Heft füllen. Auf Lakonismus ist es aber hier nicht abgesehen, sondern auf eine lebendige Vorstellung der Ideen, auf Anschauung im direkten und im höheren Sinne.

Ich denke, daß das Buch sowohl für jüngere als auch für fortgeschrittenere Leser brauchbar sein kann, wenn auch unter jeweils verschiedenen Aspekten. Eigentlich geschrieben ist es aber für mittlere Semester, für Studenten, die ihre Zwischenexamina hinter sich haben und nun beginnen, etwas freier umherzuschauen.

Herrn B. Sagraloff schulde ich Dank für einen freundlichen Hinweis zum funktionalanalytischen Teil; und ich danke Th. Bröcker dafür, daß er sein Letztes Kapitel Mengenlehre in mein Buch gestiftet hat.

Regensburg, im April 1980 Klaus Jänich

Inhaltsverzeichnis

8. Konstruktion von stetigen Funktionen auf topologischen Räumen

9. Überlagerungen

10. Der Satz von Tychonoff

Einleitung

Vom Wesen der Mengentheoretischen Topologie

Es heißt zuweilen, ein Kennzeichen der modernen Wissenschaft sei die große und immer noch zunehmende Spezialisierung; die Wendung "nur noch eine Handvoll Spezialisten ... " hat wohl jeder schon gehört. — Na, ein allgemeiner Ausspruch über ein so komplexes Phänomen wie "die moderne Wissenschaft" hat immer Chancen, auch ein gewisses Quantum Wahrheit mit sich zu führen, aber beim Klischee vom Spezialistentum ist dieses Quantum ziemlich gering. Eher schon kann man nämlich die große und immer noch zunehmende *Verflechtung* früher getrennter Disziplinen ein Merkmal der modernen Wissenschaft nennen. Was heute, sagen wir ein Zahlentheoretiker und ein Differentialgeometer gemeinsam wissen müssen, ist viel mehr, auch verhältnismäßig, als vor fünfzig oder hundert Jahren. Diese Verflechtung wird dadurch bewirkt, daß die wissenschaftliche Entwicklung immer wieder verborgene Analogien ans Licht bringt, deren weitere Ausnutzung einen solchen Denkvorteil bedeutet, daß die darauf gegründete Theorie bald in alle betroffenen Gebiete einwandert und sie verbindet. Eine solche Analogietheorie ist auch die Mengentheoretische Topologie, die alles umfaßt, was sich Allgemeines über Begriffe sagen läßt, die *irgendwie* mit "Nähe", "Nachbarschaft" und "Konvergenz" zu tun haben.

Sätze einer Theorie können Instrumente einer anderen sein. Wenn z.B. ein Differentialgeometer ausnutzt, daß es zu jedem Punkt p in jede Richtung v genau eine maximale Geodätische gibt (und das tut er gewissermaßen täglich), dann bedient er sich

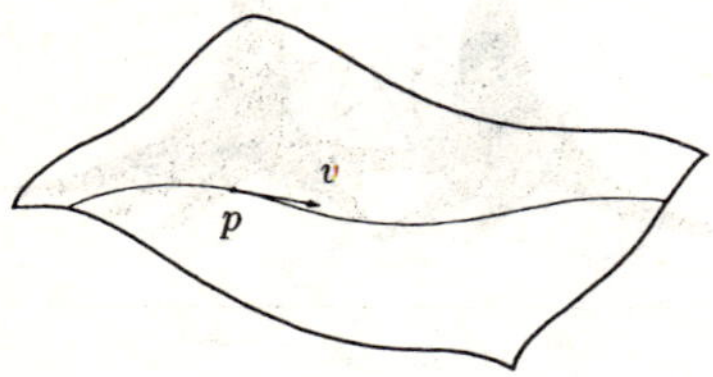

des Existenz- und Eindeutigkeitssatzes für Systeme gewöhnlicher Differentialgleichungen zweiter Ordnung. Der Nutzen der Mengentheoretischen Topologie im Alltagsgebrauch anderer Gebiete beruht dagegen weniger auf tiefen Sätzen, als vielmehr auf der vereinheitlichenden, vereinfachenden Kraft ihres Begriffssystems und ihrer glücklichen Terminologie. Und diese Kraft hat nach meiner Auffassung eine ganz spezifische Quelle, nämlich: *Die Mengentheoretische Topologie bewirkt bei vielen zunächst ganz abstrakten und unanschaulichen Problemen einen Anschluß an unser räumliches Vorstellungsvermögen.* Viele mengentheoretisch-topologischen Situationen lassen sich im gewöhnlichen Raume ganz adäquat veranschaulichen, auch wenn sie nicht gerade da stattfinden. Unser räumliches Anschauungsvermögen, welches auf diese Weise für das mathematische Denken über abstrakte Dinge nutzbar gemacht wird, ist aber eine von Abstraktion und logischem Denken unabhängige hochentwickelte intellektuelle Fähigkeit; und diese

Verstärkung unserer sonstigen mathematischen Talente ist wohl die tiefere Ursache für die Effektivität und Leichtigkeit der topologischen Methode.

Alter und Herkunft

Grundlegende mathematische Begriffe haben fast immer eine lange und verwickelte Entstehungsgeschichte. Zwar kann man auf eine Stelle zeigen und sagen: Hier ist der Begriff zum ersten Male klipp und klar im Sinne des heutigen Gebrauchs definiert, von hier ab "gibt" es ihn – aber dann hatte der Begriff immer schon zahlreiche Vorstufen durchlaufen, war in wichtigen Spezialfällen schon dagewesen, Varianten waren erwogen und wieder verworfen worden usw., und es ist oft schwer und manchmal unmöglich zu sagen, welcher Mathematiker denn nun den entscheidenden Beitrag geleistet hat und als der eigentliche Urheber des Begriffes gelten kann.

In diesem Sinne darf man sagen: Jedenfalls "gibt" es das Begriffssystem der Mengentheoretischen Topologie seit dem Erscheinen von Felix Hausdorffs Buch *Grundzüge der Mengenlehre,* Leipzig 1914, in dessen siebentem Kapitel: "Punktmengen in allgemeinen Räumen" die wichtigsten Grundbegriffe der Mengentheoretischen Topologie definiert sind. Diesem Ziel nahe gekommen war schon 1906 Maurice Fréchet in seiner Arbeit *Sur quelques points du calcul fonctionnel,* Rend. Circ. Mat. Palermo 22. Fréchet führt darin den Begriff des metrischen Raumes ein und versucht auch den Begriff des topologischen Raumes zu fassen (durch eine Axiomatisierung des Konvergenzbegriffes). Fréchet war vor allem an Funktionenräumen interessiert und darf vielleicht als der Begründer der funktionalanalytischen Richtung der Mengentheoretischen Topologie angesehen werden.

Aber die Wurzeln reichen natürlich tiefer. Die Mengentheoretische Topologie erwuchs, wie so vieles andere, auf dem Boden jener gewaltigen Umwälzung, welche das 19. Jahrhundert in der Auffassung von Geometrie bewirkt hatte. Zu Beginn des 19. Jahrhunderts herrschte noch die klassische Einstellung, wonach die

Geometrie die mathematische Theorie des uns umgebenden wirklichen physikalischen Raumes war; und ihre Axiome galten als evidente Elementartatsachen. Am Ende des Jahrhunderts hatte man sich von dieser engen Auffassung der Geometrie als Raumlehre gelöst, es war klar geworden, daß die Geometrie inskünftig viel weiterreichende Ziele haben werde, um derentwillen sie auch in abstrakten "Räumen", z.B. in n-dimensionalen Mannigfaltigkeiten, projektiven Räumen, auf Riemannschen Flächen, in Funktionenräumen usw. müsse betrieben werden. (Bolyai und Lobatschefskij, Riemann, Poincaré "usw.", ich werde nicht so verwegen sein, diese Entwicklung hier schildern zu wollen ...). Zu dem reichen Beispielmaterial und der allgemeinen Bereitschaft, sich mit abstrakten Räumen zu befassen, kam nun aber noch ein für das Entstehen der Mengentheoretischen Topologie entscheidender Beitrag eines Mathematikers hinzu: "Dem Schöpfer der Mengenlehre, *Herrn Georg Cantor*, in dankbarer Verehrung gewidmet" steht auf Hausdorffs Buch. — Ein topologischer Raum ist ein Paar, bestehend aus einer Menge und einer Menge von Teilmengen, derart, daß ... : Es ist ja klar, daß der Begriff nicht in dieser Allgemeinheit hätte gefaßt werden können, wären nicht, was eben Cantor getan hat, die abstrakten Mengen in die Mathematik eingeführt worden. Cantor hat aber lange vor seiner Begründung der transfiniten Mengenlehre noch einen ganz anderen Beitrag zum Werden der Mengentheoretischen Topologie geleistet, und davon möchte ich noch etwas berichten.

Cantor hatte 1870 gezeigt, daß zwei Fourierreihen, die punktweise konvergieren und dieselbe Grenzfunktion haben, auch dieselben Koeffizienten haben müssen. 1871 verbesserte er diesen Satz durch den Nachweis, daß die Übereinstimmung der Koeffizienten auch dann noch folgt, wenn man auf einer endlichen Ausnahmemenge $A \subset [0, 2\pi]$ auf Konvergenz oder Gleichheit des Limes verzichtet. Eine Arbeit von 1872 behandelt nun das Problem, für welche *unendlichen* Ausnahmemengen dieser Eindeutigkeitssatz noch richtig bleibt. – Eine unendliche Teilmenge von $[0, 2\pi]$ muß natürlich mindestens einen Häufungspunkt haben:

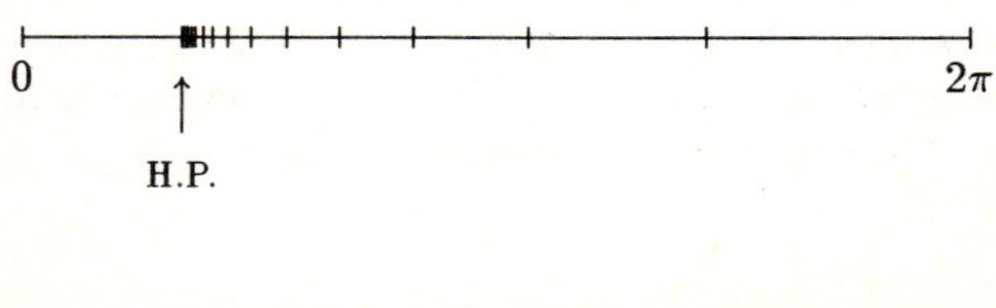

Das ist ein sehr "harmloses" Beispiel einer unendlichen Teilmenge von $[0, 2\pi]$. Irgendwie "wilder" wäre schon eine Menge, deren Häufungspunkte sich selbst wieder häufen:

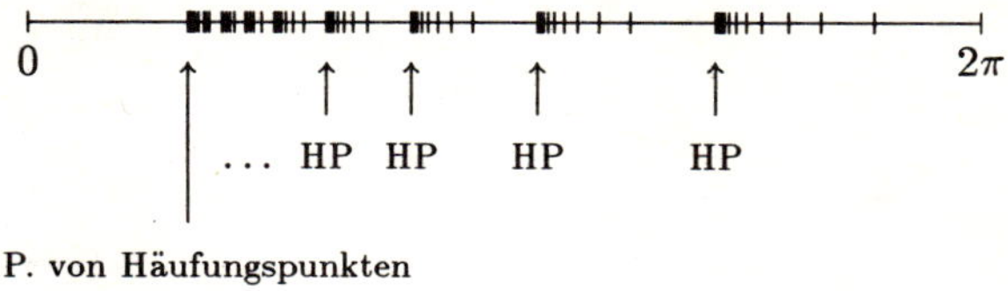

Cantor zeigt nun: Bricht die induktiv durch $A^0 := A$ und $A^{n+1} := \{x \in [0, 2\pi] \mid x \text{ Häufungspunkt von } A^n\}$ definierte Folge von Teilmengen von $[0, 2\pi]$ nach endlich vielen Schritten ab, d.h. wird schließlich $A^k = \varnothing$, so *gilt* der Eindeutigkeitssatz für die Ausnahmemenge A noch. Insbesondere sind von Null verschiedene Funktionen, die außerhalb einer solchen Menge verschwinden, nicht durch eine Fourierreihe darstellbar. Dieses Resultat trägt zum besseren Verständnis des merkwürdigen Konvergenzverhaltens von Fourierreihen bei, und das Motiv zu Cantors Untersuchung kommt ganz aus der klassischen Analysis und letzten Endes aus der Physik. Aber dabei wurde Cantor auf eine bis dahin noch nie betrachtete Art von Teilmengen $A \subset \mathbb{R}$ geführt, welche ja besonders bei *spätem* Abbrechen der Folge $A, A^1, A^2, \ldots$ sehr seltsam und exotisch sein mußten. Die Teilmengen von $\mathbb{R}$ rücken hier als selbständige Studienobjekte in den Vordergrund, und zwar unter einem Gesichtspunkt, den wir heute gleich als einen topologischen erkennen. Diesem Weg ist Cantor gefolgt, als er später bei der Untersuchung allgemeiner Punktmengen in $\mathbb{R}$ und $\mathbb{R}^n$ eigentlich die mengentheoretisch-topologische Betrachtungsweise eingeführt hat, worauf dann Hausdorff fußen konnte.

Ich will nicht den Eindruck erwecken, als seien außer Cantor, Fréchet und Hausdorff keine anderen Mathematiker an der Entwicklung und Klärung der Grundbegriffe der Mengentheoretischen Topologie beteiligt gewesen; aber eine genauere Darstellung ginge über die Ziele hinaus, die sich dieses Buch stellen darf. Ich wollte nur mit ein paar raschen, aber anschaulichen Umrißlinien ungefähr den Ort bezeichnen, von dem die nun zu behandelnde Theorie ihren Ausgang genommen hat.

1 Die Grundbegriffe

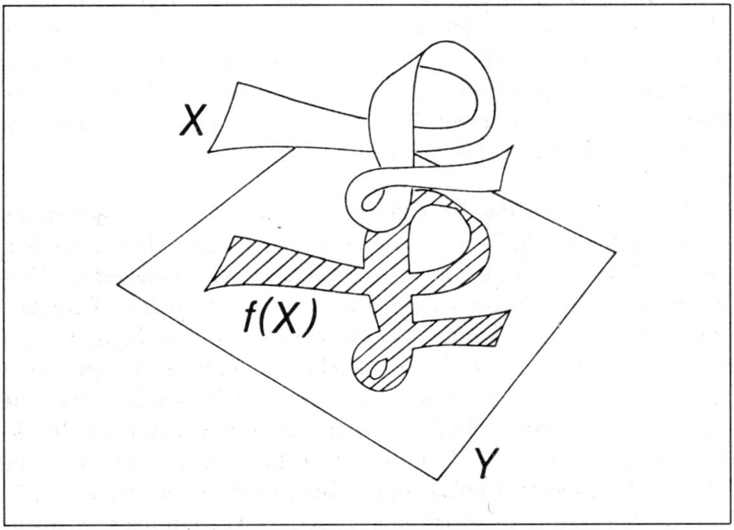

1.1 Der Begriff des topologischen Raumes

Definition: Ein ***topologischer Raum*** ist ein Paar $(X, \mathcal{O})$, bestehend aus einer Menge X und einer Menge $\mathcal{O}$ von Teilmengen (genannt ***offene*** Mengen) von X, derart daß gilt:
Axiom 1: Beliebige Vereinigungen von offenen Mengen sind offen.
Axiom 2: Der Durchschnitt von je zwei offenen Mengen ist offen.
Axiom 3: $\varnothing$ und X sind offen.

Man sagt auch: $\mathcal{O}$ ist die ***Topologie*** des topologischen Raumes $(X, \mathcal{O})$. Gewöhnlich unterdrückt man die Topologie in der Notation und spricht einfach von einem topologischen Raum X, wie wir auch sogleich tun wollen:

Definition: Sei X ein topologischer Raum. (1): $A \subset X$ heißt ***abgeschlossen***, wenn $X \setminus A$ offen ist. (2): $U \subset X$ heißt ***Umgebung*** von $x \in X$, wenn es eine offene Menge V mit $x \in V \subset U$ gibt. (3): Sei $B \subset X$ eine beliebige Teilmenge. Ein Punkt $x \in X$ heißt ***innerer*** bzw. ***äußerer*** bzw. ***Randpunkt*** von B, je nachdem B oder $X \setminus B$ oder keines von beiden eine Umgebung von x ist. (4): Die Menge $\mathring{B}$ der inneren Punkte von B heißt das ***Innere*** oder der ***offene Kern*** von B. (5): Die Menge $\overline{B}$ der Punkte von X, die nicht äußere Punkte von B sind, heißt die ***abgeschlossene Hülle*** von B.

Dies wäre nun das begriffliche Abc der Mengentheoretischen Topologie; und ein Leser, der hier etwa erstmals davon erfährt, sollte schon ein paar Übungen anstellen, um Gelenkigkeit im Umgang mit diesen Dingen zu erwerben. — Als ich noch in Tübingen studierte, hatte ich einmal Übungen zu einer Vorlesung zu korrigieren, in der auch die topologischen Grundbegriffe behandelt wurden. In der Vorlesung war schon festgestellt worden, daß eine Menge genau dann offen ist, wenn sie nur aus inneren Punkten besteht, und eine Übungsaufgabe hieß: Man zeige, daß die Menge der inneren Punkte einer Menge stets offen ist. Kam ein Übungsteilnehmer ins Korrektorenzimmer: Warum ich sein Argument nicht hätte gelten lassen? Die Menge der inneren Punkte bestünde doch nur aus inneren Punkten, eine unbestreitbare Tautologie, und die Aufgabe sei trivial. Es waren noch ein paar andere Korrektoren anwesend, und eifrig versuchten wir alle den jüngeren Kommilitonen davon zu überzeugen, daß es bei inneren Punkten sehr auf das "wovon" ankäme, aber ganz vergebens. Als er nämlich merkte, was wir wollten, ging er mit der eiskalten Bemerkung ab: das sei doch Haarspalterei. — Je nun! — Sollte also unter meinen Lesern ein gänzlicher topologischer Neuling sein, so empfehle ich ihm, gleich einmal zu verifizieren, daß der Kern von B die Vereinigung aller in B enthaltenen offenen und die Hülle von B der Durchschnitt aller B umfassenden abgeschlossenen Mengen ist; und als Gedankennahrung für einen ruhigen Nachmittag offeriere ich noch die folgenden Betrachtungen.

Von den drei Begriffen "abgeschlossene Menge", "Umgebung" und "abgeschlossene Hülle", die oben mit Hilfe des Begriffes "offen" erklärt wurden, kann auch umgekehrt jeder benutzt werden, um die offenen Mengen zu charakterisieren, denn eine Menge $B \subset X$ ist genau dann offen, wenn $X \setminus B$ abgeschlossen ist und genau dann, wenn B jeden seiner Punkte umgibt und genau dann, wenn $X \setminus B$ seine eigene Hülle ist. Deshalb muß sich auch das Axiomensystem in jeden dieser Begriffe "übersetzen" lassen, z.B.:

Alternativ-Definition für den Begriff des topologischen Raumes (Axiome für die abgeschlossenen Mengen): Ein topologischer Raum ist ein Paar $(X, \mathcal{A})$, bestehend aus einer Menge X und einer Menge $\mathcal{A}$ von Teilmengen (genannt "abgeschlossene Mengen") von X, derart daß gilt:

A1: Beliebige Durchschnitte abgeschlossener Mengen sind abgeschlossen.

A2: Die Vereinigung von je zwei abgeschlossenen Mengen ist abgeschlossen.

A3: X und $\varnothing$ sind abgeschlossen.

Diese neue Definition ist der alten in dem Sinne gleichwertig, daß $(X, \mathcal{O})$ genau dann ein topologischer Raum im Sinne der alten Definition ist, wenn $(X, \mathcal{A})$ mit $\mathcal{A} = \{X \setminus V \mid V \in \mathcal{O}\}$ einer im Sinne der neuen ist. Hätten wir diese zugrunde gelegt, so erschiene Abgeschlossenheit als der primäre Begriff, Offenheit erst daraus abgeleitet durch die Definition, daß $X \setminus V$ offen heißen soll, wenn $V \subset X$ abgeschlossen ist. Aber die Definitionen der Begriffe unter (2) - (5) ließen wir ungeändert so stehen und erhielten ersichtlich dasselbe Begriffssystem wie aus der alten Definition. — Alles auf die Offenheit zu gründen hat sich als bequem eingebürgert, aber anschaulich näher liegt der Umgebungsbegriff, den deshalb Hausdorff in der Original-Definition tatsächlich auch benutzte:

Alternativ-Definition ("Hausdorffsche Umgebungsaxiome"): Ein topologischer Raum ist ein Paar $(X, \mathfrak{U})$, bestehend aus einer Menge X und einer Familie $\mathfrak{U} = \{\mathfrak{U}_x\}_{x \in X}$ von Mengen $\mathfrak{U}_x$ von Teilmengen (genannt "Umgebungen von x") von X derart, daß gilt:

U1: Jede Umgebung von x enthält x; und ganz X umgibt jeden seiner Punkte.

U2: Umfaßt $V \subset X$ eine Umgebung von x, so ist es selbst Umgebung von x.

U3: Der Durchschnitt von je zwei Umgebungen von x ist Umgebung von x.

U4: Jede Umgebung von x enthält eine Umgebung von x, die jeden ihrer Punkte umgibt.

Wie man sieht, sind diese Axiome etwas umständlicher hinzuschreiben, als die für die offenen Mengen. Die Charakterisierung der Topologie durch die Hüllenoperation $\overline{}$ ist aber wieder sehr elegant und hat einen eigenen Namen:

Alternativ-Definition ("Kuratowskische Hüllenaxiome"): Ein topologischer Raum ist ein Paar $(X, \overline{})$, bestehend aus einer Menge X und einer Abbildung $\overline{} : \mathfrak{P}(X) \to \mathfrak{P}(X)$ der Menge aller Teilmengen von X in sich, derart daß gilt:

H1: $\overline{\varnothing} = \varnothing$

H2: $A \subset \overline{A}$ für alle $A \subset X$

H3: $\overline{\overline{A}} = \overline{A}$ für alle $A \subset X$

H4: $\overline{A \cup B} = \overline{A} \cup \overline{B}$ für alle $A, B \subset X$.

Genau zu formulieren, was die Gleichwertigkeit aller dieser Definitionen heißen soll und diese Gleichwertigkeit anschließend zu beweisen ist, wie gesagt, als Übungsmaterial für Anfänger gedacht. Wir halten an unserer ersten Definition fest.

1.2 Metrische Räume

Bekanntlich heißt eine Teilmenge des $\mathbb{R}^n$ ***offen in der üblichen Topologie***, wenn sie mit jedem Punkt auch eine Kugel um diesen Punkt enthält. Diese Definition läßt sich natürlich sofort nachahmen, wenn wir es statt mit $\mathbb{R}^n$ mit einer Menge X zu tun haben, für die ein Abstandsbegriff gegeben ist; und auf diese Weise liefert uns insbesondere jeder metrische Raum ein Beispiel eines topologischen Raumes. Zur Erinnerung:

Definition (metrischer Raum): Unter einem ***metrischen Raum*** versteht man ein Paar (X, d), bestehend aus einer Menge

X und einer reellen Funktion $d : X \times X \to \mathbb{R}$ (der ***Metrik***), derart daß gilt:

M1: $d(x, y) \geq 0$ für alle $x, y \in X$, und $d(x, y) = 0$ genau dann, wenn $x = y$

M2: $d(x, y) = d(y, x)$ für alle $x, y \in X$

M3: $d(x, z) \leq d(x, y) + d(y, z)$ für alle $x, y, z \in X$ ("Dreiecksungleichung").

Definition (Topologie eines metrischen Raumes): Sei (X, d) ein metrischer Raum. Eine Teilmenge $V \subset X$ heiße offen, wenn es zu jedem $x \in V$ ein $\varepsilon > 0$ gibt, so daß die "ε-Kugel" $K_\varepsilon(x) := \{y \in X \mid d(x, y) \leq \varepsilon\}$ um x noch ganz in V liegt. Die Menge $\mathcal{O}(d)$ aller offenen Teilmengen von X heißt die ***Topologie des metrischen Raumes*** (X, d).

$(X, \mathcal{O}(d))$ ist dann wirklich ein topologischer Raum: Hier hat unser hypothetischer Neuling schon wieder Gelegenheit zu üben. Aber auch der Erfahrenere könnte sich doch jetzt einmal zurücklehnen, ins Leere schauen und eine Viertelminute an die Frage wenden, welche Rolle denn die Dreiecksungleichung dabei spielt? — Na? Gar keine. Sobald wir aber mit diesen topologischen Räumen $(X, \mathcal{O}(d))$ etwas anfangen wollen, wird die Dreiecksungleichung sehr nützlich. Sie erlaubt z.B. den aus dem $\mathbb{R}^n$ geläufigen Schluß zu machen, daß es um jeden Punkt y mit $d(x, y) < \varepsilon$ eine kleine δ-Kugel gibt, die ganz in der ε-Kugel um x liegt, daß also die "offene Kugel" $\{y \mid d(x, y) < \varepsilon\}$ wirklich offen ist, woraus z.B. insbesondere folgt, daß eine Teilmenge $U \subset X$ genau dann Umgebung von x ist, wenn sie eine Kugel um x enthält. — Sehr verschiedene Metriken können

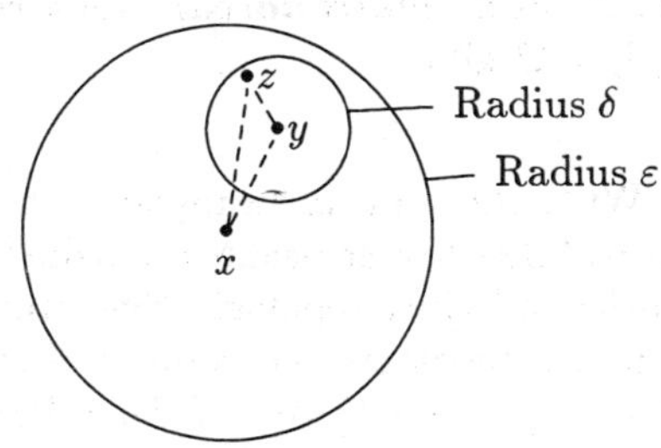

unter Umständen dieselbe Topologie hervorbringen. Sind d und d' Metriken auf X, und steckt in jeder Kugel um x bezüglich d eine Kugel um x bezüglich d', dann ist jede d-offene Menge erst recht

d'-offen, und wir haben $\mathcal{O}(d) \subset \mathcal{O}(d')$, und gilt auch noch das Umgekehrte, so sind die Topologien eben gleich: $\mathcal{O}(d) = \mathcal{O}(d')$, wie z.B. in dem Falle $X = \mathbb{R}^2$ und $d(x,y) := \sqrt{x_1 - y_1)^2 + (x_2 - y_2)^2}$ und $d'(x,y) := \max\{|x_1 - y_1|, |x_2 - y_2|\}$:

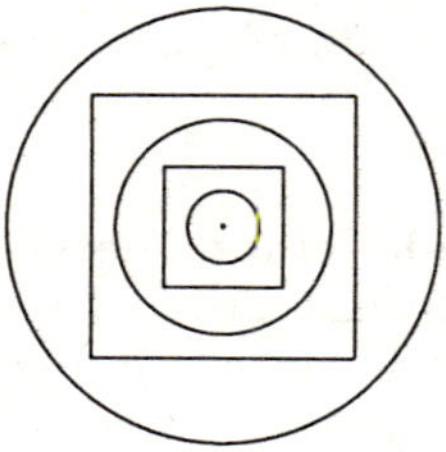

Und hier gibt es nun einen kleinen aber lehrreichen Trick, den man sich gleich von Anfang an merken sollte, einen rechten Talisman gegen falsche Vorstellungen über das Verhältnis zwischen Metrik und Topologie: Ist (X, d) ein metrischer Raum, so ist, wie man leicht nachrechnen kann, durch $d'(x,y) := d(x,y)/(1 + d(x,y))$ ebenfalls eine Metrik auf X gegeben, und es gilt $\mathcal{O}(d) = \mathcal{O}(d')$! Da aber alle mit d' gemessenen Abstände kleiner als 1 sind, so folgt daraus z.B., daß sich aus der etwaigen Beschränktheit eines metrischen Raumes keinerlei besondere Eigenschaften seiner Topologie ableiten lassen. —

Definition (metrisierbare Räume): Ein topologischer Raum $(X, \mathcal{O})$ heißt ***metrisierbar***, wenn es eine Metrik d auf X mit $\mathcal{O}(d) = \mathcal{O}$ gibt.

Wie sieht man einem topologischen Raum an, ob er metrisierbar ist? Diese Frage beantworten die "Metrisationssätze" der Mengentheoretischen Topologie. Sind abgesehen von ein paar Ausnahmen alle topologischen Räume metrisierbar, oder ist Metrisierbarkeit ganz im Gegenteil der seltene Spezialfall? Weder noch, aber eher das erstere: Ziemlich viele Räume sind metrisierbar. — Wir werden die Metrisationssätze in diesem Buche nicht behandeln, aber mit den Kapiteln 1, 6 und 8 ist der Leser für die Beschäftigung mit diesen Fragen ziemlich weitgehend ausgerüstet.

1.3 Unterräume, Summen und Produkte

Häufig hat man Anlaß, aus gegebenen topologischen Räumen neue zu konstruieren, und die drei einfachsten und wichtigsten Methoden das zu tun, sollen jetzt besprochen werden.

Definition (Teilraum): Ist $(X, \mathcal{O})$ ein topologischer Raum und $X_0 \subset X$ eine Teilmenge, so heißt die Topologie

$$\mathcal{O}|X_0 := \{U \cap X_0 \mid U \in \mathcal{O}\}$$

auf X_0 die ***induzierte*** oder ***Teilraumtopologie***, und der topologische Raum $(X_0, \mathcal{O}|X_0)$ heißt ***Teilraum*** von $(X, \mathcal{O})$.

Anstatt "offen in Bezug auf die Teilraumtopologie von X_0" sagt man kurz "offen in X_0", und eine Teilmenge $B \subset X_0$ ist also genau dann offen in X_0, wenn sie der Durchschnitt einer in X offenen Menge mit X_0 ist:

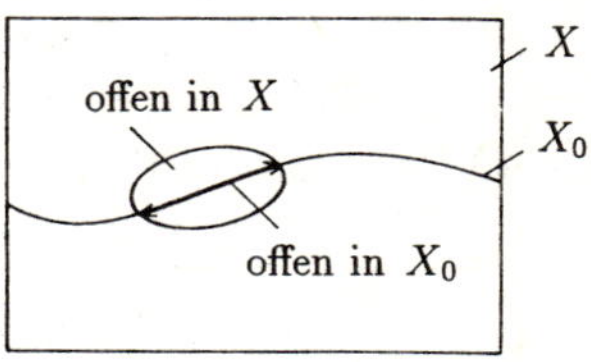

Also nicht zu verwechseln mit "offen *und* in X_0": offen, nämlich in X, brauchen solche Mengen nicht zu sein.

Definition (Summe von Mengen): Sind X und Y Mengen, so erklärt man ihre ***disjunkte Vereinigung*** oder ***Summe*** durch einen formalen Trick wie etwa $X + Y := X \times \{0\} \cup Y \times \{1\}$ — behandelt aber im nächsten Augenblick X und Y in der naheliegenden Weise als Teilmengen von $X + Y$.

Anschaulich bedeutet dieser Vorgang weiter nichts als das disjunkte Nebeneinanderstellen je eines Exemplares von X und Y, und das dürfen wir natürlich nicht als $X \cup Y$ schreiben, denn X

und Y brauchen ja ursprünglich nicht disjunkt zu sein, z.B. wäre $X \cup X = X$ wieder nur ein Exemplar von X.

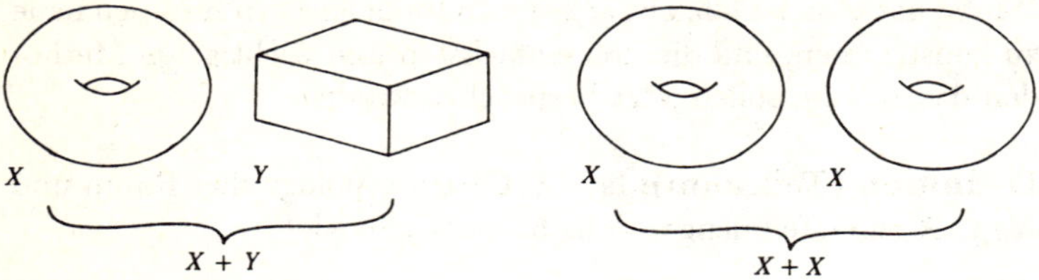

Definition (Summe von topologischen Räumen): Sind $(X, \mathcal{O})$ und $(Y, \widetilde{\mathcal{O}})$ topologische Räume, so ist durch $\{U + V \mid U \in \mathcal{O}, V \in \widetilde{\mathcal{O}}\}$ eine Topologie auf $X + Y$ gegeben, mit der $X + Y$ dann die ***topologische Summe*** der topologischen Räume X und Y heißt.

Definition (Produkttopologie): Seien X und Y topologische Räume. Eine Teilmenge $W \subset X \times Y$ heißt ***offen in der Produkttopologie***, wenn es zu jedem Punkte $(x, y) \in W$ Umgebungen U von x in X und V von y in Y gibt, so daß $U \times V \subset W$. Mit der dadurch definierten Topologie heißt der topologische Raum $X \times Y$ das (kartesische) Produkt der Räume X und Y.

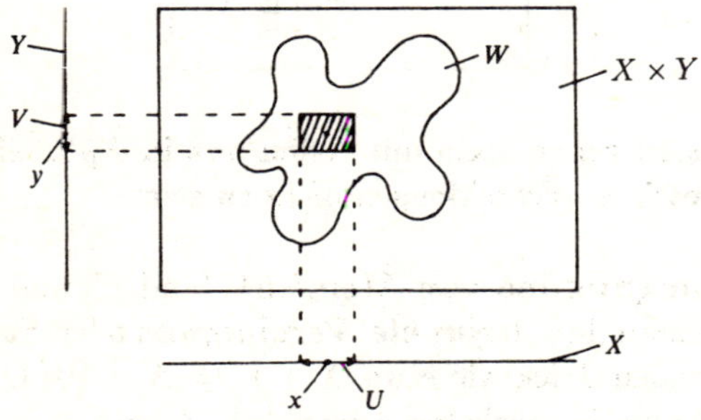

Ein Rechteck ("Kasten") ist das gewöhnliche Sinnbild des kartesischen Produktes von Mengen oder topologischen Räumen, und solange es nicht um besonders komplizierte Aussagen geht, ist dieses Sinnbild ganz adäquat. Produkte $U \times V \subset X \times Y$ von offenen Mengen $U \subset X$ und $V \subset Y$ will ich ***offene Kästchen*** nennen.

Diese offenen Kästchen sind ersichtlich offen in der Produkttopologie, aber es sind in aller Regel nicht die einzigen offenen Mengen, ja sie bilden alleine gewöhnlich gar keine Topologie, weil die Vereinigung zweier Kästchen keines zu sein braucht:

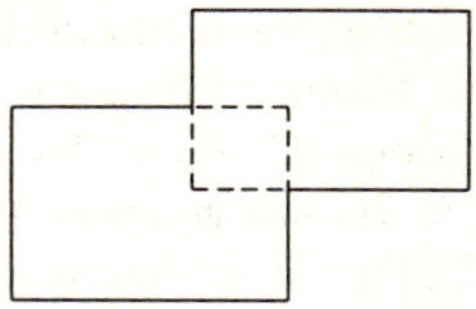

Diese banale Bemerkung wäre mir nicht in den Sinn gekommen, wenn ich nicht die irrige Gegenmeinung schon mehrfach bei Anfängern angetroffen hätte, sie muß eine seltsame Anziehungskraft besitzen. — Soviel für's erste darüber.

1.4 Basen und Subbasen

Definition (Basis): Sei X ein topologischer Raum. Eine Menge $\mathfrak{B}$ von offenen Mengen heißt ***Basis der Topologie***, wenn jede offene Menge Vereinigung von solchen aus $\mathfrak{B}$ ist.

Zum Beispiel bilden die offenen Kästchen eine Basis der Produkttopologie, und die offenen Kugeln im $\mathbb{R}^n$ bilden eine Basis der üblichen $\mathbb{R}^n$-Topologie, aber auch die Kugeln mit rationalem Radius und rationalen Mittelpunktskoordinaten (und deren gibt es nur abzählbar viele!) bilden eine Basis der Topologie des $\mathbb{R}^n$.

Definition (Subbasis): Sei X ein topologischer Raum. Eine Menge $\mathfrak{S}$ von offenen Mengen heißt eine ***Subbasis der Topologie***, wenn jede offene Menge Vereinigung von endlichen Durchschnitten von Mengen aus $\mathfrak{S}$ ist.

"Endlich" soll natürlich hier nicht bedeuten, daß der Durchschnitt eine endliche Menge ist, sondern daß jeweils der Durchschnitt von nur endlich vielen Mengen gebildet wird, wobei übrigens auch zugelassen wird, daß der Durchschnitt von null, von gar keinen Mengen gebildet wird: Das ist dann nach einer sinnvollen Konvention der ganze Raum (damit

$$\bigcap_{\lambda \in \Lambda} S_\lambda \cap \bigcap_{\mu \in M} S_\mu = \bigcap_{\nu \in \Lambda \cup M} S_\nu$$

immer richtig bleibt), ebenso wie man zweckmäßigerweise die Vereinigung von gar keinen Mengen für leer ansieht.

Mit diesen Konventionen gilt dann: Ist X eine Menge und $\mathfrak{S}$ eine beliebige Menge von Teilmengen von X, so gibt es genau eine Topologie $\mathcal{O}(\mathfrak{S})$ von X, für die $\mathfrak{S}$ Subbasis ist (man nennt sie ***die von*** $\mathfrak{S}$ ***erzeugte*** Topologie), diese Topologie besteht eben gerade aus den Vereinigungen endlicher Durchschnitte von Mengen aus $\mathfrak{S}$.

Man kann also eine Topologie dadurch festlegen, daß man eine Subbasis vorschreibt. Warum sollte man das aber tun wollen? Nun, man kommt häufig in eine Situation, in der man sich eine Topologie mit gewissen Eigenschaften wünscht. Gewöhnlich bezieht sich einer dieser Wünsche auf die ***Feinheit*** der Topologie. Sind $\mathcal{O}$ und $\mathcal{O}'$ Topologien auf X, und ist $\mathcal{O} \subset \mathcal{O}'$, so sagt man, $\mathcal{O}'$ sei ***feiner*** als $\mathcal{O}$ und $\mathcal{O}$ ***gröber*** als $\mathcal{O}'$; und gewöhnlich hat man Grund, sich eine möglichst feine oder möglichst grobe Topologie zu wünschen. Freilich gibt es eine allergröbste Topologie auf X, das ist die sogenannte ***triviale*** Topologie, die nur aus X und $\varnothing$ besteht; und es gibt auch eine allerfeinste Topologie, die sogenannte ***diskrete*** Topologie, bei der alle Teilmengen von X offen sind. Aber man wird ja auch noch andere Forderungen an die Topologie stellen wollen, und z.B. kommt es öfter vor, daß man eine Topologie sucht, die einerseits möglichst grob sein soll, andererseits aber mindestens die Mengen aus $\mathfrak{S}$ enthalten soll. Eine solche gröbste Topologie gibt es dann immer: eben gerade unser $\mathcal{O}(\mathfrak{S})$. Beispiele werden uns noch begegnen.

1.5 Stetige Abbildungen

Definition (stetige Abbildung): Seien X und Y topologische Räume. Eine Abbildung $f : X \to Y$ heißt ***stetig***, wenn die Urbilder offener Mengen stets wieder offen sind.

Notiz: *Die Identität* $\mathrm{Id}_X : X \to X$ *ist stetig, und sind* f *und* g *in* $X \xrightarrow{f} Y \xrightarrow{g} Z$ *stetig, so ist auch* $g \circ f : X \to Z$ *stetig,*

und damit ist das Wichtigste erst einmal gesagt. Zur Gewöhnung an den Begriff, sofern er jemandem neu wäre, schlage ich zwei nützliche Übungen vor. Die erste ist, die zu den "Alternativ-Definitionen" in Abschnitt 1.1 gehörigen Charakterisierungen der Stetigkeit aufzusuchen, d.h. zu verifizieren, daß eine Abbildung $f : X \to Y$ genau dann stetig ist, wenn die Urbilder abgeschlossener Mengen abgeschlossen sind und genau dann, wenn die Urbilder von Umgebungen Umgebungen sind (genauer: U Umgebung von $f(x) \Rightarrow f^{-1}(U)$ Umgebung von x) und genau dann, wenn $\overline{f^{-1}(B)} \subset f^{-1}(\overline{B})$ für alle Teilmengen $B \subset Y$. — Sieht man sich übrigens die Umgebungs-Charakterisierung der Stetigkeit für den Fall metrischer Räume genauer an, so findet man das gute alte "Zu jedem $\varepsilon > 0$ gibt es ein $\delta > 0$ usw." — Die andere empfohlene Übung betrifft Teilräume, Summen und Produkte und besteht im Nachprüfen der folgenden drei Notizen:

Notiz 1: *Ist* $f : X \to Y$ *stetig und* $X_0 \subset X$ *ein Teilraum, so ist auch die Einschränkung* $f|X_0 : X_0 \to Y$ *stetig.*

Notiz 2: $f : X + Y \to Z$ *ist genau dann stetig, wenn* $f|X$ *und* $f|Y$ *beide stetig sind.*

Notiz 3: $(f_1, f_2) : Z \to X \times Y$ *ist genau dann stetig, wenn* $f_1 : Z \to X$ *und* $f_2 : Z \to Y$ *beide stetig sind.*

Die in den Notizen 2, 3 ausgesprochenen Eigenschaften charakterisieren übrigens die Summen- bzw. die Produkttopologie.

Definition (Homöomorphismus): Eine bijektive Abbildung $f : X \to Y$ heißt ***Homöomorphismus***, wenn f und f^{-1} beide stetig sind, d.h. wenn $U \subset X$ genau dann offen ist, wenn $f(U) \subset Y$ offen ist.

Alle topologischen Eigenschaften von X und seinen Teilmengen, d.h. solche die sich mittels der offenen Mengen formulieren lassen, müssen dann ebenso für Y und die unter f entsprechenden

Teilmengen gelten, z.B.: $A \subset X$ abgeschlossen $\Leftrightarrow f(A) \subset Y$ abgeschlossen, oder: $U \subset X$ Umgebung von $x \Leftrightarrow f(U)$ Umgebung von $f(x)$, oder: $\mathfrak{B}$ Basis der Topologie von $X \Leftrightarrow \{f(B) \mid B \in \mathfrak{B}\}$ Basis der Topologie von Y, usw. Die Homöomorphismen spielen deshalb in der Topologie dieselbe Rolle wie die linearen Isomorphismen in der linearen Algebra, die biholomorphen Abbildungen in der Funktionentheorie, die Gruppenisomorphismen in der Gruppentheorie, die Isometrien in der Riemannschen Geometrie; und wir benutzen deshalb auch die Notation $f : X \xrightarrow{\cong} Y$ für Homöomorphismen, und $X \cong Y$ für ***homöomorphe*** Räume, d.h. solche zwischen denen ein Homöomorphismus existiert.

Bisher haben wir gar wenige topologische Eigenschaften von topologischen Räumen genannt. Aus der Vielzahl derer die es gibt, habe ich für dieses Kapitel "Grundbegriffe" drei besonders wichtige sehr unterschiedlicher Art ausgesucht, nämlich *Zusammenhang, Hausdorff-Eigenschaft* und *Kompaktheit*. Sie sollen in den nächstfolgenden drei Abschnitten besprochen werden.

1.6 Zusammenhang

Definition (Zusammenhang): Ein topologischer Raum heißt ***zusammenhängend***, wenn er sich nicht in zwei nichtleere, offene, disjunkte Teilmengen zerlegen läßt; oder, gleichbedeutend: Wenn die leere Menge und der ganze Raum die einzigen Teilmengen sind, welche offen und abgeschlossen zugleich sind.

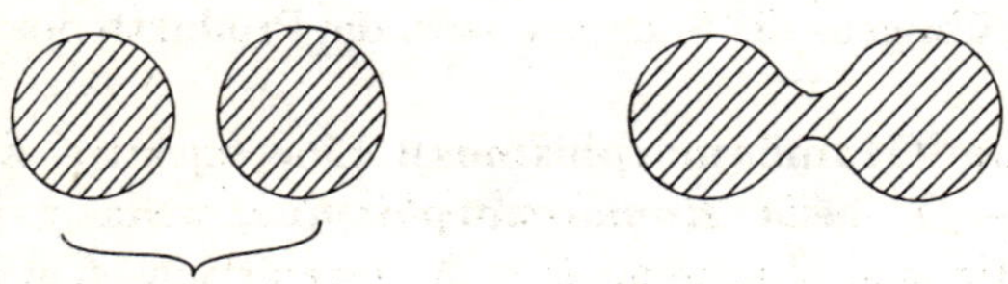

unzusammenhängender Raum zusammenhängender Raum

BEISPIEL: *Ein (offenes, halboffenes, abgeschlossenes) Intervall $I \subset \mathbb{R}$ ist stets zusammenhängend.* — Wenn dies auch ein einfaches Beispiel ist, so hat es doch ein besonderes Interesse, weil in vielen Fällen der Zusammenhang komplizierterer Räume letzten Endes auf dem Zusammenhang des Intervalls beruht, und deshalb wollen wir uns den Beweis ruhig einmal kurz wiederholen: Angenommen, $I = A \cup B$ und $A \cap B = \varnothing$, A und B beide nicht leer und beide offen in der Teilraumtopologie von $I \subset \mathbb{R}$. Wähle Punkte $a \in A$ und $b \in B$, oBdA. $a < b$. Sei $s := \inf\{x \in B \mid a < x\}$. Dann gibt es in jeder Umgebung von s Punkte von B (nach der Definition des Infimums), aber auch von A, denn wenn nicht gar $s = a$ ist, dann jedenfalls $a < s$ und das offene Intervall (a, s) liegt ganz in A. Deshalb kann s nicht innerer Punkt von A oder B sein, was doch aber sein müßte, da $s \in A \cup B$ und A, B beide offen: Widerspruch. □

BEISPIEL: *Der Teilraum* $X = [0,1] \cup (2,3) \subset \mathbb{R}$ *ist nicht zusammenhängend*, denn durch $A = [0,1]$ und $B = (2,3)$ ist eine Zerlegung in nichtleere offene Mengen gegeben.

(Einwand: Zwar ist $X = A \cup B$ und A, B sind disjunkt: aber offen? A ist doch ein abgeschlossenes Intervall !? – Es mag wohl in der Seele weh tun, ein abgeschlossenes Intervall offen nennen zu müssen; aber, ihr Leute! es handelt sich doch hier um die Topologie von X und nicht um die von $\mathbb{R}$.)

Wozu dient der Begriff? Nun erstens liefert er ein grobes Unterscheidungsmerkmal topologischer Räume: Wenn ein Raum zusammenhängend ist und ein anderer nicht, dann können diese beiden nicht homöomorph sein. Zum anderen aber gilt folgendes: *Ist* X *ein zusammenhängender Raum,* Y *eine Menge und* $f : X \to Y$ *lokal konstant* (d.h. zu jedem $x \in X$ gibt es eine Umgebung U_x, so daß $f|U_x$ konstant ist), *dann ist* f *überhaupt konstant*, denn ist y einer der Werte von f, so sind $A = \{x \mid f(x) = y\}$ und $B = \{x \mid f(x) \neq y\}$ beide offen, also $X = A$ wegen des Zusammenhanges, qed. — Dieser Schluß wird oft für den Fall $Y = \{\text{ja, nein}\}$ oder $\{\text{wahr, falsch}\}$ angewandt, nämlich: Sei X ein zusammenhängender Raum und $\mathcal{E}$ eine Eigenschaft, die die Punkte von X haben oder nicht haben können, und denken wir unser Ziel sei der Nachweis, daß alle Punkte von X die Eigenschaft $\mathcal{E}$ haben. Dann genügt es, die folgenden drei Teilaussagen zu beweisen: (1): Es gibt wenigstens ***einen*** Punkt mit der Eigenschaft $\mathcal{E}$, (2): Hat x die Eigenschaft $\mathcal{E}$, so auch alle Punkte einer genügend kleinen Umgebung, (3): Hat x die Eigenschaft $\mathcal{E}$ nicht, so haben sie auch alle Punkte einer genügend kleinen Umgebung nicht. — Oftmals ist ein stärkerer Zusammenhangsbegriff von Interesse:

Definition (Wegzusammenhang): X heißt ***wegweise*** zusammenhängend oder ***wegzusammenhängend***, wenn es zu je zwei Punkten $a, b \in X$ einen Weg, d.h. eine stetige Abbildung $\alpha : [0,1] \to X$, mit $\alpha(0) = a$ und $\alpha(1) = b$ gibt:

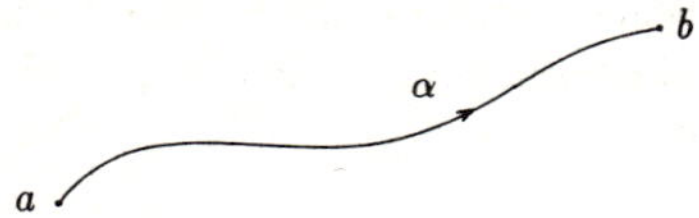

Ein wegzusammenhängender Raum X ist erst recht zusammenhängend, denn wäre $X = A \cup B$ eine Zerlegung in nichtleere disjunkte offene Mengen, so könnte es wegen des Zusammenhanges von $[0,1]$ kein α von einem $a \in A$ zu einem $b \in B$ geben, denn es wäre sonst $[0,1] = \alpha^{-1}(A) \cup \alpha^{-1}(B)$ usw.

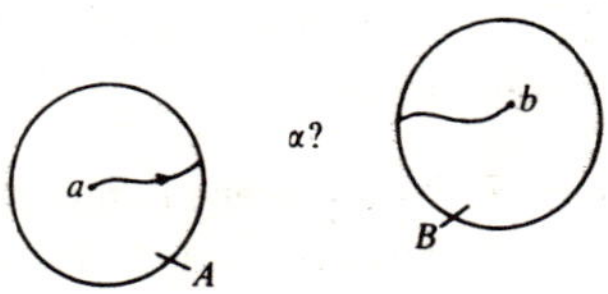

Die Umkehrung gilt aber nicht, ein Raum kann zusammenhängend aber irgendwie "unwegsam" sein, der Teilraum

$$\{(x, \sin \ln x) \in \mathbb{R}^2 \mid x > 0\} \cup (0 \times [-1,1])$$

von $\mathbb{R}^2$ ist so ein Beispiel:

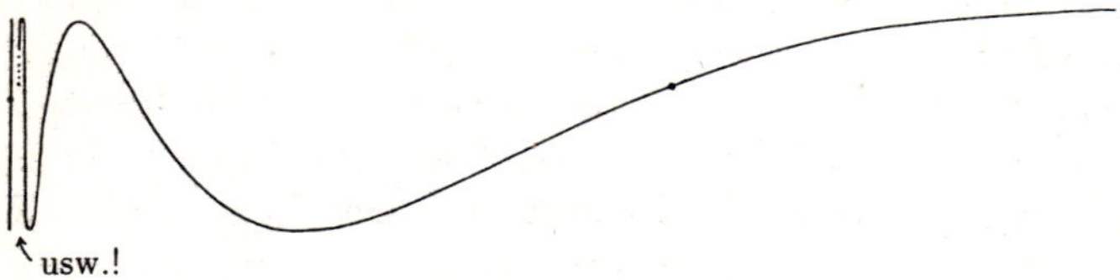

Zum Schlusse noch drei Hinweise über das Verhalten der Zusammenhangseigenschaft bei verschiedenen Vorgängen. — All diese topologischen Eigenschaften nehmen ja bei näherer Bekanntschaft eine emotionale Färbung an; die einen kommen uns freundlich und hilfreich vor, weil wir schon oft erlebt haben, wie sie die Beweise erleichterten oder überhaupt erst ermöglichten, andere wieder beginnen wir aus dem entgegengesetzten Grunde zu fürchten. Freilich wird auch eine Eigenschaft von gutem Leumund gelegentlich einmal ein Hindernis darstellen, und manche sind ganz ambivalent. Aber ich möchte doch meinen, daß Zusammenhang, Hausdorff-Eigenschaft und Kompaktheit überwiegend "gute" Eigenschaften sind, und man möchte natürlich wissen, ob sich bei den üblichen topologischen Konstruktionen und Prozessen solche guten Eigenschaften von den Bausteinen auf das Endprodukt übertragen. In diesem Sinne:

Notiz 1: *Stetige Bilder (weg-)zusammenhängender Räume sind (weg-)zusammenhängend, d.h.: Ist X (weg-)zusammenhängend und $f : X \to Y$ stetig, dann ist der Teilraum $f(X)$ von Y auch (weg-)zusammenhängend,*

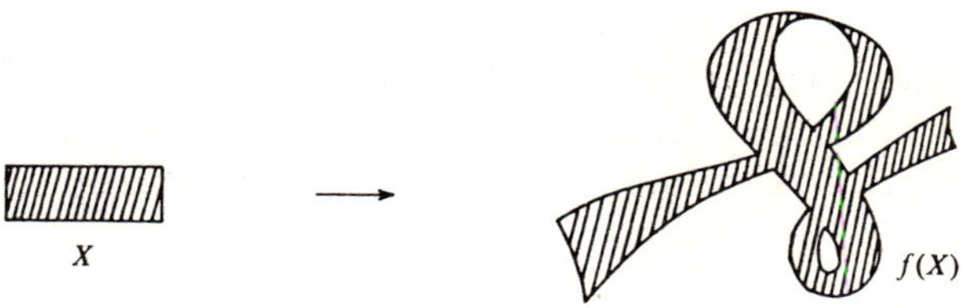

denn eine solche Zerlegung $f(X) = A \cup B$ würde ja durch $X = f^{-1}(A) \cup f^{-1}(B)$ auch eine für X bewirken.

Notiz 2: *Nichtdisjunkte Vereinigungen (weg-)zusammenhängender Räume sind (weg-)zusammenhängend, d.h. sind X_0 und X_1 (weg-)zusammenhängende Teilräume von X mit $X = X_0 \cup X_1$ und $X_0 \cap X_1 \neq \varnothing$, dann ist auch X (weg-)zusammenhängend.*

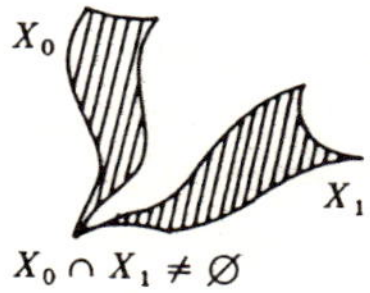

Notiz 3: *Ein kartesisches Produkt $X \times Y$ von nichtleeren topologischen Räumen X und Y ist genau dann (weg-)zusammenhängend, wenn die beiden Faktoren es sind.*

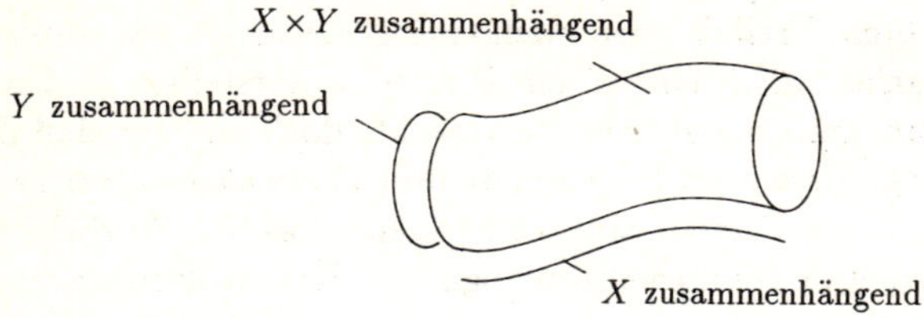

Scherzfrage: Wie steht es mit der Summe $X + Y$?

1.7 Das Hausdorffsche Trennungsaxiom

Definition (Hausdorffsches Trennungsaxiom): Ein topologischer Raum heißt ***Hausdorffraum***, wenn man zu je zwei verschiedenen Punkten disjunkte Umgebungen finden kann.

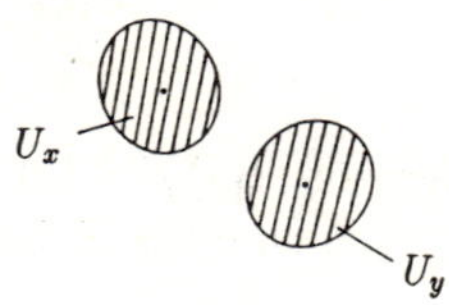

Zum Beispiel ist jeder metrisierbare Raum Hausdorffsch, denn ist d eine Metrik und $d(x, y) = \varepsilon > 0$, dann sind z.B. $U_x := \{z \mid d(x, z) < \frac{\varepsilon}{2}\}$ und $U_y := \{z \mid d(y, z) < \frac{\varepsilon}{2}\}$ disjunkte Umgebungen.

Die Eigenschaft "Nicht-Hausdorffsch" ist ziemlich unanschaulich und auf den ersten Blick sogar unvernünftig, unserer Intuition vom Umgebungsbegriff nicht gemäß. Deshalb hatte Hausdorff das Trennungsaxiom in seine ursprüngliche Definition des Begriffs "topologischer Raum" (1914) auch mit aufgenommen. Später hat man aber doch gefunden, daß auch nicht-Hausdorffsche Topologien sehr nützlich sein können, z.B. die "Zariski-Topologie" in der Algebraischen Geometrie. Immerhin kann man schon ein ziemliches Stück in die Topologie hineinspazieren, bevor man ein reales Bedürfnis nach Nicht-Hausdorffräumen verspürt, wenn es auch streckenweise bequemer ist, auf die Hausdorffeigenschaft nicht achten zu brauchen. Wer überhaupt nur einmal ein solches exotisches Ding sehen möchte, der nehme eine Menge X aus mehr als einem Element und versehe sie mit der trivialen Topologie $\{X, \varnothing\}$. — Einer der Vorteile, die das Trennungsaxiom gewährt, besteht in der Eindeutigkeit der Konvergenz:

Definition (konvergente Folgen): Sei X ein topologischer Raum, $(x_n)_{n \in \mathbb{N}}$ eine Folge in X. Ein Punkt $a \in X$ heißt ***Limes*** oder ***Grenzwert*** der Folge, wenn es zu jeder Umgebung U von a ein n_0 gibt, so daß $x_n \in U$ für alle $n \geq n_0$ gilt.

Notiz: *In einem Hausdorffraum kann eine Folge höchstens einen Limes haben.* □

In einem trivialen topologischen Raum konvergiert freilich jede Folge gegen jeden Punkt. — Über das Verhalten bei Konstruktionen notieren wir die leicht überprüfbaren Tatsachen:

Notiz: *Jeder Teilraum eines Hausdroffraumes ist Hausdorffsch, und zwei nichtleere topologische Räume X und Y sind genau dann Hausdorffsch, wenn ihre Summe $X + Y$ und auch genau dann, wenn ihr Produkt $X \times Y$ Hausdorffsch ist.*

Das Hausdorffsche Trennungsaxiom wird auch T_2 genannt. Das hört sich so an, als ob es noch ein T_1 gäbe, nicht wahr? Ja, was glauben Sie: T_0, T_1, T_2, T_3, T_4, T_5; von $T_{2\frac{1}{2}}$ und $T_{3\frac{1}{2}}$ ganz zu schweigen! Das Hausdorff-Axiom ist aber das weitaus wichtigste davon, daran wollen wir festhalten. Soll ich Ihnen einmal sagen, was T_1 ist ... ? Aber nein. Das wollen wir an uns herankommen lassen.

1.8 Kompaktheit

Ah, Kompaktheit! Eine wundervolle Eigenschaft. Besonders in der Differential- und Algebraischen Topologie ist es meist so, daß alles viel glatter, leichter, vollständiger funktioniert, solange man mit kompakten Räumen, Mannigfaltigkeiten, CW-Komplexen, Gruppen usw. zu tun hat. Nun kann ja nicht alles auf der Welt kompakt sein, aber auch für "nicht-kompakte" Probleme ist oft der kompakte Fall eine gute Vorstufe: Man muß erst das leichter zu erobernde "kompakte Terrain" beherrschen, von wo aus man sich dann mit modifizierten Techniken ins "Nichtkompakte" vortastet. — Ausnahmen bestätigen die Regel: Zuweilen bietet die Nichtkompaktheit auch Vorteile, "Platz" für gewisse Konstruktionen zum Beispiel. Jetzt aber:

Definition (kompakt): Ein topologischer Raum heißt ***kompakt***, wenn jede offene Überdeckung eine endliche Teilüberdeckung besitzt; das soll heißen: X ist kompakt, wenn folgendes gilt: Ist $\mathfrak{U} = \{U_\lambda\}_{\lambda \in \Lambda}$ eine beliebige offene Überdeckung von X, d.h. $U_\lambda \subset X$ offen und $\bigcup_{\lambda \in \Lambda} U_\lambda = X$, dann gibt es endlich viele $\lambda_1, \ldots, \lambda_r \in \Lambda$, so daß $U_{\lambda_1} \cup \ldots \cup U_{\lambda_r} = X$.

HINWEIS: Viele Autoren nennen diese Eigenschaft "quasikompakt" und verwenden dann das Wort "kompakt" für "quasikompakt und Hausdorffsch".

In kompakten Räumen ist die folgende Art des Schließens von "lokalen" auf "globale" Eigenschaften möglich: Sei X ein kompakter Raum und $\mathcal{E}$ eine Eigenschaft, welche eine offene Teilmenge von X jeweils haben oder nicht haben kann, und zwar derart, daß mit U und V auch $U \cup V$ diese Eigenschaft hat. Dann gilt: Hat X die Eigenschaft ***lokal***, d.h. hat jeder Punkt eine offene Umgebung mit der Eigenschaft $\mathcal{E}$, dann hat auch X selbst die Eigenschaft $\mathcal{E}$, denn die genannten offenen Umgebungen bilden eine offene Überdeckung $\{U_x\}_{x \in X}$ von X, aber $X = U_{x_1} \cup \cdots \cup U_{x_r}$ für eine geeignete Auswahl, und nach Voraussetzung überträgt sich die Eigenschaft $\mathcal{E}$ induktiv auf endliche Vereinigungen, qed. — BEISPIEL 1: Sei X kompakt und $f : X \to \mathbb{R}$ lokal beschränkt, (z.B. stetig). Dann ist f beschränkt. BEISPIEL 2: Sei

X kompakt und $(f_n)_{n\geq 1}$ eine lokal gleichmäßig konvergierende Funktionenfolge auf X. Dann konvergiert die Folge überhaupt gleichmäßig. BEISPIEL 3: Ist X kompakt und $\{A_\lambda\}_{\lambda\in\Lambda}$ eine lokal endliche Überdeckung (d.h. jeder Punkt hat eine Umgebung, die nur für endlich viele λ von A_λ geschnitten wird), dann ist die Überdeckung endlich. BEISPIEL 4: Ist X kompakt und $A \subset X$ eine lokal endliche Teilmenge, dann ist A endlich, oder andersherum: Ist $A \subset X$ unendlich, dann gibt es einen Punkt $x \in X$, für den in jeder Umgebung unendlich viele Punkte von A liegen. BEISPIEL 5: Sei v ein differenzierbares Vektorfeld auf einer Mannigfaltigkeit M, z.B. auf einer offenen Teilmenge des $\mathbb{R}^n$, es bezeichne $\alpha_x : (a_x, b_x) \to M$ die maximale Integralkurve mit $\alpha(0) = x$, so daß sinnvollerweise b_x die Lebensdauer und $-a_x > 0$ das Alter von x unter v genannt werden können. Aus der lokalen Theorie der gewöhnlichen Differentialgleichungen folgt, daß es lokal für Alter und Lebensdauer positive untere Schranken gibt. Also – nun kommt der Kompaktheitsschluß – gibt es solche Schranken für jeden kompakten Teilraum $X \subset M$. Wie nun so ein Punkt auf seiner Lösungskurve weiterwandert, vergrößert sich sein Alter und verkürzt sich seine Lebensdauer:

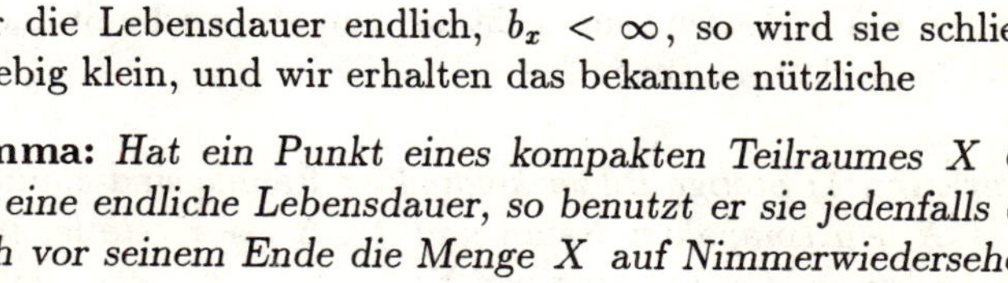

War die Lebensdauer endlich, $b_x < \infty$, so wird sie schließlich beliebig klein, und wir erhalten das bekannte nützliche

Lemma: *Hat ein Punkt eines kompakten Teilraumes $X \subset M$ nur eine endliche Lebensdauer, so benutzt er sie jedenfalls dazu, noch vor seinem Ende die Menge X auf Nimmerwiedersehen zu verlassen.*

Wenn aber nun gar keine Möglichkeit besteht, X zu verlassen – sei es daß der Rand von X mit nach innen weisenden Vektoren von v verbarrikadiert ist, sei es daß das ganze Universum M selbst kompakt und $X = M$ ist – dann muß eben jeder Punkt von X in dem Flusse ewig mitschwimmen, und so kommt es insbesondere, daß ein Vektorfeld auf einer kompakten unberandeten

Mannigfaltigkeit immer global integrierbar ist.

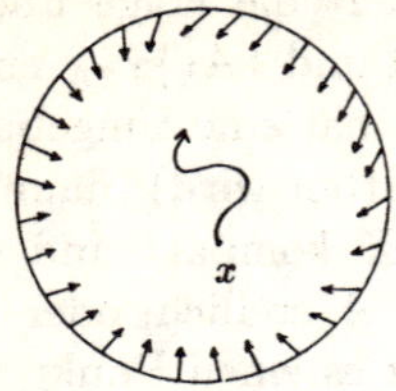

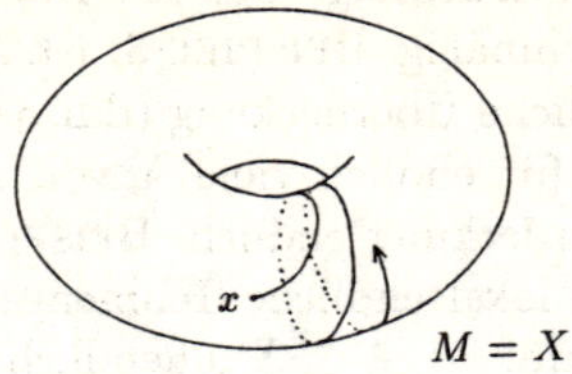

Aber zurück zum Thema! Die Konsequenzen der Möglichkeit, so vom Lokalen aufs Globale zu schließen, lassen sich freilich nicht auf wenigen Seiten auseinandersetzen, aber ich wollte doch gleich ein bißchen illustrieren, und nicht nur beteuern, daß man mit der Kompaktheit etwas anfangen kann.

Beispiele kompakter Räume? Ein unscheinbares, aber wichtiges Beispiel, aus dem sich viele andere entwickeln, ist das abgeschlossene Intervall $[0,1]$. Bekanntlich gibt es zu jeder offenen Überdeckung von $[0,1]$ eine "Lebesgue-Zahl", d.h. ein $\delta > 0$, so daß jedes Teilintervall der Länge δ in einer der Überdeckungsmengen liegt (gäbe es das nämlich nicht, so wählte man eine Folge $(I_n)_{n\geq 1}$ von Teilintervallen $I_n \subset [0,1]$ der Länge $1/n$, die in keiner Überdeckungsmenge liegen: eine Teilfolge der Mittelpunkte müßte dann nach dem Bolzano-Weierstraßschen Konvergenzprinzip gegen ein $x \in [0,1]$ konvergieren, aber da x auch in einer der offenen Überdeckungsmengen liegen muß, ergibt das für große n einen Widerspruch). Da man $[0,1]$ mit endlich vielen Intervallen der Länge δ überdecken kann, geht das nun also auch mit endlich vielen Überdeckungsmengen. —

Bemerkung 1: *Stetige Bilder kompakter Räume sind kompakt, d.h. ist X ein kompakter Raum und $f : X \to Y$ stetig, so ist $f(X)$ ein kompakter Teilraum von Y.*

BEWEIS: Ist $\{U_\lambda\}_{\lambda\in 1}$ eine offene Überdeckung von $f(X)$, so $\{f^{-1}(U_\lambda)\}_{\lambda\in\Lambda}$ eine von X, also $X = f^{-1}(U_{\lambda_1}) \cup \ldots \cup f^{-1}(U_{\lambda_r})$ für eine geeignete Auswahl, also auch $f(X) = U_{\lambda_1} \cup \ldots \cup U_{\lambda_r}$. □

Bemerkung 2: *Abgeschlossene Teilräume kompakter Räume sind kompakt.*

Beweis: Sei X kompakt, $A \subset X$ abgeschlossen, $\{U_\lambda\}_{\lambda \in \Lambda}$ eine offene Überdeckung von A. Nach Definition der Teilraumtopologie gibt es also eine Familie $\{V_\lambda\}_{\lambda \in \Lambda}$ in X offener Mengen mit $U_\lambda = A \cap V_\lambda$. Da nun A abgeschlossen ist, ist die Überdeckung $\{X \setminus A, \{V_\lambda\}_{\lambda \in \Lambda}\}$ von X *offen*, also gibt es $\lambda_1, \dots, \lambda_r \in \Lambda$ mit $(X \setminus A) \cup V_{\lambda_1} \cup \dots \cup V_{\lambda_r} = X$, d.h. $U_{\lambda_1} \cup \dots \cup U_{\lambda_r} = A$. □

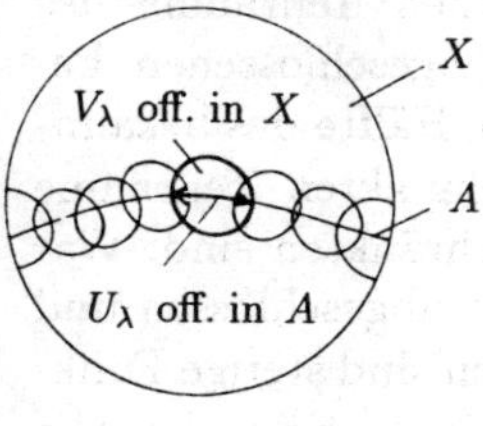

Bemerkung 3: *Zwei nichtleere Räume X und Y sind genau dann beide kompakt, wenn ihre Summe und auch genau dann, wenn ihr Produkt kompakt ist.*

Beweis (nur für den interessantesten und verhältnismäßig am schwierigsten zu beweisenden Teil dieser Bemerkung, nämlich dafür, daß das Produkt kompakter Räume wieder kompakt ist. Die Umkehrung folgt aus Bemerkung 1, die Aussage über die Summe ist trivial): Seien also X und Y kompakt und $\{W_\lambda\}_{\lambda \in \Lambda}$ eine offene Überdeckung von $X \times Y$. **1. Schritt:** Wir können also zu jedem (x, y) ein $\lambda(x, y)$ wählen, so daß $(x, y) \in W_{\lambda(x,y)}$, und wegen der Offenheit gibt es auch ein in $W_{\lambda(x,y)}$ enthaltenes offenes Kästchen $U(x, y) \times V(x, y)$ um (x, y). **2. Schritt:** Für festes x ist $\{V(x, y)\}_{y \in Y}$ eine offene Überdeckung von Y, also gibt es $y_1(x), \dots, y_{r_x}(x)$ mit $Y = V_{(x,y_1(x))} \cup \dots \cup V_{(x,y_{r_x}(x))}$. Setze nun $U_x := V_{(x,y_1(x))} \cap \dots \cap V_{(x,y_{r_x}(x))}$. **3. Schritt:** Weil X kompakt ist, gibt es Punkte $x_1, \dots, x_n$ mit $U_{x_1} \cup \dots \cup U_{x_n} = X$, und dann überdecken die (endlich vielen!) $W_{\lambda(x_i, y_j(x_i))}$, $1 \le i \le n$ und $1 \le j \le r_{x_i}$, ganz $X \times Y$. □

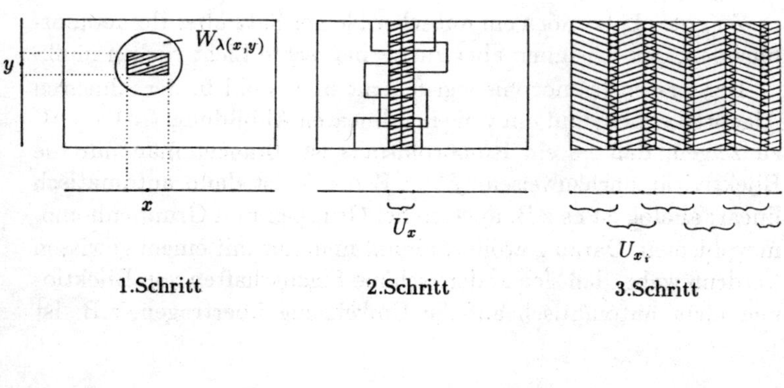

1.Schritt 2.Schritt 3.Schritt

Aus der Kompaktheit des abgeschlossenen Intervalls und diesen drei Bemerkungen ergibt sich schon die Kompaktheit vieler anderer Räume, z.B. aller abgeschlossenen Teilräume des n-dimensionalen Würfels und damit aller abgeschlossenen beschränkten Teilräume des $\mathbb{R}^n$. Das ist die eine Hälfte des bekannten Satzes von Heine-Borel, wonach die kompakten Teilräume des $\mathbb{R}^n$ ***genau*** die abgeschlossenen und beschränkten sind. Warum ist jeder kompakte Teilraum X_0 des $\mathbb{R}^n$ abgeschlossen und beschränkt? Nun, wie wir schon bemerkt haben sind stetige Funktionen auf kompakten Räumen beschränkt, hier insbesondere die Norm, also ist X_0 beschränkt. Die Abgeschlossenheit ergibt sich aus dem folgenden nützlichen kleinen

Lemma: *Ist X ein Hausdorffraum und $X_0 \subset X$ ein kompakter Teilraum, dann ist X_0 in X abgeschlossen.*

BEWEIS: Wir müssen zeigen, daß $X \setminus X_0$ offen ist, daß also jeder Punkt p daraus eine Umgebung U besitzt, die X_0 nicht trifft.

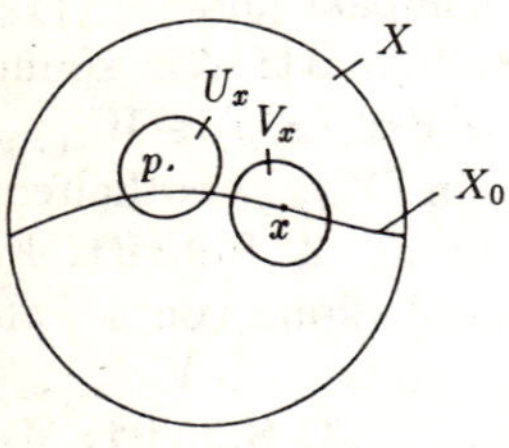

Wähle zu jedem $x \in X_0$ trennende offene Umgebungen U_x von p und V_x von x. U_x trifft vielleicht X_0, aber wenigstens trifft es den Teil $V_x \cap X_0$ nicht, und wenn wir jetzt endlich viele Punkte $x_1, \ldots, x_n \in X_0$ auswählen, so daß $(V_{x_1} \cap X_0) \cup \ldots \cup (V_{x_n} \cap X_0) = X_0$ ist – was man wegen der Kompaktheit von X_0 machen kann – dann ist $U := U_{x_1} \cap \ldots \cap U_{x_n}$ eine Umgebung von p mit der gewünschten Eigenschaft X_0 nicht zu treffen. □

Zu guter Letzt noch ein hübscher kleiner Satz über Homöomorphismen, den ich Ihnen aber zuerst ins rechte Licht rücken muß.

Den ersten Isomorphiebegriff lernt man wohl in der Linearen Algebra kennen, und um von einer linearen Abbildung $f : V \to W$ zu zeigen, daß sie ein Isomorphismus ist, braucht man nur die Bijektivität nachzuweisen: $f^{-1} : W \to V$ ist dann automatisch linear; analog ist es z.B. auch so bei Gruppen und Gruppenhomomorphismen. Daran gewöhnt, nimmt man nur mit einem gewissen Verdruß wahr, daß sich andere schöne Eigenschaften von Bijektionen nicht automatisch auf die Umkehrung übertragen, z.B. ist durch $x \mapsto x^3$ eine differenzierbare Bijektion $\mathbb{R} \to \mathbb{R}$ gegeben, aber die Umkehrabbildung ist bei 0 nicht differenzierbar:

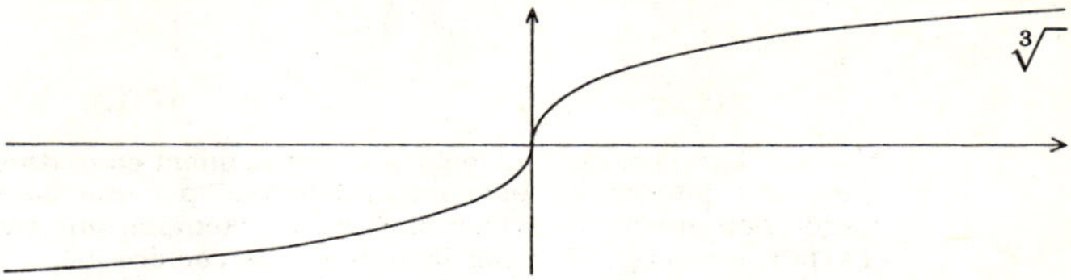

und mit den stetigen Abbildungen ist es leider nicht besser; man braucht dazu gar keine Extrembeispiele heranzuziehen, wie die Identität von X mit der diskreten Topologie nach X mit der trivialen Topologie: Wickeln wir einfach einmal das halboffene Intervall $[0, 2\pi)$ mittels $t \mapsto e^{it}$ auf den Einheitskreis auf,

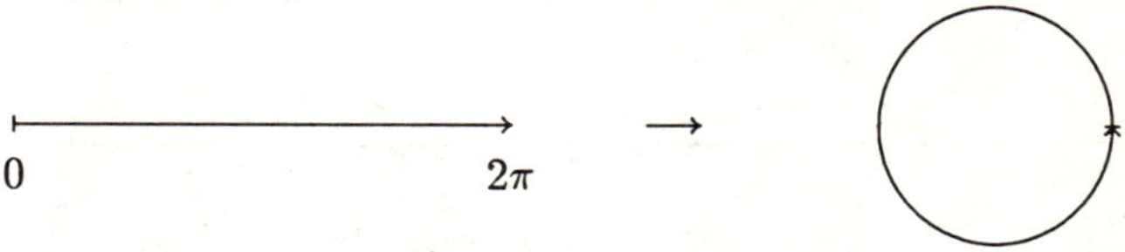

so haben wir eine stetige Bijektion vor uns, die aber kein Homöomorphismus sein kann, denn die Kreislinie ist kompakt und das halboffene Intervall nicht. Aber wenn auch f^{-1} stetig ***ist***, so kann dies nachzuweisen ziemlich lästig sein, besonders wenn man die Stetigkeit von f selbst aus einer expliziten Formel für $y = f(x)$ abgelesen hat, die ebenso explizit in $x = f^{-1}(y)$ aufzulösen man aber gar keinen Weg sieht. Deshalb ist es nützlich zu wissen, daß es eine oft erfüllte Voraussetzung allgemeiner Art gibt, unter der die Umkehrung stetiger Bijektionen gewiß stetig ist, nämlich:

Satz: *Eine stetige Bijektion $f : X \to Y$ von einem kompakten Raum X auf einen Hausdorffraum Y ist stets ein Homöomorphismus.*

BEWEIS: Zu zeigen ist: Die Bilder offener Mengen sind offen, oder was dasselbe ist: Die Bilder abgeschlossener Mengen sind abgeschlossen. Sei also $A \subset X$ abgeschlossen. Dann ist A kompakt als abgeschlossener Teilraum eines kompakten Raumes, $f(A)$ kompakt als stetiges Bild eines kompakten Raumes und deshalb abgeschlossen als kompakter Teilraum in dem Hausdorffraum Y. □

2 Topologische Vektorräume

Un grand nombre des éléments qui interviennent en mathématiques sont déterminés chacun complétement par une suite infinie de nombres réels ou complexes: Par exemple, une série de TAYLOR est déterminée par la suite de ses coefficents . . .

On peut donc considérer les nombres de la suite qui définit chacun de ces éléments comme les coordonnées de cet élément envisagé comme un point d'un espace (E_ω) à une infinité dénombrable de dimensions. Il y a plusieurs avantages à opérer ainsi. D'abord l'avantage qui se présente toujours quand on emploie le langage géométrique si propice à l'intuition par les analogies qu'il fait naitre . . .

Maurice Fréchet
Sur Quelques Points du Calcul Fonctionnel (1906)

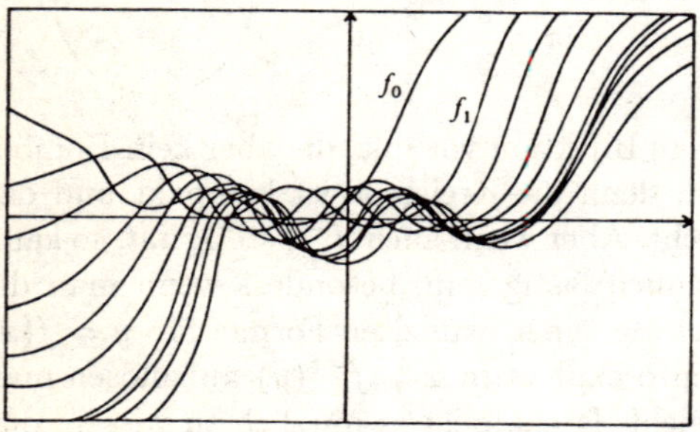

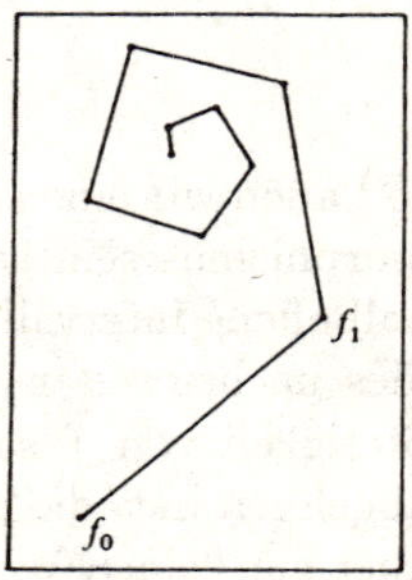

2.1 Der Begriff des topologischen Vektorraumes

Das gegenwärtige kurze Kapitel hat keine weiteren Ambitionen, als eine Klasse von Beispielen topologischer Räume vorzustellen, die im Anwendungsbereich der Topologie (hier in der Funktionalanalysis) wirklich vorkommen und dort sogar eine große Bedeutung haben: die topologischen Vektorräume. Es ist nur recht und billig, gerade diese Beispiele an den Anfang zu stellen, denn sie haben auch bei der Ausformung des Begriffs des topologischen Raumes eine wichtige Rolle gespielt (Fréchet 1906).

Definition (topologischer Vektorraum): Sei $\mathbb{K} := \mathbb{R}$ oder $\mathbb{C}$. Ein $\mathbb{K}$-Vektorraum E, der zugleich topologischer Raum ist, heißt ***topologischer Vektorraum***, wenn Topologie und lineare Struktur in folgendem Sinne verträglich miteinander sind:
Axiom 1: Die Subtraktion $E \times E \to E$ ist stetig.
Axiom 2: Die Skalarmultiplikation $\mathbb{K} \times E \to E$ ist stetig.

HINWEIS: Manche Autoren verlangen auch noch als Axiom 3: E ist Hausdorffsch (z.B. Dunford-Schwartz [7]; Bourbaki [1] aber nicht).

Statt der Stetigkeit der Subtraktion könnte man ebensogut die Stetigkeit der Addition fordern, denn aus Axiom 2 folgt ja insbesondere die Stetigkeit von $E \to E$, $x \mapsto -x$, und deshalb die von $E \times E \to E \times E$, $(x, y) \mapsto (x, -y)$. Im Axiom 1 *Subtraktion* statt *Addition* zu schreiben, hat aber einen, wenn auch nur ästhetischen, so doch guten Grund, den ich nennen will.

Wie hier die Begriffe *Vektorraum* und *topologischer Raum* eine Verbindung eingehen, so gibt es noch mehr interessante und nützliche Begriffe, die aus der Verbindung algebraischer Strukturen mit der Topologie entstehen. Insbesondere wird man eine Gruppe G, die zugleich topologischer Raum ist, eine ***topologische Gruppe*** nennen, wenn Gruppenstruktur und Topologie miteinander "verträglich" sind. Und was wird darunter zu verstehen sein? Nun, daß Verknüpfung $G \times G \to G$, $(a, b) \mapsto ab$, und Inversenbildung $G \to G$, $a \mapsto a^{-1}$, stetig sind. Diese beiden Bedingungen kann man aber zu einer zusammenfassen, sie sind nämlich äquivalent zu dem Axiom für topologische Gruppen: $G \times G \to G$, $(a, b) \mapsto ab^{-1}$, ist stetig. — Das Axiom 1 besagt also gerade, daß die additive Gruppe $(E, +)$ zusammen mit der Topologie zu einer topologischen Gruppe wird.

2.2 Endlichdimensionale Vektorräume

Es sollen nun die gängigsten Klassen topologischer Vektorräume in der Reihenfolge zunehmender Allgemeinheit genannt werden, und der Vollständigkeit halber beginnen wir mit den *endlichdimensionalen* Räumen.

Der $\mathbb{K}^n$, mit der üblichen Topologie, ist ein topologischer Vektorraum, und jeder Isomorphismus $\mathbb{K}^n \to \mathbb{K}^n$ ist auch ein Homöomorphismus. Deshalb gibt es auf jedem n-dimensionalen Vektorraum V genau eine Topologie, für die ein (und dann also jeder) Isomorphismus $V \cong \mathbb{K}^n$ ein Homöomorphismus ist, und dadurch wird auch V zu einem topologischen Vektorraum. Dies alles ist trivial, und zweifellos ist die so definierte ***übliche Topologie*** die naheliegendste unter allen Topologien, die es für V noch geben mag. Sie ist aber in der Tat mehr als nur "naheliegend", denn es gilt der

Satz (hier ohne Beweis, siehe z.B. Bourbaki [1], Th. 2 p. 18): *Die übliche Topologie auf einem endlichdimensionalen Vektorraum V ist überhaupt die einzige, die V zu einem Hausdorffschen topologischen Vektorraum macht.*

Der Satz zeigt, daß die endlichdimensionalen topologischen Vektorräume als solche nicht interessant sind, und natürlich ist der Begriff auch der ∞-dimensionalen Räume wegen eingeführt worden. Für diese hat der Satz aber auch eine wichtige Konsequenz: Wenn nämlich V ein endlichdimensionaler Untervektorraum irgend eines Hausdorffschen topologischen Vektorraumes E ist, so ist die von E induzierte Teilraumtopologie auf V gerade die übliche Topologie — eben auch, wenn E zu den wilderen Exemplaren seiner Gattung gehört.

2.3 Hilberträume

ZUR ERINNERUNG: Unter einem ***euklidischen*** (bzw. ***unitären***) Vektorraum versteht man einen reellen (komplexen) Vektorraum E zusammen mit einer symmetrischen (hermiteschen) positiv definiten Bilinearform $\langle\, , \rangle$. Für $v \in E$ heißt dann $\|v\| := \sqrt{\langle v, v\rangle}$ die ***Norm*** von v.

Notiz: *Ist* $(E, \langle\ ,\ \rangle)$ *ein euklidischer (unitärer) Vektorraum, so ist durch* $d(v,w) := \|v - w\|$ *eine Metrik erklärt, durch deren Topologie* E *zu einem topologischen Vektorraum wird.*

Definition: Ein euklidischer (bzw. unitärer) Vektoraum heißt ***Hilbertraum***, wenn er bezüglich seiner Metrik vollständig ist, d.h. wenn jede Cauchyfolge konvergiert.

Die Hilberträume sind nach den endlichdimensionalen gewiß die harmlosesten topologischen Vektorräume, und sie lassen sich auch vollständig übersehen: Eine Familie $\{e_\lambda\}_{\lambda \in \Lambda}$ paarweise orthogonaler Einheitsvektoren in einem Hilbertraum H heißt eine ***Hilbert-Basis*** von H, wenn nur der Nullvektor auf allen e_λ senkrecht steht, und es sei hier ohne Beweis angemerkt, daß jeder Hilbertraum eine solche Basis besitzt, je zwei Basen ein und desselben Hilbertraumes die gleiche Mächtigkeit haben und schließlich je zwei Hilberträume mit gleichmächtigen Basen isometrisch isomorph sind.

2.4 Banachräume

Definition (normierter Raum): Sei E ein $\mathbb{K}$-Vektorraum. Eine Abbildung $\|..\| : E \to \mathbb{R}$ heißt eine ***Norm***, wenn folgende drei Axiome gelten

N1: $\|x\| \geq 0$ für alle $x \in E$, und nur für $x = 0$ gilt $\|x\| = 0$.

N2: $\|ax\| = |a| \cdot \|x\|$ für alle $a \in \mathbb{K}$, $x \in E$.

N3: $\|x + y\| \leq \|x\| + \|y\|$ für alle $x, y \in E$ ("Dreiecksungleichung").

Ein Paar $(E, \|..\|)$ aus einem Vektorraum und einer Norm darauf heißt ein ***normierter Raum***.

Notiz: *Ist* $(E, \|..\|)$ *ein normierter Raum, so ist durch* $d(x,y) := \|x - y\|$ *eine Metrik erklärt, durch deren Topologie* E *zu einem topologischen Vektorraum wird.*

Definition: Ein normierter Raum heißt ***Banachraum***, wenn er vollständig ist, d.h. wenn jede Cauchyfolge konvergiert.

Hilbert- und Banachräume ***liefern*** Beispiele topologischer Vektorräume, aber sie tragen noch darüber hinausgehende Struktur: Das Skalarprodukt $\langle\,,\rangle$ bzw. die Norm $\|..\|$ läßt sich nicht aus der Topologie rekonstruieren. Verschiedene Normen auf ein und demselben Vektorraum, die sich nicht durch lineare Isomorphismen ineinander überführen lassen, gibt es – anders als bei den Skalarprodukten — schon im Falle endlicher Dimension (≥ 2), wie man sich leicht überlegt. Aber auch wenn es, wie in der Funktionalanalysis häufig, nur auf die topologische Vektorraumstruktur ankommt, bilden die Banachräume eine reiche, ja unüberschaubare Klasse.

2.5 Fréchet-Räume

Definition (Halbnorm): Sei E ein $\mathbb{K}$-Vektorraum. Eine Abbildung $|..| : E \to \mathbb{R}$ heißt eine ***Halbnorm***, wenn gilt:

HN1: $|x| \geq 0$ für alle $x \in E$.

N2: $|ax| = |a| \cdot |x|$
N3: Dreiecksgleichung
} wie für Normen.

Zum Beispiel ist $|..|_i : \mathbb{R}^n \to \mathbb{R}, x \mapsto |x_i|$ eine Halbnorm auf dem $\mathbb{R}^n$. — Auch für eine Halbnorm können wir von "offenen Kugeln" $B_\varepsilon(x) := \{x \in E \,|\, |x-y| < \varepsilon\}$ sprechen, wenn sie auch vielleicht nicht besonders kugelförmig aussehen mögen.

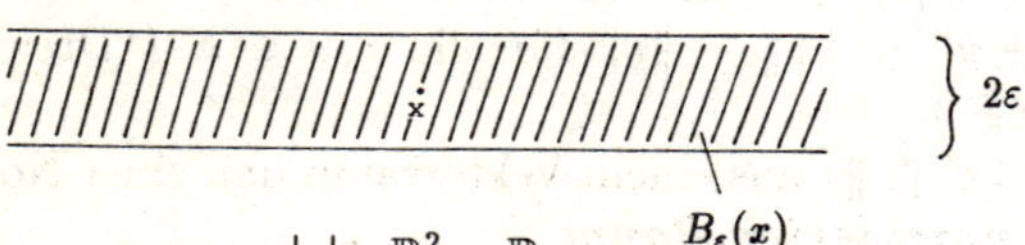

$|..|_2 : \mathbb{R}^2 \to \mathbb{R}$

Definition: Sei E ein Vektorraum und $\{|..|_\lambda\}_{\lambda \in \Lambda}$ eine Familie von Halbnormen auf E. Eine Teilmenge $U \subset E$ heißt ***in der von der Familie erzeugten Topologie*** offen, wenn U mit jedem Punkt einen endlichen Durchschnitt solcher Halbnormenkugeln um den Punkt enthält, d.h. zu $x \in U$ gibt es $\lambda_1, \ldots, \lambda_r \in \Lambda$

und $\varepsilon > 0$, so daß $B_\varepsilon^{(\lambda_1)}(x) \cap \ldots \cap B_\varepsilon^{(\lambda_r)}(x) \subset U$.

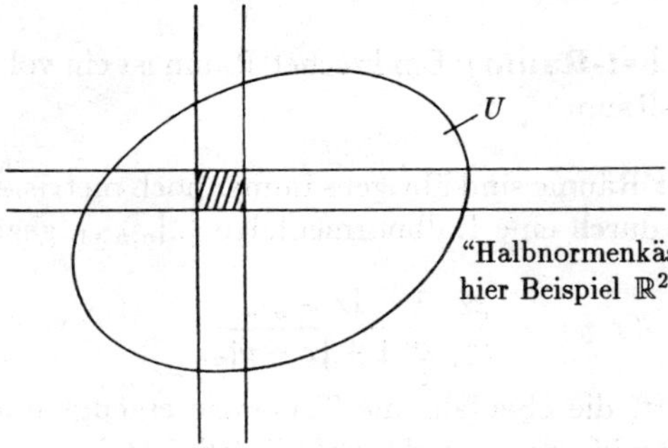

In der Terminologie von 1.4 bilden die offenen Kugeln der Halbnormen $|..|_\lambda$, $\lambda \in \Lambda$ eine Subbasis, "erzeugen" also diese Topologie.

Notiz: *Mit der durch die Halbnormenfamilie $\{|..|_\lambda\}_{\lambda \in \Lambda}$ gegebenen Topologie wird E zu einem topologischen Vektorraum, der übrigens genau dann Hausdorffsch ist, wenn 0 der einzige Vektor ist, für den sämtliche Halbnormen $|..|_\lambda$ Null sind.*

Definition (prä-Fréchet-Raum): Ein hausdorffscher topologischer Vektorraum, dessen Topologie durch eine höchstens abzählbare Familie von Halbnormen gegeben werden kann, heiße ein ***prä-Fréchet-Raum***.

Die Fréchet-Räume werden die "vollständigen" prä-Fréchet-Räume sein. Zwar ist Vollständigkeit zunächst ein metrischer Begriff, aber in topologischen Vektorräumen gibt es eine naheliegende topologische Version davon:

Definition (Vollständige topologische Vektorräume): Eine Folge $(x_n)_{n\geq 1}$ in einem topologischen Vektorraum heiße Cauchy-Folge, wenn es zu jeder Nullumgebung U ein n_0 mit $x_n - x_m \in U$ für alle $n, m \geq n_0$ gibt. Wenn jede Cauchy-Folge konvergiert, heißt der topologische Vektorraum (folgen-)***vollständig***.

In normierten Vektorräumen ist Vollständigkeit in diesem

Sinne natürlich dasselbe wie Vollständigkeit bezüglich der durch die Norm gegebenen Metrik.

Definition (Fréchet-Raum): Ein Fréchet-Raum ist ein vollständiger prä-Fréchet-Raum.

Die prä-Fréchet-Räume sind übrigens immer noch metrisierbar: Ist die Topologie durch eine Halbnormenfolge $|..|_{n,n\geq 1}$ gegeben, so ist durch

$$d(x,y) := \sum_{n=1}^{\infty} \frac{1}{2^n} \frac{|x-y|_n}{1+|x-y|_n}$$

eine Metrik erklärt, die ebenfalls die Topologie erzeugt und die auch denselben Begriff von "Cauchy-Folge" definiert.

2.6 Lokalkonvexe topologische Vektorräume

Als wohl die allgemeinsten topologischen Vektorräume, für die noch eine Theorie mit guten Sätzen vorhanden ist, seien zum Schluß noch die lokalkonvexen genannt.

Definition: Ein topologischer Vektorraum heißt ***lokalkonvex***, wenn jede Nullumgebung eine konvexe Nullumgebung enthält.

Um wieviel diese Räume allgemeiner sind als die vorher genannten, darüber sei ohne Beweis folgendes zitiert (vgl. [13] § 18): Ein topologischer Vektorraum ist genau dann lokalkonvex, wenn seine Topologie durch eine Familie von Halbnormen gegeben werden kann, und ein lokalkonvexer topologischer Vektorraum ist genau dann ein prä-Fréchet-Raum, wenn er metrisierbar ist.

2.7 Ein paar Beispiele

BEISPIEL 1: Wir betrachten die Lebesgue-meßbaren reellen Funktionen f auf $[-\pi,\pi]$, für die $\int_{-\pi}^{\pi} f(x)^2 dx < \infty$ ist. Zwei solche Funktionen sollen äquivalent heißen, wenn sie außerhalb einer Nullmenge übereinstimmen. Die Äquivalenzklassen nennt man dann, etwas salopp, die ***quadratintegrierbaren Funktionen***. Die Menge H dieser quadratintegrierbaren Funktionen ist in kanonischer Weise ein reeller Vektorraum und wird z.B. durch

$$\langle f,g\rangle := \frac{1}{\pi}\int_{-\pi}^{\pi} f(x)g(x)dx$$

zu einem Hilbertraum. Die trigonometrischen Funktionen, etwa numeriert als $e_k(x) := \cos kx$ und $e_{-k}(x) := \sin kx$ für $k \geq 1$, bilden zusammen mit $e_0 := \frac{1}{2}\sqrt{2}$ eine Hilbertbasis $\{e_n\}_{n\in\mathbb{Z}}$ von H, und die Darstellung $f = \sum_{n\in\mathbb{Z}}\langle f, e_n\rangle e_n$ ist die ***Fourierentwicklung*** von $f \in H$.

Beispiel 2: Sei X ein topologischer Raum, $C(X)$ der Vektorraum der beschränkten stetigen Funktionen auf X und

$$\|f\| := \sup_{x\in X} |f(x)|.$$

Dann ist $(C(X), \|..\|)$ ein Banachraum.

Beispiel 3: Sei $X \subset \mathbb{C}$ ein Gebiet, $\mathcal{O}(X)$ der Vektorraum der holomorphen Funktionen auf X, versehen mit der durch die Familie $\{|\ |_K\}_{K\subset X \text{ kompakt}}$ von Halbnormen $|f|_K := \sup_{z\in K}|f(z)|$ gegebenen Topologie ("Topologie der kompakten Konvergenz"). Dann ist $\mathcal{O}(X)$ ein Fréchet-Raum (denn man braucht nur die abzählbar vielen K_n einer "Ausschöpfung" von X zu behalten, und die Vollständigkeit folgt aus dem Weierstraßschen Konvergenzsatz).

Dies sind drei aus einer Vielzahl von "Funktionenräumen", die zu betrachten die Analysis Anlaß gibt. Als bloße Vektorräume brauchte man sie gar nicht zu erfinden, sie sind einfach da und drängen sich auf. Und auch daß lineare Differential- und Integraloperatoren überhaupt als lineare Abbildungen $L : E_1 \to E_2$ zwischen irgendwelchen Funktionenräumen auftreten, ergibt sich direkt aus der Natur der Sache. Aber die bloße lineare Algebra liefert hier nur Trivialitäten; und um die Eigenschaften dieser Operatoren kennenzulernen, muß man auch ihr Stetigkeitsverhalten unter verschiedenen Topologien studieren und die Kenntnisse über die Struktur der abstrakten topologischen Vektorräume ausnutzen. Und wenn die Mengentheoretische Topologie, zu deren Ruhme ja all dies gesagt wird, auch nicht gerade den harten Kern der Untersuchungen über lineare partielle Differentialgleichungen darstellt, so bildet sie doch ein unerläßliches, geradezu selbstverständlich gewordenes Hilfsmittel.

Noch habe ich kein Beispiel für einen lokalkonvexen, aber nicht metrisierbaren und daher nicht prä-Fréchetschen topologischen Vektorraum genannt. Nun, auch solche Räume kommen in ganz natürlicher Weise in der Funktionalanalysis vor. Es ist z.B. zuweilen notwendig, auf einem gegebenen topologischen Vektorraum E die "schwache Topologie" zu betrachten, das ist die gröbste Topologie, in der alle bisher stetigen linearen Abbildungen $E \to \mathbb{R}$ (die "linearen Funktionale") stetig bleiben, also die Topologie mit $\{f^{-1}(U) \mid U \subset \mathbb{R}$ offen, $f : E \to \mathbb{R}$ linear und stetig$\}$ als Subbasis. Mit dieser Topologie ist E auch ein topologischer Vektorraum, aber schon wenn E z.B. ein unendlichdimensionaler Hilbertraum war, dann ist E mit der schwachen Topologie ein lokalkonvexer Hausdorffscher, aber nicht metrisierbarer topologischer Vektorraum (vgl. [4], S. 76).

3 Die Quotiententopologie

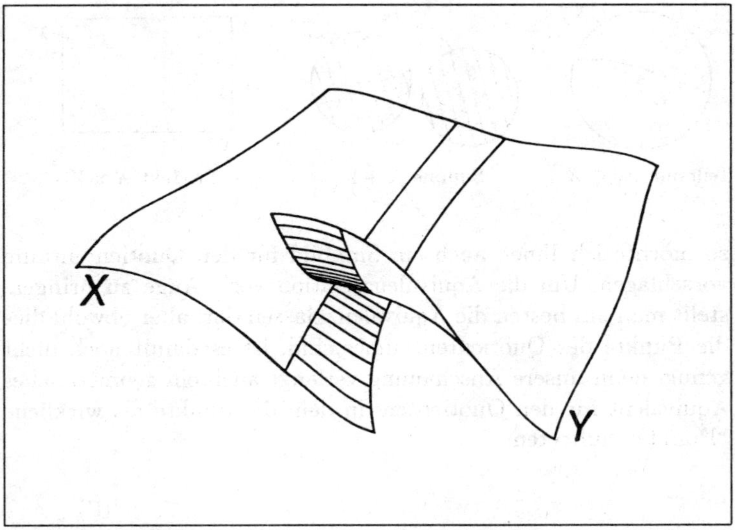

3.1 Der Begriff des Quotientenraumes

Notationen: Ist X eine Menge und $\sim$ eine Äquivalenzrelation auf X, so bezeichnet $X/\!\sim$ die Menge der Äquivalenzklassen, $[x] \in X/\!\sim$ die Äquivalenzklasse von $x \in X$ und $\pi : X \to X/\!\sim$ die kanonische Projektion, also $\pi(x) := [x]$.

Definition (Quotientenraum): Sei X ein topologischer Raum und $\sim$ eine Äquivalenzrelation auf X. Eine Teilmenge $U \subset X/\!\sim$ heißt ***offen in der Quotiententopologie***, wenn $\pi^{-1}(U)$ offen in X ist. $X/\!\sim$, versehen mit der hierdurch erklärten Topologie, heißt der ***Quotientenraum*** von X nach $\sim$.

Notiz: *Die Quotiententopologie ist offenbar die feinste Topologie von $X/\!\sim$, für die π noch stetig ist.*

Wie wir für die Begriffe Teilraum, Summe und Produkt einfache Sinnbilder haben, an denen sich unsere Anschauung für's erste festhalten kann:

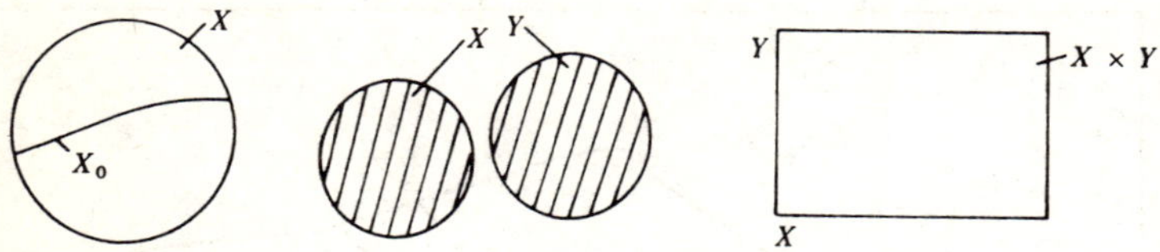

Teilraum $X_0 \subset X$ Summe $X + Y$ Produkt $X \times Y$

so möchte ich Ihnen auch ein Sinnbild für den Quotientenraum vorschlagen. Um die Äquivalenzrelation vor's Auge zu bringen, stellt man am besten die Äquivalenzklassen dar; aber obwohl dies die Punkte des Quotientenraumes sind, ist es damit noch nicht genug, denn unsere Anschauung verlangt auch ein geometrisches Äquivalent für den Quotienten, in dem die Punkte als wirkliche "Punkte" auftreten:

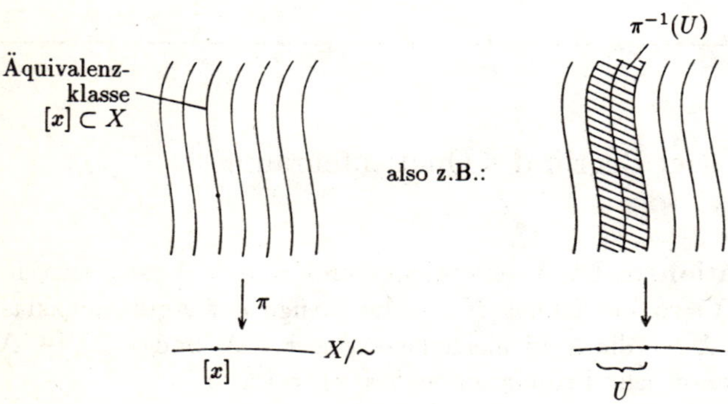

Die nächsten beiden Paragraphen behandeln alles, was wir an "Theorie" über den Quotientenraum wissen müssen, und dann kommen wir zum eigentlich Interessanten, nämlich zu den in der Mathematik wirklich vorkommenden *Beispielen*.

3.2 Quotienten und Abbildungen

Notiz 1 (Abbildungen heraus): *Sei Y ein weiterer topologischer Raum. Eine Abbildung $f : X/\!\sim\ \to Y$ ist offenbar genau dann stetig, wenn $f \circ \pi$ stetig ist:*

$$\begin{array}{ccc} X & & \\ {\scriptstyle\pi}\big\downarrow & \searrow^{f\circ\pi} & \\ X/\!\sim & \xrightarrow[f]{\hspace{1.5em}} & Y \end{array}$$

Für die Stetigkeit von Abbildungen $\varphi : Y \to X/\!\sim$ gibt es kein analoges Universalkriterium, aber oft ist die folgende triviale Beobachtung nützlich:

Notiz 2 (Abbildungen hinein): *Falls es eine stetige Abbildung $\Phi : Y \to X$ mit $\varphi = \pi \circ \Phi$ gibt,*

$$\begin{array}{ccc} & & X \\ & {}^{\Phi}\nearrow & \big\downarrow{\scriptstyle\pi} \\ Y & \xrightarrow[\varphi]{\hspace{1.5em}} & X/\!\sim \end{array}$$

*ja selbst wenn das nur **lokal** möglich ist, d.h. wenn jedes $y \in Y$ eine Umgebung U hat, zu der man eine stetige Abbildung $\Phi_U : U \to X$ mit $\pi \circ \Phi_U = \varphi|U$ finden kann,*

$$\begin{array}{ccc} & & X \\ & {}^{\Phi_U}\nearrow & \big\downarrow{\scriptstyle\pi} \\ U & \xrightarrow[\varphi|U]{\hspace{1.5em}} & X/\!\sim \end{array}$$

dann ist φ natürlich stetig.

3.3 Eigenschaften von Quotientenräumen

Welche Eigenschaften von X übertragen sich auf $X/\!\sim$? Zusammenhang und Kompaktheit verhalten sich bestens, denn

Notiz: *Ist X (weg-)zusammenhängend bzw. kompakt, dann auch $X/\!\sim$ als stetiges Bild von X.*

Anders steht es mit der dritten der drei topologischen Eigenschaften, von denen im Kapitel 1 die Rede war: Ein Quotientenraum eines Hausdorffraumes ist im allgemeinen kein Hausdorffraum mehr. Ein trivialer Grund dafür liegt vor, wenn die Äquivalenzklassen nicht alle abgeschlossen sind:

Notiz: *Eine notwendige Bedingung für die Hausdorff-Eigenschaft eines Quotientenraumes $X/\!\sim$ ist die Abgeschlossenheit aller Äquivalenzklassen in X, denn wäre $y \notin [x]$ ein Randpunkt von $[x]$, so könnte man $[x]$ und $[y]$ in $X/\!\sim$ nicht durch disjunkte Umgebungen trennen,*

oder, vielleicht eleganter gesagt: Die Abgeschlossenheit der Äquivalenzklassen bedeutet die Abgeschlossenheit der Punkte in $X/\!\sim$, und in einem Hausdorffraum sind die Punkte natürlich abgeschlossen. — Also gut, abgeschlossene Äquivalenzklassen. Aber darüber hinaus? — Hier ist ein interessantes Beispielpaar.

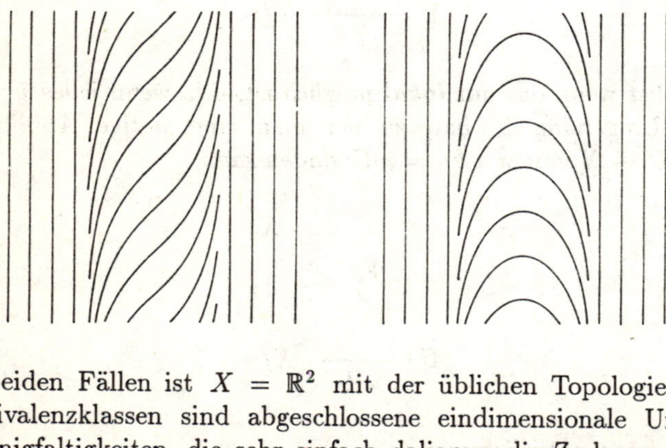

In beiden Fällen ist $X = \mathbb{R}^2$ mit der üblichen Topologie, die Äquivalenzklassen sind abgeschlossene eindimensionale Untermannigfaltigkeiten, die sehr einfach daliegen, die Zerlegung des

$\mathbb{R}^2$ ist jeweils sogar invariant unter Translation in y-Richtung, und außerdem haben beide Beispiele so eine gewisse Ähnlichkeit, daß man den Unterschied zwischen ihnen nicht leicht durch unterschiedliche mengentheoretisch-topologische Eigenschaften der beiden Äquivalenzrelationen wird beschreiben können — außer, daß eben der eine Quotient Hausdorffsch ist und der andere nicht! Hieraus ist zunächst nur zu lernen, daß das Trennungsverhalten von Quotienten sehr vom jeweiligen Verlauf der Äquivalenzklassen abhängt und daß man für Sätze, die die Hausdorffeigenschaft für ganze Beispielklassen sicherstellen, dankbar sein soll.

3.4 Beispiele: Homogene Räume

Zur Erinnerung aus der Algebra: Ist G eine Gruppe und $H \subset G$ eine Untergruppe, dann bezeichnet G/H die Menge $\{gH \mid g \in G\}$ der "links-Nebenklassen" von H, das sind die Äquivalenzklassen nach der durch $a \sim b :\Leftrightarrow b^{-1}a \in H$ definierten Äquivalenzrelation auf G. Ist H nicht nur eine Untergruppe, sondern sogar ein Normalteiler (d.h. $gHg^{-1} = H$ für alle $g \in G$), dann ist G/H in kanonischer Weise wieder eine Gruppe.

Definition (topologische Gruppe): Eine Gruppe G, die zugleich topologischer Raum ist, heißt ***topologische Gruppe***, wenn $G \times G \to G$, $(a,b) \mapsto ab^{-1}$ stetig ist.

Die Gruppen $GL(n,\mathbb{R})$ und $GL(n,\mathbb{C})$ der invertierbaren $n\times n$-Matrizen sind z.B. in kanonischer Weise topologische Gruppen, ebenso die abelschen Gruppen $(E,+)$ der topologischen Vektorräume, und natürlich ist jede Untergruppe einer topologischen Gruppe mit der Teilraumtopologie ebenfalls eine topologische Gruppe.

Definition (homogener Raum): Ist $H \subset G$ eine Untergruppe einer topologischen Gruppe G, so heißt der Quotientenraum G/H ein ***homogener Raum***.

Unsere allgemeine Definition des Quotientenraums $X/\sim$ in 3.1 ist hier also angewandt auf $X := G$ und $a \sim b :\Leftrightarrow b^{-1}a \in H$.

Weshalb sind die homogenen Räume von Interesse? Das ist eine verdammt weitgreifende Frage und eigentlich auf dem Niveau des gegenwärtigen Buches nicht recht zu beantworten. Aber ich will doch versuchen einige Hinweise zu geben. — So, wie man die topologischen Gruppen in der Natur vorfindet, sind sie meist nicht nur abstrakt gegeben als eine Menge G mit einer Gruppenverknüpfung und einer Topologie, sondern konkret als Gruppen von *Transformationen*, d.h. von bijektiven Abbildungen einer Menge X auf sich, und die Gruppenverknüpfung ist nichts anderes als die Zusammensetzung von Abbildungen. Dieses X darf man sich aber nicht als eine bloße Menge und weiter nichts vorstellen, ebensowenig als G die Gruppe *aller* Bijektionen von X sein soll, sondern man muß sich X mit weiterer Struktur ausgestattet denken: Zunächst mit einer Topologie, darüber hinaus aber vielleicht mit einer differenzierbaren oder analytischen oder algebraischen oder metrischen oder linearen oder sonst einer Struktur, wie es die Situation eben mit sich bringt, und die $g : X \to X$ aus G sind Bijektionen, die mit dieser Struktur verträglich sind. Aus diesem Zusammenhang ergibt sich dann gewöhnlich auch erst, mit welcher Topologie man G vernünftigerweise versehen wird. Betrachten wir $G = GL(n, \mathbb{R})$ als ein einfaches Beispiel: Hier ist $X = \mathbb{R}^n$ mit seiner linearen Struktur. — Soweit ist dies eine Bemerkung über topologische Gruppen und hat mit den homogenen Räumen noch nichts zu tun. Nun denke man sich aber in X oder "auf" X oder sonstwie mit X und seinen Strukturen verbunden ein mathematisches Objekt A, z.B. eine gewisse Teilmenge $A \subset X$ oder eine Funktion $A : X \to \mathbb{C}$; jedenfalls so, daß es einen Sinn hat zu sagen, A werde von $g \in G$ in ein ebensolches Objekt gA transformiert und dieses durch $h \in G$ in $(hg)A$ — für eine Teilmenge $A \subset X$ ist gA natürlich einfach die Bildmenge $g(A)$, für eine Funktion $A : X \to \mathbb{C}$ ist es die Funktion $A \circ g^{-1} : X \to \mathbb{C}$ usw. Dann ist aber die Menge $H := \{g \in G \mid gA = A\}$ der Gruppenelemente, die A in sich transformieren, eine Untergruppe von G und *der homogene Raum G/H ist in natürlicher Weise gerade der Raum der sämtlichen Positionen, in die A durch Transformationen aus G gelangen kann.* Als ein einfaches Beispiel für diesen Vorgang betrachte $G = O(k + n)$ und $X = \mathbb{R}^k \times \mathbb{R}^n$. Sei A der

Untervektorraum $\mathbb{R}^k \times 0$. Die orthogonalen Matrizen, die $\mathbb{R}^k \times 0$ in sich überführen, sind gerade die von der Gestalt

$$\begin{array}{r} k\left\{\vphantom{h_1}\right. \\ n\left\{\vphantom{\begin{array}{c}a\\b\\c\end{array}}\right. \end{array} \begin{array}{|c|c|} \hline h_1 & 0 \\ \hline 0 & h_2 \\ \hline \end{array}$$

mit $h_1 \in O(k)$ und $h_2 \in O(n)$; also $H = O(k) \times O(n) \subset O(k+n)$, und der homogene Raum $O(k+n)/O(k) \times O(n)$ ist die sogenannte "Graßmann-Mannigfaltigkeit" der k-dimensionalen Teilräume des $\mathbb{R}^{n+k}$. Im Falle $k = 1$ z.B. haben wir in $O(n+1)/O(1) \times O(n)$ den wohlbekannten reellen projektiven Raum $\mathbb{RP}^n$ der Geraden durch den Nullpunkt des $\mathbb{R}^{n+1}$. — Oft ist nun ein solcher "Positionenraum", um wieder vom allgemeinen Fall zu sprechen, das primäre Objekt des Interesses, und das Auffinden der Gruppen G und H, durch die er als homogener Raum G/H dargestellt werden kann, ist der erste Schritt zu seiner Erforschung.

Damit habe ich, vage genug, einen ersten wichtigen Gesichtspunkt beschrieben, unter dem homogene Räume interessant sind; von einem damit verwandten zweiten (homogene Räume als "Orbits") wird im nächsten Abschnitt gleich die Rede sein, auf einen dritten, ziemlich hintergründigen, will ich nur kurz hindeuten: Ganz allgemein gesprochen ist es eines der Grundprinzipien der Untersuchung komplizierter geometrischer Objekte, sie in einfachere Bestandteile zu zerlegen und die Gesetze zu studieren, nach denen aus den einfacheren Einzelteilen das Ganze wieder rekonstruiert werden kann. Eine solche Möglichkeit ist die Zerlegung eines Raumes in gleichartige "Fasern". Die Regeln nun, nach denen solche gleichartigen Fasern wieder zu "Faserbündeln" zusammengefügt werden, werden jeweils durch eine topologische Gruppe, die "Strukturgruppe" bestimmt, und mit den topologischen Gruppen kommen auch die homogenen Räume wieder ins Spiel, z.B. sind die Graßmann-Mannigfaltigkeiten $O(k+n)/O(k) \times O(n)$ wichtig für die Klassifikation der Vektorraumbündel, und die erarbeiteten

Kenntnisse über diese homogenen Räume zahlen sich aus als Hilfsmittel bei der Behandlung von Vektorraumbündeln, welche ihrerseits — aber das führt uns zu weit ab. Lassen Sie mich nur noch eines sagen: Außer als Werkzeuge zu irgendwelchen unmittelbaren Zwecken, wie soeben geschildert, verdienen die homogenen Räume auch ein ganz eigenständiges Interesse als geometrische Objekte, weil sie einerseits sehr vielfältig, andererseits als Gruppenquotienten mit den Mitteln der Theorie der topologischen (oder noch reicher strukturierten) Gruppen zugänglich sind (siehe z.B. die "Symmetrischen Räume" in der Riemannschen Geometrie).

All dies führt weit über die Mengentheoretische Topologie hinaus: meine bescheidene Absicht, Sie vom realen Vorhandensein der homogenen Räume in der Mathematik zu überzeugen, ist wohl erreicht, und wir können sachte die Füße wieder auf die Erde stellen. — Wenden wir uns zum Schluß noch einmal der Frage nach der Hausdorff-Eigenschaft von Quotienten zu. So diffizil sie im allgemeinen sein mag, für homogene Räume gibt es ein schönes bündiges Kriterium, es gilt nämlich

Lemma (hier ohne den (übrigens nicht schweren) Beweis, vgl. z.B. Bourbaki [2], III. 12): *Ein homogener Raum G/H ist genau dann Hausdorffsch, wenn H abgeschlossen in G ist.*

Ist E ein topologischer Vektorraum und $E_0 \subset E$ ein Untervektorraum, so ist der Quotient E/E_0 mit der Quotiententopologie wieder ein topologischer Vektorraum. Da nun mit E_0 auch die abgeschlossene Hülle $\overline{E}_0$ ein Untervektorraum von E ist, so ist also nach obigem Lemma $E/\overline{E}_0$ stets ein Hausdorffraum, und speziell heißt $E/\overline{\{0\}}$ der ***zu E gehörige*** Hausdorffsche topologische Vektorraum. Ist die Topologie auf E z.B. durch eine Halbnorm $|..|$ gegeben, so ist $\overline{\{0\}} = \{x \in E \,\big|\, |x| = 0\}$, und $|..|$ definiert dann auf $E/\overline{\{0\}}$ eine Norm.

3.5 Beispiele: Orbiträume

Definition (Gruppenaktion): Sei G eine topologische Gruppe und X ein topologischer Raum. Unter einer ***stetigen Aktion*** oder ***Operation*** von G auf X versteht man eine stetige Abbildung $G \times X \to X$, geschrieben als $(g, x) \mapsto gx$, derart daß gilt:
Axiom 1: $1x = x$ für alle $x \in X$.
Axiom 2: $g_1(g_2x) = (g_1g_2)x$ für alle $x \in X$ und $g_1, g_2 \in G$.

Jedes g definiert dann durch $x \mapsto gx$ eine Abbildung von X in sich und die beiden Axiome sprechen nur aus, daß dadurch ein Gruppenhomomorphismus von G in die Gruppe der Bijektionen von X auf sich gegeben ist. Wegen der Stetigkeit von $G \times X \to X$ geht dieser Homomorphismus sogar in die Gruppe der Homöomorphismen von X auf sich.

Definition: Ein ***G-Raum*** ist ein Paar, bestehend aus einem topologischen Raum X und einer stetigen G-Aktion auf X.

Analog spricht man auch von ***differenzierbaren G-Mannigfaltigkeiten***: G ist dann nicht nur eine topologische, sondern sogar eine Lie-Gruppe, d.h. G ist differenzierbare Mannigfaltigkeit und $G \times G \to G$, $(a, b) \mapsto ab^{-1}$ ist differenzierbar, X ist nicht nur ein topologischer Raum, sondern sogar eine differenzierbare Mannigfaltigkeit, und die Aktion $G \times X \to X$ schließlich ist nicht nur stetig, sondern sogar differenzierbar. — Die G-Räume und besonders die G-Mannigfaltigkeiten sind der Gegenstand einer ausgedehnten Theorie, der *Theorie der Transformationsgruppen*. Auf diese Theorie können wir hier freilich nicht näher eingehen, im Zusammenhang des gegenwärtigen Kapitels interessiert uns aber auch nur ein ganz winziger Aspekt davon: daß nämlich schon bei den einfachsten Grundbegriffen die Quotiententopologie ins Spiel kommt, und das will ich nun erläutern.

Definition (Orbit): Ist X ein G-Raum und $x \in X$, dann heißt $Gx := \{gx \mid g \in G\}$ ***die Bahn*** oder ***der Orbit*** von x.

Das ist also die Menge der Punkte, zu denen x durch Gruppenelemente bei der gegebenen Aktion geführt werden kann. Ist insbesondere G die additive Gruppe $(\mathbb{R}, +)$ der reellen Zahlen, dann ist eine G-Aktion ja gerade das, was man einen ***Fluß*** nennt (vgl. Theorie der gewöhnlichen Differentialgleichungen, Integration von Vektorfeldern), die Orbits sind dann die Bilder der Integralkurven oder Bahnlinien des Flusses:

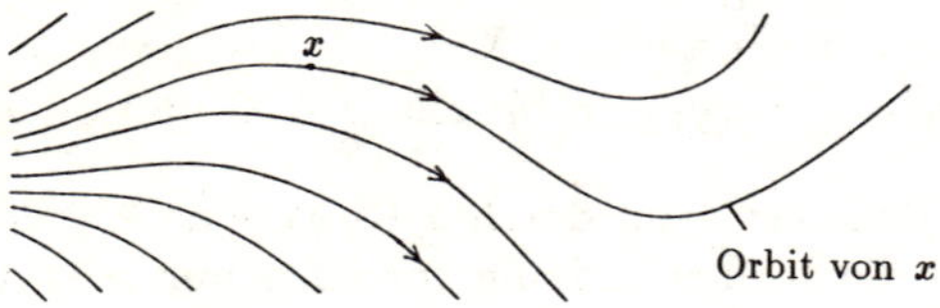

und analog dazu verwendet man die Bezeichnung Bahn auch für allgemeinere Gruppen. – Die Orbits sind die Äquivalenzklassen der durch "$x \sim y :\Leftrightarrow y = gx$ für ein $g \in G$" erklärten Äquivalenzrelation, und man kann deshalb auf der Menge der Orbits die Quotiententopologie betrachten.

Definition (Orbitraum): Ist X ein G-Raum, so heißt der Raum der Orbits, versehen mit der Quotiententopologie, der ***Orbitraum*** von X und wird mit X/G bezeichnet.

Zur Illustration wollen wir einmal in einem einfachen Beispiel den Orbitraum "ausrechnen", d.h. einen Homöomorphismus zwischen dem Orbitraum und einem wohlbekannten topologischen Raum herstellen. Es sei $G = SO(2)$, die Gruppe der Drehungen des $\mathbb{R}^2$ um den Nullpunkt, X die Einheitssphäre $S^2 = \{x \in \mathbb{R}^3 \mid \|x\| = 1\}$, und die G-Aktion auf X sei durch Drehung um die x_3-Achse definiert, d.h. durch $g(x_1, x_2, x_3) := (g(x_1, x_2), x_3)$. Die Orbits sind dann die Breitenkreise und die beiden Pole. BEHAUPTUNG: $S^2/G \cong [-1, 1]$. BEWEIS: Betrachte die durch die Projektion auf die dritte Koordinate gegebene stetige Abbildung $\pi_3 : S^2 \to [-1, 1]$. Da π_3 auf jedem Orbit konstant ist, definiert es jedenfalls eine Abbildung $f_3 : S^2/G \to [-1, 1]$, so

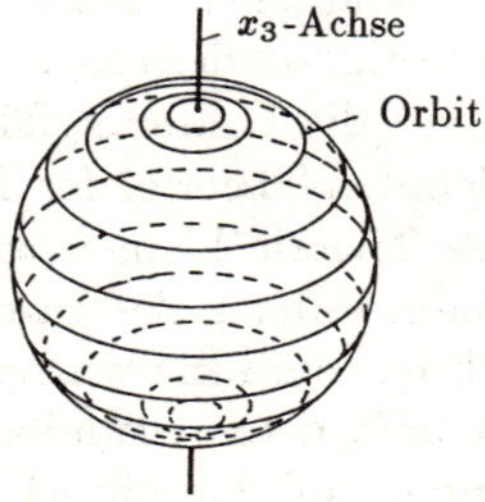

daß das Diagramm

$$\begin{array}{ccc} S^2 & & \\ \pi \downarrow & \searrow^{\pi_3} & \\ S^2/G & \underset{f_3}{\longrightarrow} & [-1,1] \end{array}$$

kommutativ ist, und offenbar ist f_3 bijektiv. Nach 3.2 ist f_3 auch stetig, aber S^2/G ist als stetiges Bild des kompakten Raumes S^2 kompakt, und $[-1,1]$ ist Hausdorffsch; also ist f_3 ein Homöomorphismus nach dem Satz am Ende des 1. Kapitels. □

Zum Schlusse wollen wir noch einen Blick auf die einzelnen Orbits selbst werfen, um auch da wieder eine Quotiententopologie zu entdecken.

Definition (Standgruppe): Sei X ein G-Raum und $x \in X$. Dann heißt $G_x := \{g \in G \mid gx = x\}$ die ***Standgruppe*** oder ***Isotropiegruppe*** des Punktes x.

Bemerkung: *Die Zuordnung $gG_x \mapsto gx$ definiert eine stetige Bijektion des homogenen Raumes G/G_x auf den Orbit Gx.*

Beweis: Durch $gG_x \mapsto gx$ ist eine Abbildung $G/G_x \to Gx$ wirklich wohldefiniert, denn aus $gG_x = hG_x$ folgt $h = ga$ für ein $a \in G_x$ und deshalb $hx = gax = gx$. Offenbar ist die Abbildung surjektiv, und da aus $gx = hx$ auch $h^{-1}gx = x$, also $h^{-1}g \in G_x$ und damit $hG_x = gG_x$ folgt, auch injektiv. Stetig ist sie nach 3.2, weil die Zusammensetzung $G \to G/G_x \to Gx$ stetig ist. □

Dies ist schon eine sehr enge Beziehung zwischen Orbits und homogenen Räumen. Wenn nun speziell G kompakt und X Hausdorffsch ist, dann ist auch G/G_x kompakt als stetiges Bild von G, und Gx ist Hausdorffsch als Teilraum eines Hausdorffraumes, und wir erhalten aus unserem Satz am Ende des 1. Kapitels wiederum, daß $G/G_x \to Gx$ ein Homöomorphismus ist: die Orbits "sind" dann also homogene Räume.

3.6 Beispiele: Zusammenschlagen eines Teilraumes zu einem Punkt

Bisher haben wir Beispiele von Quotiententopologien betrachtet, die gleichsam "von selbst" in der Mathematik vorkommen, als naheliegendste Topologien anderweitig schon vorhandener Objekte. In den folgenden beiden Abschnitten 3.6 und 3.7 lernen wir die Quotientenraumbildung nun als eine handwerkliche Technik kennen, die man benutzt, um nach Willkür und Zweck neue topologische Räume mit bestimmten Eigenschaften herzustellen.

Definition: Sei X ein topologischer Raum, $A \subset X$ eine nichtleere Teilmenge. Mit X/A bezeichnet man den Quotientenraum $X/{\sim_A}$ nach der durch

$$x \sim_A y :\Leftrightarrow x = y \text{ oder } x, y \text{ beide aus } A$$

definierten Äquivalenzrelation auf X. Man sagt dann, X/A sei aus X durch Zusammenschlagen des Teilraums A zu einem Punkt entstanden.

Die Äquivalenzklassen sind also A und die nicht in A gelegenen einpunktigen Teilmengen von X; im Quotientenraum X/A ist daher A ein Punkt, während das Komplement $X \smallsetminus A$ praktisch unverändert bleibt. Diese Vorstellung liegt übrigens auch der Konvention zugrunde, die man für den Fall $A = \varnothing$ zu treffen zweckmäßig gefunden hat: $X/\varnothing := X + \{\text{pt}\}$, wobei $\{\text{pt}\}$ den einpunktigen topologischen Raum bezeichnet.

Analog kann man natürlich auch mehrere Teilräume zu Punkten zusammenschlagen, wir wollen dafür auch eine Notation einführen:

Definition: Ist X ein topologischer Raum und $A_1, \dots, A_r \subset X$ disjunkte nichtleere Teilmengen, so bezeichne $X/A_1, \dots, A_r$ den Quotientenraum $X/{\sim}$ nach der Äquivalenzrelation, in der x, y genau dann äquivalent sind, wenn sie übereinstimmen oder demselben A_i angehören.

Hinweis: Wie in 3.3 schon bemerkt, kann $X/A_1, \ldots, A_r$ höchstens dann Hausdorffsch sein, wenn die A_i alle abgeschlossen sind. In "vernünftigen" Räumen ist die Bedingung in der Tat auch hinreichend, z.B. ist es nicht schwer nachzuprüfen, daß $X/A_1, \ldots, A_r$ ein Hausdorffraum ist, wenn die A_i abgeschlossen sind und X *metrisierbar* ist. Natürlich geht dabei wesentlich ein, daß die Äquivalenzrelation nur endlich viele mehrpunktige Äquivalenzklassen aufweist — sonst hätten wir ja aus 3.3 ein Gegenbeispiel.

BEISPIEL 1 (KEGEL ÜBER EINEM RAUM): Sei X ein topologischer Raum. Dann heißt $CX := X \times [0,1]/X \times 1$ der ***Kegel*** über X.

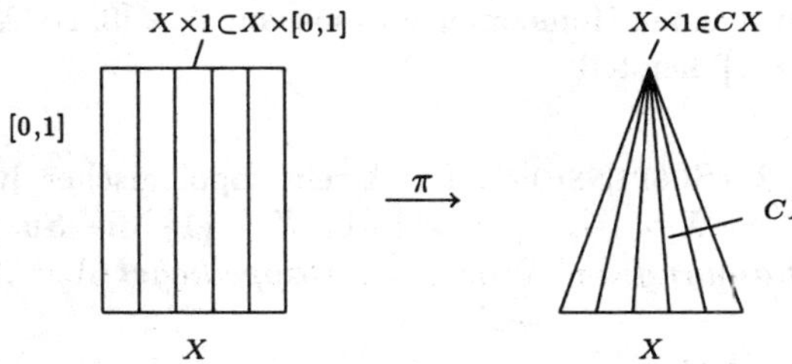

So eine Skizze ist natürlich wieder nur sinnbildlich zu verstehen, aber ist sie als Sinnbild gut gewählt? Sollte man nicht, da bei der Bildung von X/A das Komplement $X \setminus A$ unverändert bleibt, den Kegel so darstellen:

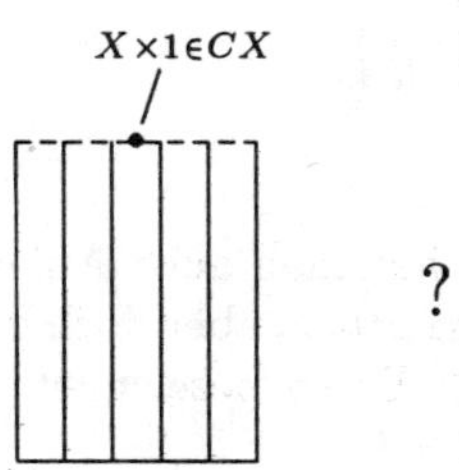

Nein, dieses Bild erzeugte eine falsche Vorstellung von der Topologie des Kegels, denn nach Definition der Quotiententopologie muß jede Umgebung der *Kegelspitze* eine Umgebung des *Deckels* als Urbild im Zylinder haben, wie es nur das obere Bild richtig wiedergibt.

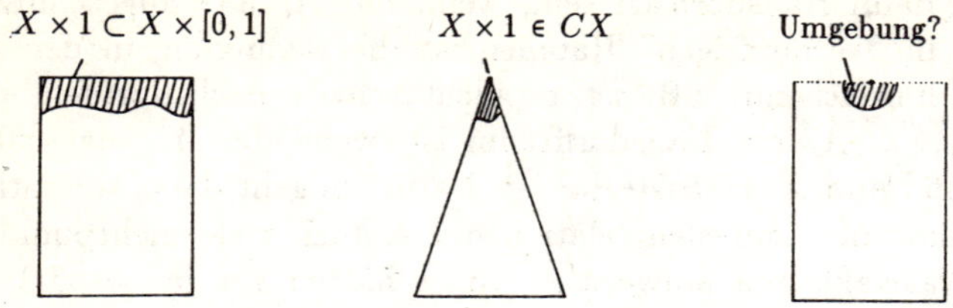

richtige Vorstellung falsche Vorstellung

Und der Tatsache, daß mit dem Komplement des "Zylinderdekkels" $X \times 1$ nichts geschieht, trägt unsere erste Skizze auch genügend Rechnung, indem sie nämlich zeigt, daß die kanonische Projektion π einen Homöomorphismus von $X \times [0,1] \setminus X \times 1$ auf $CX \setminus \{X \times 1\}$ herstellt.

BEISPIEL 2 (SUSPENSION): Ist X ein topologischer Raum, so heißt $\Sigma X := X \times [-1,1]/X \times \{-1\}, X \times \{1\}$ die ***Suspension*** oder ***Einhängung*** von X oder der ***Doppelkegel*** über X.

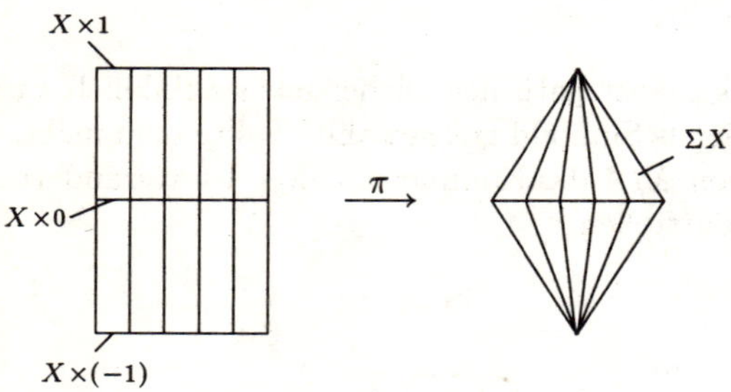

BEISPIEL 3: Zuweilen hat man auch Anlaß, den Kegel nur über einem Teil von X zu errichten, aber doch ganz X als Grundfläche zu behalten: Ist $A \subset X$, so bezeichnet $C_A X$ den Quotienten $(X \times 0 \cup A \times [0,1])/A \times 1$:

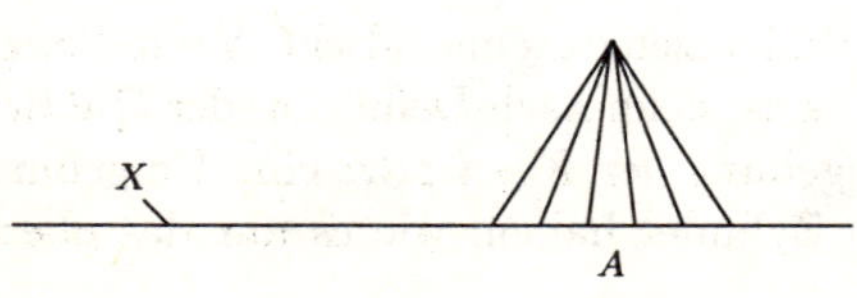

Beispiel 4 ("Wedge" und "Smash"): Seien X und Y topologische Räume und $x_0 \in X$, $y_0 \in Y$ fest gegeben. Dann schreibt man $X \vee Y$ ("wedge") für den Teilraum $X \times y_0 \cup x_0 \times Y$ des Produktes $X \times Y$

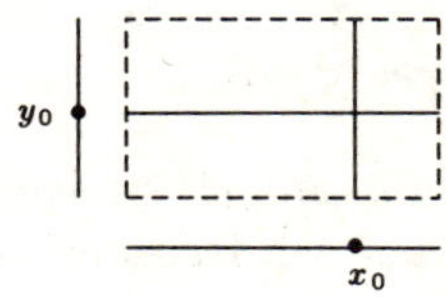

und $X \wedge Y$ ("smash") für den Quotientenraum $X \times Y/X \vee Y$.

Beispiel 5 (Thom-Raum): Sei E ein Vektorraumbündel mit einer Riemannschen Metrik, $DE := \{x \in E \,|\, \|v\| \leq 1\}$ sein "Diskbündel" und $SE := \{v \in E \,|\, \|v\| = 1\}$ sein "Sphärenbündel". Dann heißt der Quotientenraum DE/SE der ***Thom-Raum*** des Bündels E.

Alle diese Konstruktionen kommen in der algebraischen Topologie vor; auf die Zwecke, die sie dort erfüllen, kann ich jetzt freilich nicht eingehen und von dem letzten Beispiel gebe ich zu, daß es aus dem bisher Gesagten nicht einmal dem Inhalt nach verständlich ist — ich habe es nur "auf Vorrat" erwähnt. Den einfachsten Spezialfall davon wollen wir aber einmal näher betrachten, nämlich den Fall, wo E nur aus einer "Faser" besteht: $E = \mathbb{R}^n$. Dann ist DE die Vollkugel D^n und SE ist die Sphäre S^{n-1}. Was entsteht aus der Vollkugel, wenn ich ihren Rand zu einem Punkt zusammenschlage? Ein zur n-Sphäre S^n homöomorpher Raum! Wähle nämlich eine stetige Abbildung $f : D^n \to S^n$, die den Rand S^{n-1} auf den Südpol p und $D^n \smallsetminus S^{n-1}$ bijektiv auf $S^n \smallsetminus p$ abbildet (z.B. indem man die Radien in der naheliegenden Weise auf die halben Großkreise abbildet, die vom Nordpol zum Südpol verlaufen ("Meridiane")). Dann

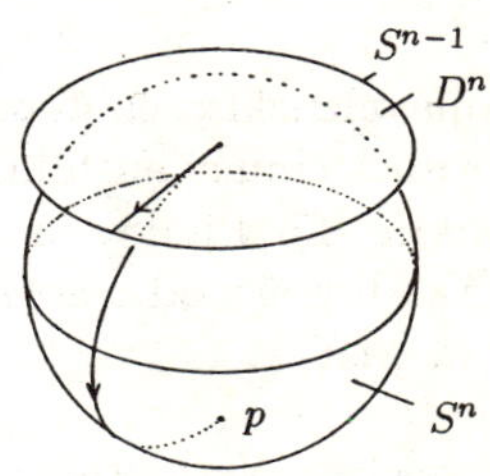

erhält man mittels f auch eine Bijektion $\varphi : D^n/S^{n-1} \to S^n$ mit $f = \varphi \circ \pi$:

$$\begin{array}{ccc} D^n & & \\ {\scriptstyle\pi}\downarrow & \searrow{\scriptstyle f} & \\ D^n/S^{n-1} & \underset{\varphi}{\longrightarrow} & S^n \end{array}$$

Nach 3.2 ist φ dann stetig, und als stetige Bijektion des kompakten Raumes D^n/S^{n-1} auf den Hausdorffraum S^n auch wirklich ein Homöomorphismus.

3.7 Zusammenkleben von topologischen Räumen

Definition: Es seien X und Y topologische Räume, $X_0 \subset X$ ein Teilraum und $\varphi : X_0 \to Y$ eine stetige Abbildung. Dann bezeichnet man mit $Y \cup_\varphi X$ den Quotientenraum $X + Y/\sim$ nach der von $x \sim \varphi(x)$ für alle $x \in X_0$ erzeugten Äquivalenzrelation auf $X + Y$. Man sagt auch, $Y \cup_\varphi X$ entstehe durch ***Anheften*** von X an Y mittels der ***Anheftungsabbildung*** φ, und ebenso verwendet man die Sprechweise: $Y \cup_\varphi X$ entstehe aus $X + Y$ durch ***Identifizieren*** der Punkte $x \in X_0$ mit ihren Bildpunkten $\varphi(x) \in Y$.

Die Äquivalenzklassen dieser Äquivalenzrelation, um es vorsichtshalber noch einmal ausführlich zu beschreiben, sind also entweder einpunktig (für Punkte in $X + Y$ nämlich, die weder in X_0 noch in $\varphi(X_0)$ liegen), oder aber von der Form $\varphi^{-1}(y) + \{y\} \subset X + Y$ für y in $\varphi(X_0)$.

In welchem Verhältnis stehen die “Bausteine” X und Y zum Raum $Y \cup_\varphi X$? Da keine zwei verschiedenen Punkte von Y miteinander identifiziert werden, ist jedenfalls Y noch in kanonischer Weise als Teilmenge in $Y \cup_\varphi X$ enthalten, genauer: die kanonische Abbildung $Y \subset X + Y \to Y \cup_\varphi X$ ist injektiv, und es wird deshalb nicht mißverständlich sein, wenn wir $Y \subset Y \cup_\varphi X$ schreiben. Und wir dürfen um so mehr an dieser Schreibweise festhalten, als die durch $Y \cup_\varphi X$ auf $Y \subset Y \cup_\varphi X$ gegebene Teilraumtopologie genau die ursprüngliche Topologie von Y ist, wovon man sich leicht überzeugt (man muß dabei Gebrauch von der Stetigkeit von φ machen), also:

Notiz: *Y ist in kanonischer Weise ein Teilraum von $Y \cup_\varphi X$.*

BEISPIEL 1: Sei Y ein topologischer Raum und $\varphi : S^{n-1} \to Y$ stetig. Man sagt dann, $Y \cup_\varphi D^n$ entstehe aus Y durch ***Anheften einer Zelle*** mittels der Anheftungsabbildung φ.

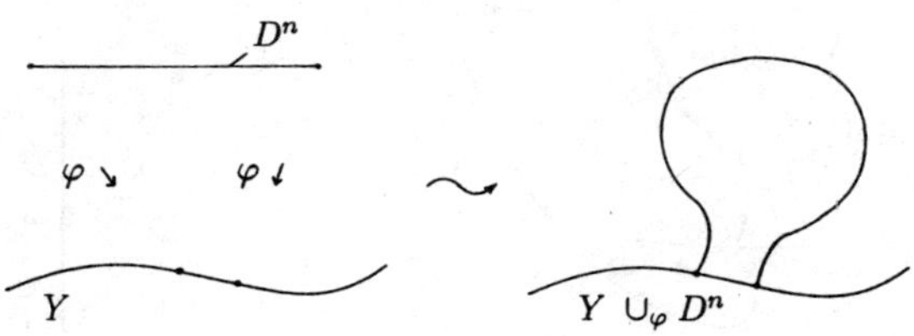

(Das Anheften von Zellen wird uns im Kapitel 7 über CW-Komplexe noch beschäftigen).

Der angeheftete Raum X überlebt die Anheftung im allgemeinen nicht unbeschadet. Zwar ist $X \setminus X_0$ ein Teilraum von $Y \cup_\varphi X$, aber X selbst kann bei der kanonischen stetigen Abbildung $X \subset X + Y \to Y \cup_\varphi X$ sehr verändert werden; ist z.B. Y ein einziger Punkt, so ist $\{pt\} \cup_\varphi X$ gerade das X/X_0 aus dem vorigen Abschnitt 3.6.

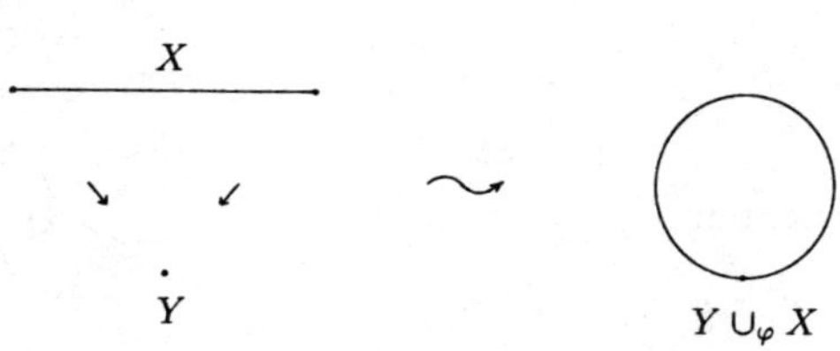

Wenn allerdings φ ein Homöomorphismus von X_0 auf einen Teilraum $Y_0 \subset Y$ ist und $\psi : Y_0 \to X_0$ seine Umkehrung, dann ist natürlich $Y \cup_\varphi X = X \cup_\psi Y$, und deshalb sind nach obiger Notiz beide Räume X und Y in kanonischer Weise als Teilräume in $Y \cup_\varphi X$ enthalten. Von dieser Art sind die folgenden beiden Beispiele.

BEISPIEL 2: Ansetzen eines ***Henkels*** $D^k \times D^{n-k}$ an eine berandete n-dimensionale Mannigfaltigkeit M mittels einer Einbettung $\varphi : S^{k-1} \times D^{n-k} \to \partial M$, wie das in der Morse-Theorie (siehe z.B. [14]) vorkommt.

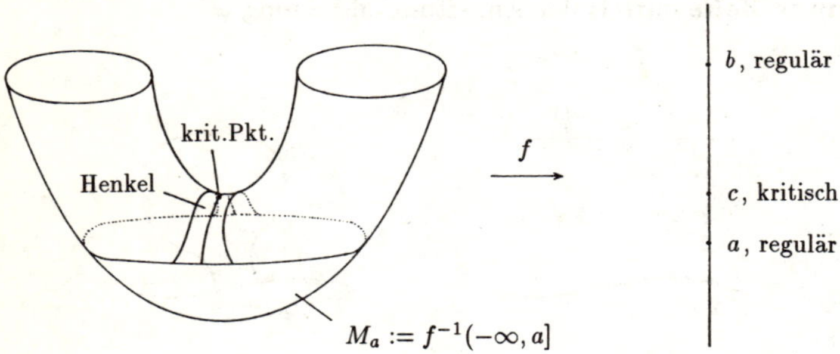

Für $M_y := f^{-1}(-\infty, y]$ bedeutet das Überschreiten eines "kritischen Punktes" im wesentlichen das Anheften eines Henkels: $M_b \cong M_a \cup_\varphi (D^k \times D^{n-k})$.

BEISPIEL 3: In der Differentialtopologie bildet man die sogenannte ***zusammenhängende Summe*** $M_1 \# M_2$ zweier Mannigfaltigkeiten (siehe z.B. [3], S. 106), indem man sie zuerst "punktiert", d.h. je einen Punkt herausnimmt, und dann mittels eines geeigneten φ zusammenklebt: $M_1 \# M_2 = (M_2 \smallsetminus p_2) \cup_\varphi (M_1 \smallsetminus p_1)$.

Die beiden Mannigfaltigkeiten

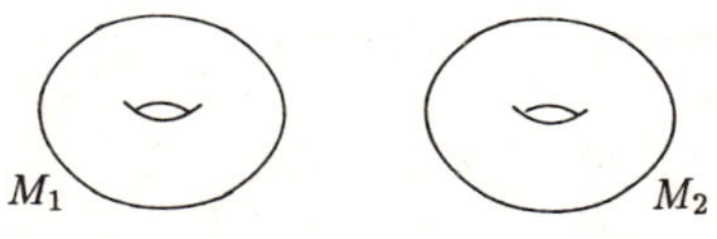

Vorbereitung

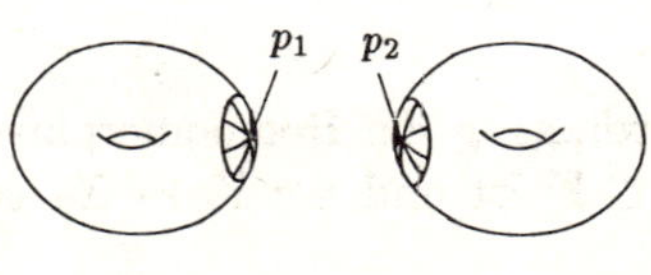

Punktierung

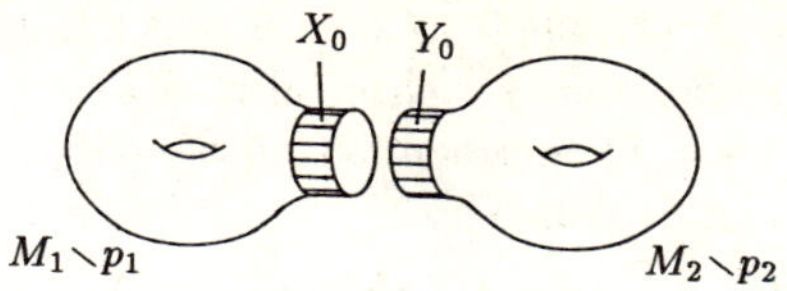

Zur Veranschaulichung
von $\varphi : X_0 \to Y_0$

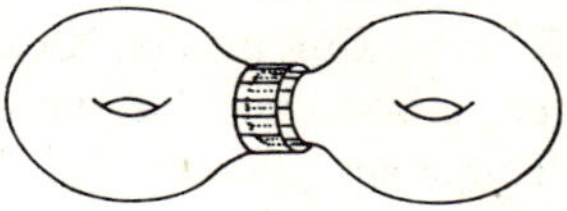

Nach dem
Zusammenkleben.

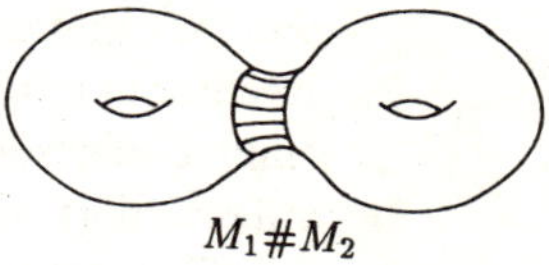

Bisher haben wir immer zwei Räume X und Y zusammengeklebt, d.h. einen Quotientenraum $X + Y/\!\sim$ gebildet. Ähnlich kann man aber auch auf vielfältige Weise einen Raum X in sich selbst verkleben, indem man nach Vorschrift gewisser Abbildungen gewisse Punkte von X mit gewissen anderen "identifiziert", also eine Äquivalenzrelation einführt, und zu $X/\!\sim$ übergeht. Speziell für die nächsten beiden Beispiele wollen wir einmal folgende Notation einführen:

Schreibweise: Sei X ein topologischer Raum und $\alpha : X \to X$ ein Homöomorphismus. Dann bezeichne $X \times [0,1]/\alpha$ den Quotientenraum von $X \times [0,1]$ nach der durch $(x,0) \sim (\alpha(x),1)$ gegebenen Äquivalenzrelation, was wieder heißen soll, daß alle übrigen Punkte (x,t), $0 < t < 1$, nur zu sich selbst äquivalent sind. Der Boden des Zylinders wird also vermöge α mit dem Deckel identifiziert oder verklebt.

Beispiel 4 (Möbiusband): Ist $X = [-1,1]$ und $\alpha(x) := -x$, dann ist $X \times [0,1]/\alpha$ homöomorph zum Möbiusband.

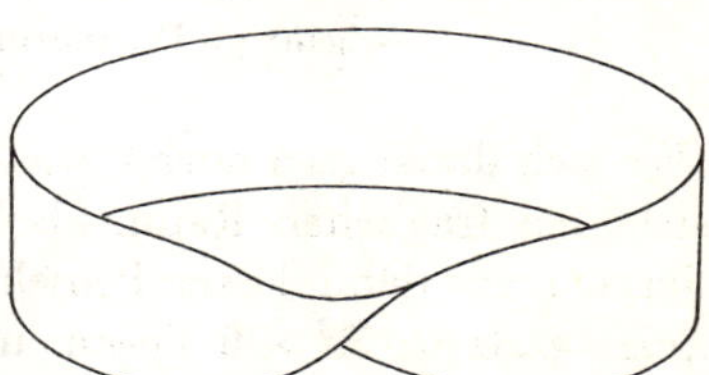

Beispiel 5 (Kleinscher Schlauch): Ist $\alpha : S^1 \to S^1$ die Spiegelung an der x-Achse, also $\alpha(z) := \bar{z}$, wenn wir S^1 als $\{z \in \mathbb{C} \,|\, |z| = 1\}$ ansehen, so ist $S^1 \times [0,1]/\alpha$ homöomorph zum "Kleinschen Schlauch".

Sich den Kleinschen Schlauch anschaulich vorzustellen, ist nicht so einfach, weil es keinen zum Kleinschen Schlauch homöomorphen Teilraum des $\mathbb{R}^3$ gibt. Um uns den Kleinschen Schlauch doch vor's Auge zu bringen, müssen wir das Darstellungsmittel der "scheinbaren Durchdringungen" anwenden. Die nebenstehende Skizze z.B. werden wir normalerweise als anschauliche Darstellung eines Teilraumes von $\mathbb{R}^3$ auffassen, als Vereinigung eines Rechtecks und eines Trichters, die sich in einer Kreislinie schneiden. Sind wir aber aufgefordert, die Durchdringung der beiden Teile nur als ***scheinbar*** anzusehen, so erhält die Skizze einen ganz anderen Sinn. Sie bedeutet nun nicht mehr jenen Teilraum des $\mathbb{R}^3$, sondern ist der zugegebenermaßen unvollkommene Versuch, einen Raum anschaulich darzustellen, der die topologische, also disjunkte Summe von Rechteck und Trichter ist. In diesem Raum ist also die Kreislinie zweimal vorhanden: einmal im Rechteck und einmal im Trichter, und es besteht nicht die von der unkommentierten Skizze zunächst suggerierte Möglichkeit, dort auf einem stetigen Weg vom Trichter auf das Rechteck überzuwechseln.

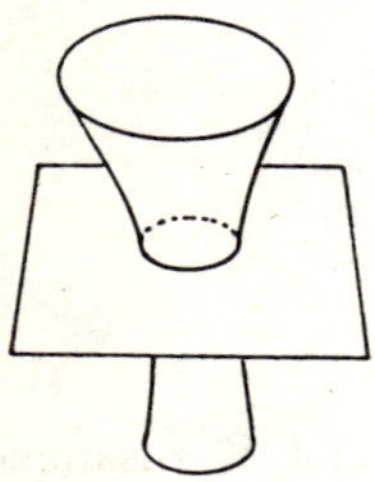

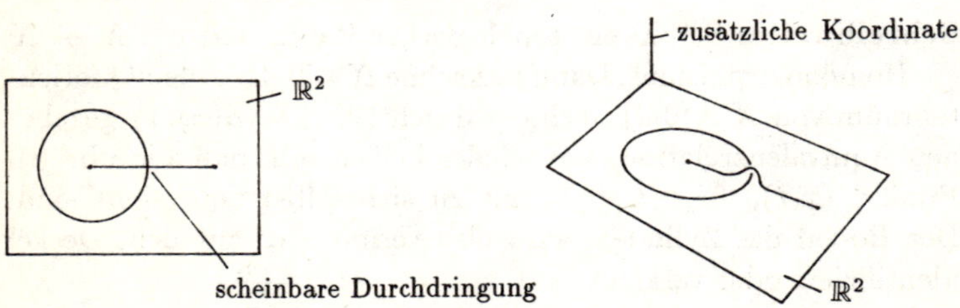

Wer sich dabei gern noch etwas Konkreteres denken möchte, darf sich den fraglichen Raum als Teilraum des $\mathbb{R}^4$ vorstellen; die Skizze stellt dann dessen Projektion auf $\mathbb{R}^3 \times 0$ dar, das Rechteck möge ganz in $\mathbb{R}^3 \times 0$ liegen, und auch für den Trichter sei die unsichtbare vierte Koordinate meistens Null, nur in der Nähe der scheinbaren Durchdringung positiv, etwa wie in dem obigen zweidimensionalen Analogon. — Wer aber einmal eine Skizze mit Scheindurchdringungen wirklich benutzt, um sich irgend eine Eigenschaft des dargestellten Raumes klarzumachen, wird bemerken, daß er solche vierdimensionalen Eselsbrücken gar nicht braucht und daß die Bereitschaft schon ausreicht, an den scheinbaren Schnittstellen die Teile in Gedanken auseinanderzuhalten. — In diesem Sinne also können wir uns einen Zylinder $S^1 \times [0,1]$ mit einer scheinbaren Selbstdurchdringung wie in (6) vorstellen,

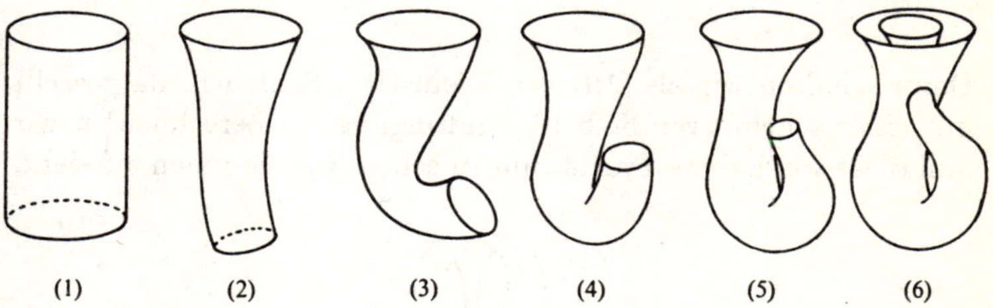

die durch die Serie (1) - (6) angedeutete Bewegung gibt an, welcher Punkt von (1) welchem Punkt von (6) entspricht. Abgesehen von Translation und Verkleinerung wird der "Boden" $S^1 \times 0$ von (1) beim Übergang zu (6) gerade einmal um die Achse geklappt, die durch die Diametralpunkte $(1,0)$ und $(-1,0)$ geht. Deshalb stehen sich in (6) jetzt die zu identifizierenden Punkte $(z,0)$ und $(\bar{z},1)$ gerade gegenüber,

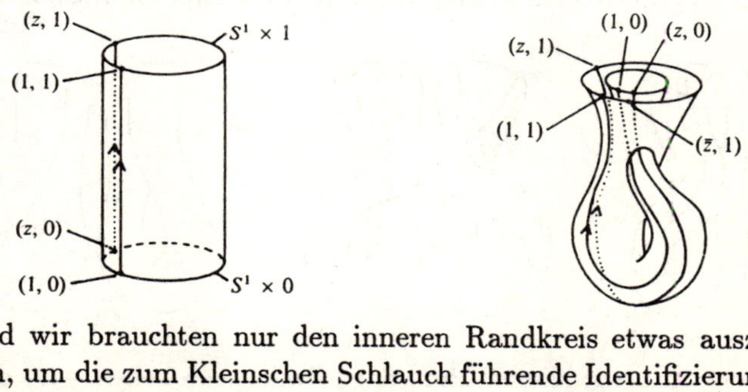

und wir brauchten nur den inneren Randkreis etwas auszuweiten, um die zum Kleinschen Schlauch führende Identifizierung anschaulich zu bewirken. Damit aber dabei keine Kante entsteht (was der Naht vor den anderen "Breitenkreisen" eine unberechtigte Sonderstellung für die Anschauung geben würde), wollen wir's so machen:

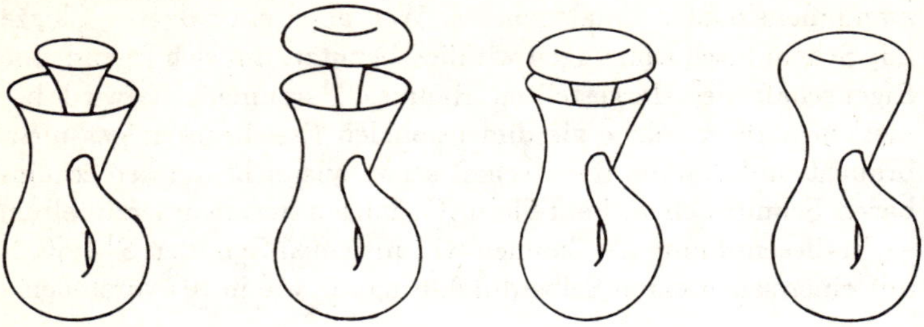

(7) (8) (9) (10)

Dann erhalten wir als (10) den Kleinschen Schlauch, dargestellt mit einer scheinbaren Selbstdurchdringung. — Zerschneiden wir nun diese sonderbare Frucht, um zu sehen, wie sie innen aussieht,

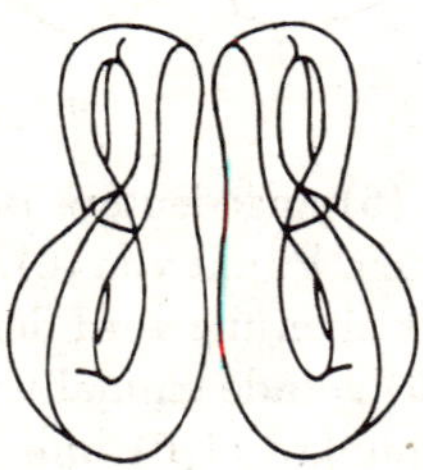

lösen in beiden Hälften vorsichtig die Scheindurchdringung und glätten und plätten ein wenig, so erhalten wir zwei Möbiusbänder,

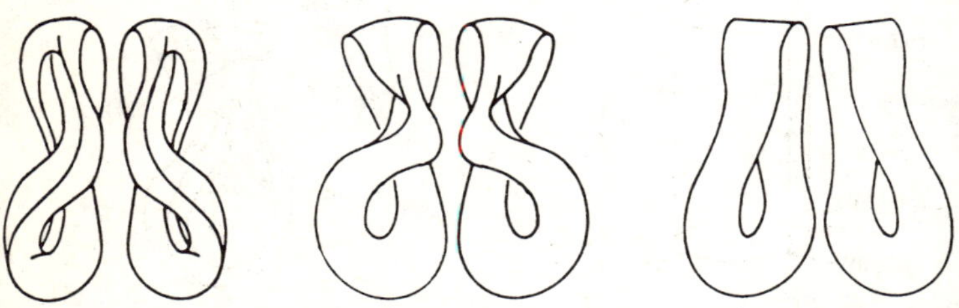

und verfolgen wir diesen Prozeß rückwärts, so sehen wir, daß zwei an den Rändern zusammengeklebte Möbiusbänder M einen Kleinschen Schlauch K ergeben: $M \cup_{\mathrm{Id}_{\partial M}} M \cong K$.

Hm. Haben wir das jetzt bewiesen? Keineswegs. Ein *Beweis* müßte so aussehen: Definiere

$$([-1,1] \times [0,1]) + ([-1,1] \times [0,1]) \to S^1 \times [0,1]$$

durch $(\theta, t) \mapsto (e^{\frac{\pi}{2} i\theta}, t)$ auf dem ersten und $(-e^{-\frac{\pi}{2} i\theta}, t)$ auf dem zweiten Summanden; prüfe, daß dadurch eine Bijektion $M \cup_{\mathrm{Id}_{\partial M}} M \to K$ wohldefiniert ist, zeige die Stetigkeit dieser Bijektion mit den Notizen in 3.2 und wende schließlich den Satz aus Kapitel 1 an, daß eine stetige Bijektion von einem kompakten in einen Hausdorffraum stets ein Homöomorphismus ist.

Wer anschaulich argumentiert, setzt sich leicht dem Vorwurf aus, er würde gar nicht argumentieren, sondern nur gestikulieren; im Englischen spricht man da von "handwaving". Soll man deshalb allen anschaulichen Argumenten von vornherein aus dem Wege gehen? Gewiß nicht. Wenn man nur das bare Gold der strengen Beweise immer als Deckung im Hintergrund hat, dann ist das Papiergeld der Gesten ein unschätzbares Hilfsmittel für schnelle Verständigung und raschen Gedankenumlauf.

Handwaving soll leben!

4 Vervollständigung metrischer Räume

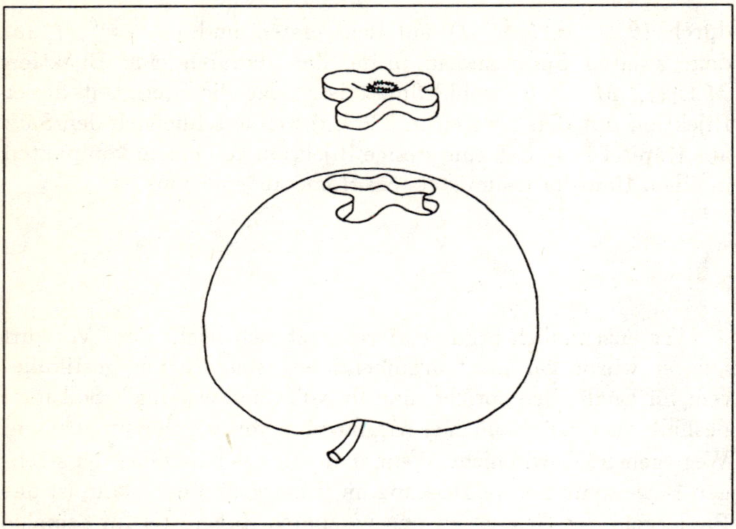

4.1 Die Vervollständigung eines metrischen Raumes

In diesem Kapitel kommt es wirklich auf die Metrik der metrischen Räume an und nicht nur auf die durch die Metrik gegebene Topologie, aber es ist ja hergebracht und sinnvoll, die metrischen Räume mit zu den Gegenständen der Mengentheoretischen Topologie zu rechnen, und überhaupt wollen wir mit solchen Abgrenzungen nicht pedantisch sein.

ZUR ERINNERUNG: Eine Folge $(x_n)_{n\geq 1}$ in einem metrischen Raum (X, d) heißt Cauchy-Folge, wenn es zu jedem $\varepsilon > 0$ ein n_0 mit $d(x_n, x_m) < \varepsilon$ für alle $n, m \geq n_0$ gibt. Der metrische Raum (X, d) heißt ***vollständig***, wenn jede Cauchy-Folge konvergiert.

Die Zahlengerade $\mathbb{R}$ mit der üblichen Metrik $d(x,y) := |x-y|$ ist z.B. vollständig, wie jeder Mathematikstudent gleich zu Beginn des Studiums erfährt (Vollständigkeitsaxiom für die reellen Zahlen), deshalb ist auch der $\mathbb{R}^n$ mit der üblichen Metrik vollständig; Hilbert- und Banachräume sind nach Definition vollständig; jeder kompakte metrische Raum ist vollständig — und schließlich erhält man gewaltig viele weitere Beispiele durch die einfache Beobachtung, daß ein Teilraum eines vollständigen metrischen Raumes (X,d), d.h. eine Teilmenge $A \subset X$ mit der Metrik $d|A \times A$, genau dann vollständig ist, wenn A in X abgeschlossen ist. — Bei der Vervollständigung handelt es sich nun darum, einen noch nicht vollständigen Raum (X,d) durch Hinzunehmen von möglichst wenigen neuen Punkten zu einem vollständigen Raum $(\widehat{X},\widehat{d})$ zu machen:

Definition (Vervollständigung): Sei (X,d) ein metrischer Raum. Eine Erweiterung $(\widehat{X},\widehat{d})$ von (X,d), d.h. ein metrischer Raum mit $X \subset \widehat{X}$ und $d = \widehat{d}|X \times X$, heißt eine ***Vervollständigung*** von (X,d), wenn

(1) $(\widehat{X},\widehat{d})$ vollständig ist und

(2) X ***dicht*** in $\widehat{X}$ ist, d.h. daß die abgeschlossene Hülle $\overline{X}$ von X in $\widehat{X}$ gleich dem ganzen Raum $\widehat{X}$ ist.

Die zweite Forderung besagt gerade, daß $\widehat{X}$ eine *minimale* vollständige Erweiterung von X ist: Jeder der "neuen" Punkte $\widehat{x} \in \widehat{X} \smallsetminus X$ ist wegen der Dichtheit von X der Limes einer Folge $(x_n)_{n\geq 1}$ von Punkten in X, und würden wir also $\widehat{x}$ weglassen, so würde $(x_n)_{n\geq 1}$ zu einer nichtkonvergenten Cauchyfolge werden und die Vollständigkeit wäre dahin. — Kann man einen metrischen Raum immer vervollständigen, und wenn ja, auf welche verschiedenen Weisen? Es ist eine gute Faustregel, in solchen Situationen immer zuerst die Frage nach der Eindeutigkeit zu betrachten, und diese läßt sich hier leicht beantworten durch die

Bemerkung (Eindeutigkeit der Vervollständigung): *Sind $(\widehat{X},\widehat{d})$ und $(\widetilde{X},\widetilde{d})$ Vervollständigungen des metrischen Raumes (X,d), so gibt es genau eine Isometrie $\widehat{X} \xrightarrow{\cong} \widetilde{X}$, die auf X die Identität ist.*

Beweis: Der Bildpunkt von $x = \lim x_n$ unter einer solchen Isometrie, wobei (x_n) eine Cauchyfolge in X ist, müßte natürlich der nach Voraussetzung vorhandene Limes $\widetilde{x}$ derselben Folge in $\widetilde{X}$ sein, also gibt es höchstens eine solche Isometrie. Umgekehrt: Sind $(x_n), (y_n)$ Cauchyfolgen in X und $\widehat{x}, \widehat{y}$ bzw. $\widetilde{x}, \widetilde{y}$ ihre Limites in $\widehat{X}$ bzw. $\widetilde{X}$, so gilt $\widehat{d}(\widehat{x}, \widehat{y}) = \lim d(x_n, y_n) = \widetilde{d}(\widetilde{x}, \widetilde{y})$, und deshalb ist durch $\widehat{x} \mapsto \widetilde{x}$ eine Abbildung $\widehat{X} \to \widetilde{X}$ erstens wohldefiniert und hat zweitens die gewünschte Eigenschaft eine Isometrie mit $x \mapsto x$ für alle $x \in X$ zu sein. □

In diesem Sinne ("bis auf kanonische Isometrie") gibt es also höchstens *eine* Vervollständigung von (X, d), und es ist deshalb ziemlich gleichgültig wie wir sie konstruieren, wenn das nur überhaupt möglich ist.

Ganz leicht ist eine Vervollständigung natürlich dann aufzufinden, wenn X schon als metrischer Teilraum eines vollständigen metrischen Raumes Y vorliegt: Wir brauchen nur zur abgeschlossenen Hülle von X in Y überzugehen. In den folgenden Beispielen ist $Y = \mathbb{R}^2$ und X jeweils ein zu $\mathbb{R}$ homöomorpher Teilraum:

Beispiel 1: $X = \mathbb{R}$, vollständig:

Beispiel 2: X eine offene Halbgerade, wird vervollständigt durch einen Punkt:

Beispiel 3: X ein offenes Intervall, wird vervollständigt durch zwei Punkte:

Beispiel 4: $X = \{(x, \sin \ln x) \in \mathbb{R}^2 \mid x > 0\}$, wird vervollständigt durch ein offenes Intervall:

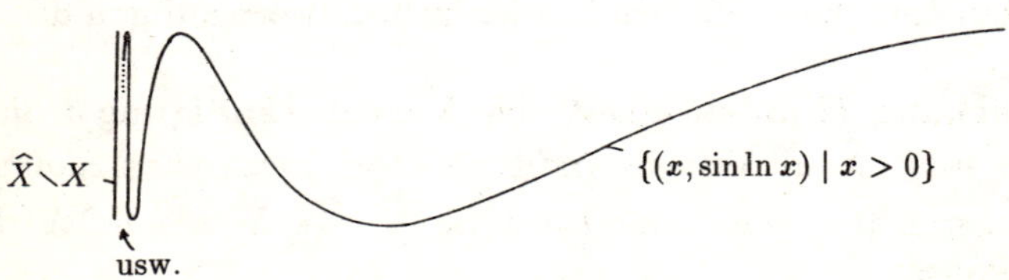

Beispiel 5: X eine spiralförmige Linie, wird hier vervollständigt durch eine Kreislinie $\widehat{X} \smallsetminus X$:

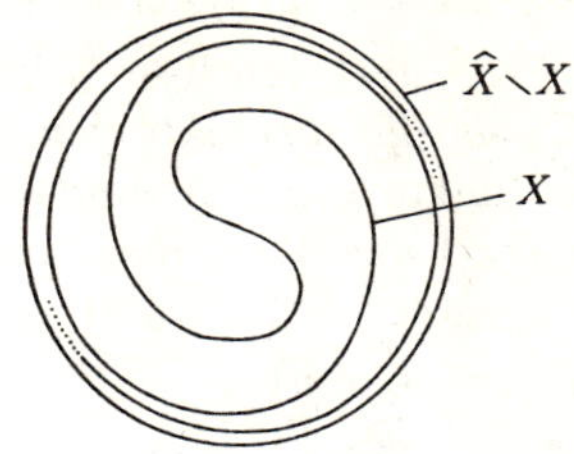

Diese Beispiele sollen zunächst nur zeigen, daß homöomorphe metrische Räume überaus nichthomöomorphe Vervollständigungen haben können.

Wenden wir uns nun der Aufgabe zu, zu einem beliebigen metrischen Raum (X, d) eine Vervollständigung zu konstruieren. Offenbar müssen wir für die nichtkonvergenten Cauchyfolgen neue (oder in ältlicher Sprechweise: "ideale", d.h. eigentlich nicht vorhandene) Punkte als Grenzwerte erschaffen. Und zwar müssen zwei nichtkonvergente Cauchyfolgen $(a_n)_{n \geq 1}$ und $(b_n)_{n \geq 1}$ genau dann denselben "idealen Grenzpunkt" $\widehat{x}$ erhalten, wenn $\lim_{n \to \infty} d(a_n, b_n) = 0$ ist, denn genau dann würden sie in einer Vervollständigung von X denselben Limes haben.

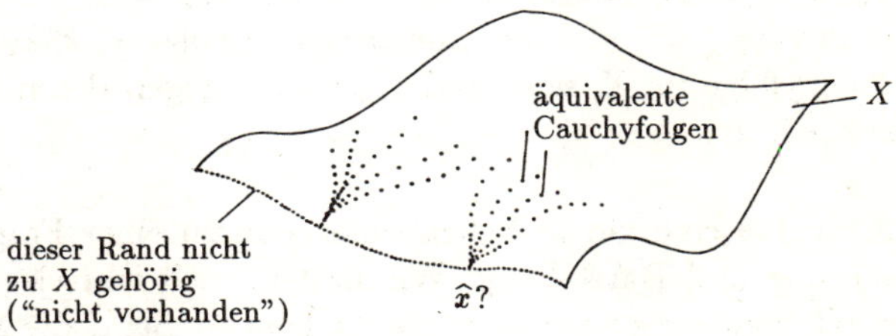

Wo nehmen wir diese Punkte $\widehat{x}$ aber her? Nun, dies ist einer der Fälle, in denen wir von den (frei nach Hilbert) "paradiesischen" Möglichkeiten der Cantorschen Mengenlehre Gebrauch machen können: als den zu einer solchen Äquivalenzklasse nichtkonvergenter Cauchyfolgen gehörigen idealen Grenzpunkt nehmen wir einfach diese Äquivalenzklasse selbst!

Lemma (Existenz der Vervollständigung): *Sei* (X, d) *ein metrischer Raum und* $\mathcal{N}$ *die Menge der nichtkonvergenten Cauchyfolgen in* X. *Zwei Cauchyfolgen* (a_n) *und* (b_n) *sollen äquivalent heißen, wenn* $\lim_{n\to\infty} d(a_n, b_n) = 0$. *Definiert man dann die Menge* $\widehat{X}$ *als die disjunkte Vereinigung* $X + (\mathcal{N}/\sim)$ *und erklärt für alle Punkte* $x, y \in X$ *und alle Äquivalenzklassen* $a = [(a_n)]$ *und* $b = [(b_n)]$ *aus* $\mathcal{N}/\sim$ *den Abstand* $\widehat{d}$ *durch*

$$\begin{aligned} \widehat{d}(x,y) &:= d(x,y) \\ \widehat{d}(x,a) &:= \widehat{d}(a,x) := \lim_{n\to\infty} d(a_n, x) \\ \widehat{d}(a,b) &:= \lim_{n\to\infty} d(a_n, b_n), \end{aligned}$$

so ist dadurch eine Abbildung $\widehat{d} : \widehat{X} \times \widehat{X} \to \mathbb{R}$ *wohldefiniert, mit der* $(\widehat{X}, \widehat{d})$ *eine Vervollständigung von* (X, d) *ist.*

ZUM BEWEIS: Der Beweis besteht aus jener Sorte von Schlüssen, die nicht dadurch klarer werden, daß man sie sich von jemand anderem vormachen läßt. Man prüft eben der Reihe nach die Wohldefiniertheit von $\widehat{d}$, die metrischen Axiome für $\widehat{d}$, die Dichtheit von X in $\widehat{X}$ und die Vollständigkeit von $(\widehat{X}, \widehat{d})$. Allenfalls wäre für den Nachweis der Vollständigkeit darauf hinzuweisen, daß die Glieder einer Cauchyfolge $(\widehat{x}_n)$ in $\widehat{X}$ nicht alle aus X zu sein brauchen. Wähle Folgen $(x_{nk})_{k\geq 1}$ in X so, daß entweder $[(x_{nk})_{k\geq 1}] = \widehat{x}_n$ oder, falls $\widehat{x}_n \in X$ ist, $x_{nk} = \widehat{x}_n$ für alle k gilt. Dann wird $(x_{nk_n})_{n\geq 1}$ für eine geeignete Folge $k_1 < k_2 < \ldots$ eine Cauchyfolge in X sein, und $(\widehat{x}_n)$ wird gegen deren Limes konvergieren, usw. □

Zum Schluß eine kleine Nebenbemerkung zu einer Frage der Formulierung und Darstellung. Wir hätten, vielleicht eleganter, die Vervollständigung auch so definieren können: Sei $\mathcal{C}$ die Menge aller (konvergenter *und* nichtkonvergenter) Cauchyfolgen in X. Setze $\widehat{X} = \mathcal{C}/\sim$ und $\widehat{d}([a_n],[b_n]) = \lim d(a_n, b_n)$. Dann ist $(\widehat{X}, \widehat{d})$ ein vollständiger metrischer Raum, und wenn man X vermöge $x \mapsto [(x)_{n\geq 1}]$ als eine Teilmenge $X \subset \widehat{X}$ "auffaßt", dann ist $(\widehat{X}, \widehat{d})$ eine Vervollständigung von (X, d). — Oft ist ja, in analogen Situationen, dieser Version der Vorzug zu geben. Wer würde den Körper der komplexen Zahlen als $\mathbb{C} := \mathbb{R} \cup \{(x,y) \in \mathbb{R}^2 \mid y \neq 0\}$

mit den und den Verknüpfungen einführen? Natürlich setzt man $\mathbb{C} := \mathbb{R}^2$ als Menge usw. und fordert nachträglich dazu auf, künftig $\mathbb{R} \subset \mathbb{C}$ vermöge $x \mapsto (x,0)$ "aufzufassen". Und doch, muß ich gestehen, ist mir immer etwas mulmig zumute, wenn ich diese Aufforderung an Anfänger ergehen lassen muß.

4.2 Vervollständigung von Abbildungen

Sei (X,d) ein metrischer Raum und $f : X \to Y$ eine stetige Abbildung. Unter welchen Umständen und wie kann man f zu einer stetigen Abbildung $\widehat{f} : \widehat{X} \to Y$ fortsetzen? — Dazu zunächst die Vorbemerkung, daß dies auf höchstens eine Weise möglich ist:

Bemerkung: *Sei A ein topologischer Raum, $X \subset A$ dicht in A, d.h. $\overline{X} = A$, und seien $f,g : A \to B$ zwei stetige Abbildungen in einen Hausdorffraum B, welche auf X übereinstimmen. Dann ist $f = g$.*

Beweis: Würden f und g bei einem Punkte $a \in A$ differieren, so differierten sie in einer ganzen Umgebung $f^{-1}(U) \cap g^{-1}(V)$ von a, also $a \notin \overline{X}$, Widerspruch. □

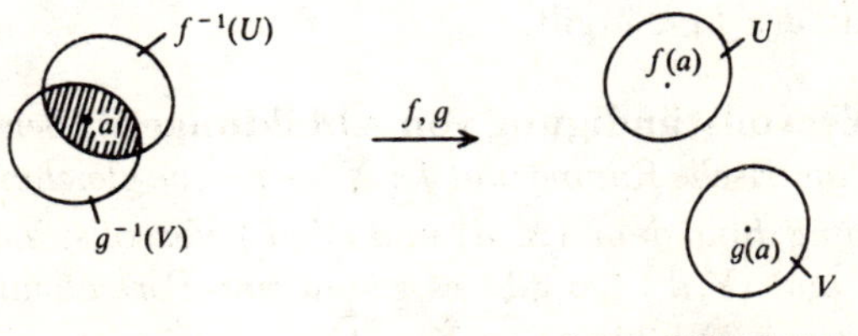

in A

in B. Wähle disjunkte Umgebungen U, V von $f(a)$, $g(a)$ ...

Insbesondere kann also eine stetige Abbildung von einem metrischen Raum X in einen Hausdorffraum auf höchstens eine Weise auf die Vervollständigung $\widehat{X}$ fortgesetzt werden. Es geht aber nicht immer, und zwar gibt es zwei verschiedene Arten von Hindernissen, für die ich je ein Beispiel gebe:

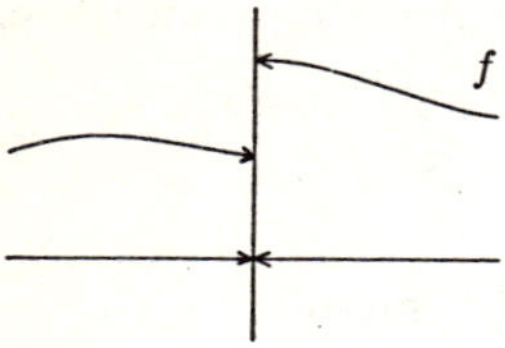

Beispiel 1:
$X = \mathbb{R} \smallsetminus 0$, $\widehat{X} = \mathbb{R}$, $Y = \mathbb{R}$

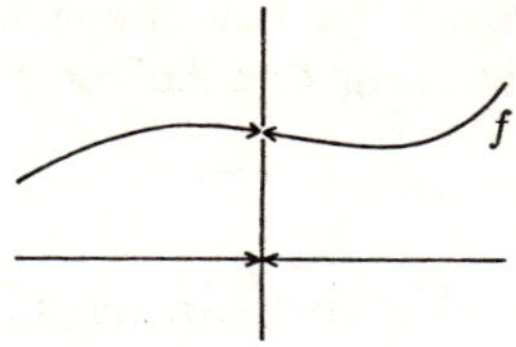

Beispiel 2:
$X = \mathbb{R} \smallsetminus 0$, $\widehat{X} = \mathbb{R}$, $Y = \mathbb{R} \smallsetminus 1$

Im ersten Falle macht f gerade bei 0 einen "Sprung", und kann deshalb nicht stetig ergänzt werden. Im zweiten Falle macht f zwar keinen Sprung, aber der einzige Bildpunkt, der für eine stetige Ergänzung in Frage käme, "fehlt" im Bildraum gerade. — Wir werden nun Y auch als metrisch voraussetzen und diesen beiden Schwierigkeiten durch geeignete Voraussetzungen aus dem Wege gehen: Um sicher zu gehen, daß der Bildraum keine "Löcher" hat, werden wir ihn einfach vervollständigen, und um Sprünge von f an den idealen Grenzpunkten zu vermeiden, werden wir f als gleichmäßig stetig annehmen:

Zur Erinnerung: Seien (X, d) und (Y, d') metrische Räume. Eine Abbildung $f : X \to Y$ heißt ***gleichmäßig stetig***, wenn es zu jedem $\varepsilon > 0$ ein $\delta > 0$ so gibt, daß $d'(f(a), f(b)) < \varepsilon$ für alle $a, b \in X$ mit $d(a, b) < \delta$ gilt.

Lemma (Vervollständigung von Abbildungen): *Seien (X, d) und (Y, d') metrische Räume und $f : X \to Y$ eine gleichmäßig stetige Abbildung. Sind dann $(\widehat{X}, \widehat{d})$ und $(\widehat{Y}, \widehat{d'})$ Vervollständigungen von (X, d) und (Y, d'), so gibt es genau eine Fortsetzung von f zu einer stetigen Abbildung $\widehat{f} : \widehat{X} \to \widehat{Y}$.*

Beweis: Wegen der gleichmäßigen Stetigkeit führt f Cauchyfolgen in Cauchyfolgen über, und zwar äquivalente in äquivalente. Deshalb ist durch die Festsetzung $\widehat{f}(\lim_{n\to\infty} x_n) := \lim_{n\to\infty} f(x_n)$ eine Fortsetzung von f zu einer Abbildung $\widehat{f} : \widehat{X} \to \widehat{Y}$ wohldefiniert, wobei $(x_n)_{n\geq 1}$ eine in X nichtkonvergente Cauchyfolge bezeichnet und die Limites sich auf die Konvergenz in $\widehat{X}$ bzw. $\widehat{Y}$ beziehen. Man rechnet leicht nach, daß $\widehat{f}$ stetig, ja sogar gleichmäßig stetig ist. □

Insbesondere und nebenbei bemerkt sind Isometrien stets gleichmäßig stetig ($\delta = \varepsilon$), und die Vervollständigung $\widehat{f} : \widehat{X} \to \widehat{Y}$ einer Isometrie $f : X \xrightarrow{\cong} Y$ ist natürlich wieder eine.

4.3 Vervollständigung normierter Räume

Es ist nicht verwunderlich, daß "Vollständigkeit" gerade für die Funktionenräume der Analysis ein wichtiger Begriff ist, denn es ist ja geradezu der Normalfall, daß interessante Funktionen, "Lösungen" von irgend etwas, als Limites von Funktionenfolgen konstruiert werden. — Wie in 2.5 schon erwähnt, kann man in beliebigen topologischen Vektorräumen von "Cauchyfolgen" und daher von Vollständigkeit oder Nichtvollständigkeit sprechen; und wenn man einmal ganz allgemein versucht, die Grundlagen für diese Begriffe in topologischen Räumen axiomatisch zu fassen, so wird man auf die "uniformen Räume" geführt: eine Struktur zwischen Metrik und Topologie (jeder metrische Raum ist erst recht ein uniformer Raum, jeder uniforme ein topologischer Raum), und man kann die Vervollständigung uniformer Räume analog zum metrischen Fall durchführen. Jeder topologische Vektorraum ist in kanonischer Weise auch ein uniformer Raum. Ich will mich aber hier auf die normierten topologischen Vektorräume beschränken. — Zunächst ein paar leicht nachprüfbare Notizen allgemeiner Art: Die Vervollständigung eines normierten Raumes $(E, \|..\|)$ ist in kanonischer Weise ein Banachraum $(\widehat{E}, \|..\|^\frown)$: Als Vektorraum läßt sich $\widehat{E}$ elegant so definieren: $\widehat{E}$ ist der Quotient des Vektorraumes aller Cauchyfolgen in E durch den Untervektorraum der Nullfolgen. Die Norm $\|..\| : E \to \mathbb{R}$ ist gleichmäßig stetig ($\varepsilon = \delta$), läßt sich also stetig fortsetzen zu $\|..\|^\frown : \widehat{E} \to \mathbb{R}$, dies ist wieder eine Norm (nachprüfen!) und $\widehat{d}(x, y) = \|x - y\|^\frown$. Die Vervollständigung eines euklidischen bzw. unitären Raumes ist in kanonischer Weise ein Hilbertraum. —

Stetige lineare Abbildungen $f : E \to V$ zwischen normierten Räumen sind automatisch gleichmäßig stetig, und ihre deshalb vorhandenen stetigen Fortsetzungen $\widehat{f} : \widehat{E} \to \widehat{V}$ auf die vervollständigten Räume sind wieder linear. — Näher an die Sache heranrückend, auf die ich eigentlich hinaus will, nenne ich — sei es zur Erinnerung, sei es als Definition — die "L^p-Räume": Für $p \geq 1$ bezeichne $\mathcal{L}^p(\mathbb{R}^n)$ den Vektorraum der Lebesgue-meßbaren Funktionen $f : \mathbb{R}^n \to \mathbb{R}$, für die $|f|^p$ Lebesgue-integrierbar ist. Dann ist durch $\|f\|_p := \left(\int_{\mathbb{R}^n} |f|^p\, dx\right)^{\frac{1}{p}}$ eine Halbnorm auf $\mathcal{L}^p(\mathbb{R}^n)$ gegeben. Wie aus der Integrationstheorie bekannt, ist die abgeschlossene Hülle der Null, also $\overline{\{0\}} = \{f \in \mathcal{L}^p \mid \|f\|_p = 0\}$, gerade die Menge der außerhalb einer Nullmenge im $\mathbb{R}^n$ verschwindenden Funktionen. $L^p(\mathbb{R}^n)$ wird als der zugehörige normierte Raum definiert: $L^p(\mathbb{R}^n) := \mathcal{L}^p(\mathbb{R}^n)/\overline{\{0\}}$ (vgl. Schluß von 3.4). Ein wichtiger Konvergenzsatz der Integrationstheorie besagt dann: $L^p(\mathbb{R}^n)$ ist vollständig, also ein Banachraum. — Analog erklärt man den L^p-Raum $L^p(X, \mu)$ für einen beliebigen Maßraum $(X, \mathfrak{M})$ mit einem σ-additiven Maß $\mu : \mathfrak{M} \to [0, \infty]$. Besonders ausgezeichnet ist der Fall $p = 2$, weil $L^2(X, \mu)$ durch $\langle f, g\rangle := \int_X fg\, d\mu$ sogar zu einem Hilbertraum wird. — Bei Lichte besehen ist so ein L^p-Raum ein ziemlich intrikates mathematisches Objekt, und wer das Lebesgue-Integral nicht kennengelernt hat, weil er meinte, er werde mit dem Riemann-Integral schon auskommen, hat ja auch einen begründeten Horror davor. In $L^p(\mathbb{R}^n)$ sind aber auch sehr harmlose Elemente enthalten, und insbesondere ist der Vektorraum $C_0^\infty(\mathbb{R}^n)$ der beliebig oft differenzierbaren Funktionen $f : \mathbb{R}^n \to \mathbb{R}$, die "kompakten Träger" haben, d.h. außerhalb einer kompakten Menge verschwinden, in kanonischer Weise ein Untervektorraum von $L^p(\mathbb{R}^n)$. Auf diesem Untervektorraum sind nun die p-Norm $\|f\|_p = \left(\int_{\mathbb{R}^n} |f|^p dx\right)^{\frac{1}{p}}$ und das Skalarprodukt $\langle f, g\rangle = \int_{\mathbb{R}^n} fg\, dx$ sehr leicht, ja mit rudimentären Kenntnissen über irgend einen Integralbegriff zu verstehen, und es ist deshalb

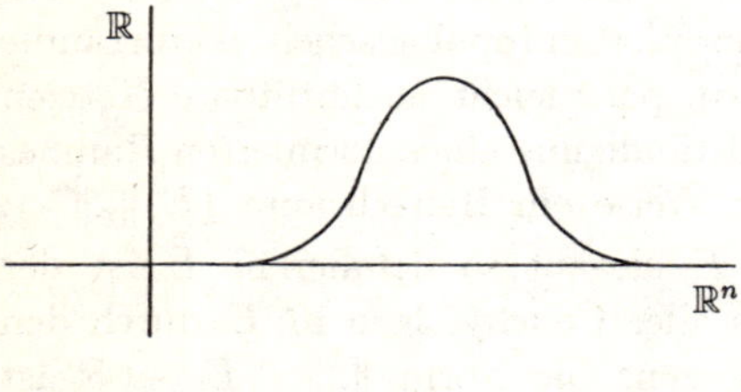

erfreulich, daß uns die Integrationstheorie versichert: *$C_0^\infty(\mathbb{R}^n)$ ist dicht in $L^p(\mathbb{R}^n)$* — denn das heißt doch, daß $L^p(\mathbb{R}^n)$ eine Vervollständigung von $(C_0^\infty(\mathbb{R}^n), \|..\|_p)$ ist, und da es bis auf kanonischen isometrischen Isomorphismus nur eine Vervollständigung gibt, kann man $L^p(\mathbb{R}^n)$ auch als die Vervollständigung von $(C_0^\infty(\mathbb{R}^n), \|..\|_p)$ bzw. $(C_0^\infty(\mathbb{R}^n), \langle\, ,\, \rangle)$ im Falle $p = 2$, ***definieren!*** — Nun will ich nicht die Illusion erzeugen, man könnte durch diesen simplen Vervollständigungstrick dem Lebesgue-Integral wirklich aus dem Wege gehen, denn wenn man die L^p-Räume so als Vervollständigungen einführt, dann weiß man zunächst nichts darüber, inwiefern die neuen "idealen Grenzpunkte" als Funktionen aufgefaßt werden können oder wie sie sonst in analytisch brauchbarer Weise zu interpretieren sind. Aber dennoch! Daß man $C_0^\infty(\mathbb{R}^n)$ und dergleichen Räume mit jeder für irgend ein Problem maßgeschneiderten Norm ganz einfach — zack! — zu einem Banachraum vervollständigen kann, bewirkt (unbeschadet der Notwendigkeit, die Natur der idealen Grenzpunkte zu studieren) eine unschätzbare Bewegungsfreiheit. Was damit gemeint ist, soll nun zum Schluß an einem Beispiel deutlich gemacht werden.

Um *partielle Differentialoperatoren* hinzuschreiben, benutzt man die Multi-Index-Schreibweise: für $\alpha = (\alpha_1, \ldots, \alpha_n)$, wobei die $\alpha_i \geq 0$ ganze Zahlen sind, setzt man $|\alpha| := \alpha_1 + \cdots + \alpha_n$ und schreibt dann $D^\alpha := \partial^{|\alpha|}/\partial x_1^{\alpha_1} \ldots \partial x_n^{\alpha_n}$; das ist also die allgemeine Form einer mehrfachen, nämlich $|\alpha|$-fachen, partiellen Ableitung.

Seien nun $a_\alpha : \mathbb{R}^n \to \mathbb{R}$ Funktionen (sagen wir einmal: beliebig oft stetig differenzierbar). Dann ist $P := \sum_{|\alpha| \leq k} a_\alpha D^\alpha$ ein linearer partieller Differentialoperator auf $\mathbb{R}^n$, und eine Gleichung der Form $Pf = g$, wobei g auf $\mathbb{R}^n$ gegeben und f gesucht ist, heißt eine (inhomogene) lineare partielle Differentialgleichung.

Ich habe absichtlich noch unbestimmt gelassen, worauf der "Operator" P denn "operiert". Jedenfalls definiert P eine lineare Abbildung $P : C_0^\infty(\mathbb{R}^n) \to C_0^\infty(\mathbb{R}^n)$ im Sinne der Linearen Algebra. Aber die bloße Lineare Algebra hilft uns nicht weiter, und es wäre viel besser, wir könnten P z.B. als einen stetigen Operator in einem Hilbertraum auffassen, denn dann stünde die funktionalanalytische Theorie solcher Operatoren als Werkzeug zur Untersuchung von P zur Verfügung. Nun können wir natürlich $C_0^\infty(\mathbb{R}^n)$ zum Hilbertraum $L^2(\mathbb{R}^n)$ vervollständigen, aber leider operiert P keineswegs darauf: $P : C_0^\infty \to C_0^\infty$ ist nicht $\|..\|_2$-stetig und setzt sich deshalb erst recht nicht zu einem stetigen Operator $\widehat{P} : L^2 \to L^2$ fort. Aber es gibt ja noch viele andere Möglichkeiten, Skalarprodukte auf C_0^∞ zu definieren, man muß sich bei der Auswahl vom Zwecke leiten lassen (was freilich leicht gesagt ist). Am naheliegendsten sind vielleicht die Skalarprodukte, die man für jedes ganze $r \geq 0$ durch $\langle f, g \rangle_r := \sum_{|\alpha| \leq r} \int_{\mathbb{R}^r} \langle D^\alpha f, D^\alpha g \rangle dx$ auf $C_0^\infty(\mathbb{R}^n)$ gegeben hat. Die durch Vervollständigung von $(C_0^\infty(\mathbb{R}^n), \langle\ ,\ \rangle_r)$ entstehenden Hilberträume $H^r(\mathbb{R}^n)$ sind die einfachsten Beispiele dessen, was man unter der Bezeichnung "Sobolev-Räume" als ein weit ausgebautes Hilfsmittel in der Theorie der partiellen Differentialoperatoren findet.

Es ist nicht schwer zu sehen, daß $P = \sum_{|\alpha| \leq k} a_\alpha D^\alpha$ unter geeigneten Voraussetzungen über die Koeffizienten in der Tat stetige lineare Operatoren $P^r : H^r(\mathbb{R}^n) \to H^{r-k}(\mathbb{R}^n)$ definiert. — Dieses Beispiel illustriert, von welcher Art der Nutzen der Mengentheoretischen Topologie für die Analysis ist. Natürlich ist die Untersuchung des Differentialoperators P durch die Einführung der Sobolev-Räume zu keinerlei Abschluß gebracht, und die Topologie kann auch nicht die eigentlich analytischen Probleme lösen, aber sie schafft ein Klima, in dem die Analysis gedeiht.

5 Homotopie

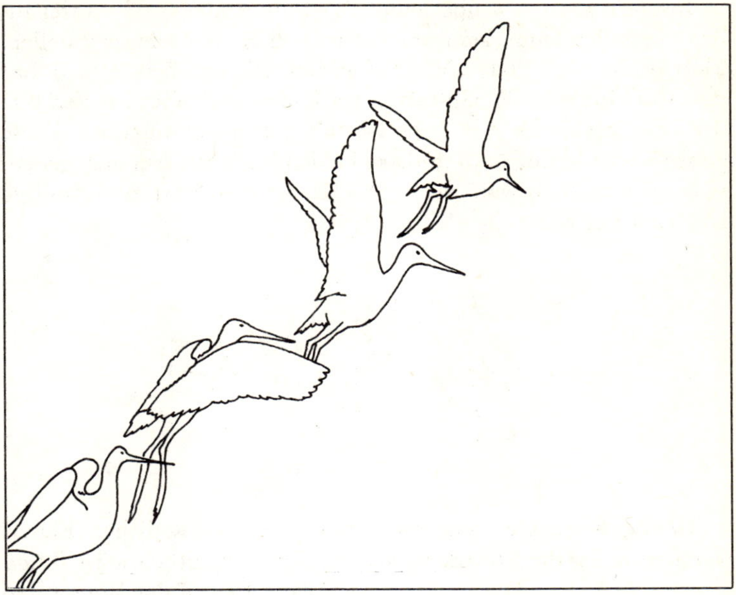

5.1 Homotope Abbildungen

In den Abschnitten 5.1-5.3 will ich die Grundbegriffe "homotop", "Homotopie" und "Homotopieäquivalenz" nur erklären und anschaulich machen, die Abschnitte 5.4-5.7 handeln dann vom Nutzen dieser Begriffe.

Definition (Homotopie, homotop): Zwei stetige Abbildungen $f, g : X \to Y$ zwischen topologischen Räumen heißen ***homotop***, $f \simeq g$, wenn es eine ***Homotopie*** h zwischen ihnen gibt, d.h. eine stetige Abbildung $h : X \times [0,1] \to Y$ mit $h(x,0) = f(x)$ und $h(x,1) = g(x)$ für alle $x \in X$.

Notationen: Wir schreiben dann auch $f \underset{h}{\simeq} g$. — Für festes $t \in [0,1]$ bezeichne $h_t : X \to Y$ die durch $h_t(x) := h(x,t)$ gegebene stetige Abbildung. Es ist also $h_0 = f$ und $h_1 = g$.

Insofern man sich überhaupt Abbildungen $X \to Y$ anschaulich vorstellen kann, kann man sich auch Homotopien vorstellen: Man denke sich $[0,1]$ als ein Zeitintervall, zur Zeit $t = 0$ hat die Abbildung h_t die Gestalt f, verändert sich aber im Verlaufe der Zeit, bis sie für $t = 1$ die Gestalt g angenommen hat. Diese ganze Veränderung muß stetig in beiden Variablen vor sich gehen, man sagt deshalb wohl auch: Die Homotopie h ist eine "stetige Deformation von f in g".

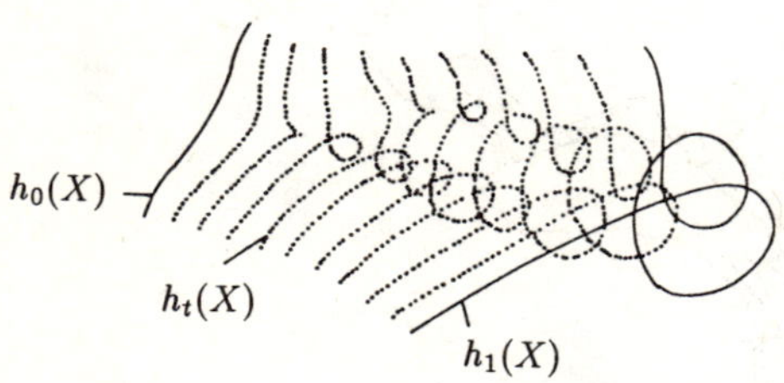

Häufig betrachtet man Homotopien mit zusätzlichen Eigenschaften außer der Stetigkeit, aus der Funktionentheorie ist Ihnen sicher der Begriff der Homotopie von Wegen mit festen Endpunkten bekannt: $X = [0,1]$, $Y \subset \mathbb{C}$ offen, $p, q \in Y$ fest gegeben. Zusätzliche Forderung an die Homotopie: $h_t(0) = p$, $h_t(1) = q$ für alle t. — In der Differentialtopologie betrachtet man oft differenzierbare Homotopien zwischen Abbildungen von Mannigfaltigkeiten, bei denen jedes h_t eine Einbettung sein soll ("Isotopie h") oder jedes h_t ein Diffeomorphismus sein soll ("Diffeotopie h"); und so gibt es noch viele Situationen, in denen h Rücksicht auf diese oder jene zusätzliche Struktur nehmen soll. Wir betrachten hier aber nur den ganz einfachen Grundbegriff, wo von h nur die Stetigkeit verlangt wird. — Wie durch die Wahl des Zeichens $\simeq$ schon angekündigt, ist "homotop" eine Äquivalenzrelation: Die

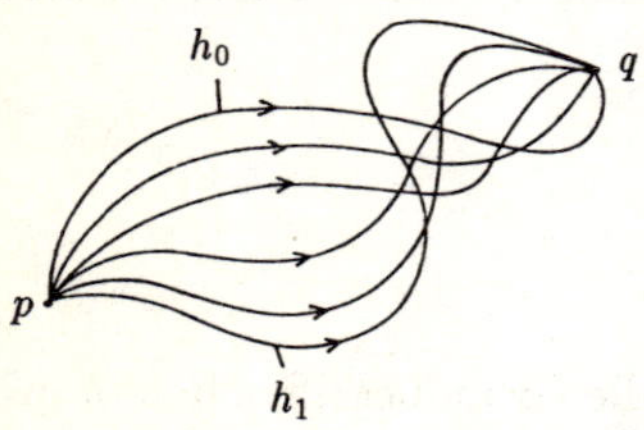

Reflexivität ist klar: $f \simeq f$ weil durch $h_t := f$ für alle t eine Homotopie zwischen f und f gegeben ist. *Symmetrie:* Ist $f \simeq g$ vermöge h_t, $t \in [0,1]$, dann $g \simeq f$ vermöge h_{1-t}. *Transitivität:* Ist $f \underset{h}{\simeq} g \underset{k}{\simeq} \ell$, dann $f \underset{H}{\simeq} \ell$ mit $H_t = \begin{cases} h_{2t} & \text{für } 0 \leq t \leq \frac{1}{2} \\ k_{2t-1} & \text{für } \frac{1}{2} \leq t \leq 1 \end{cases}$. (Stetigkeit prüfen!)

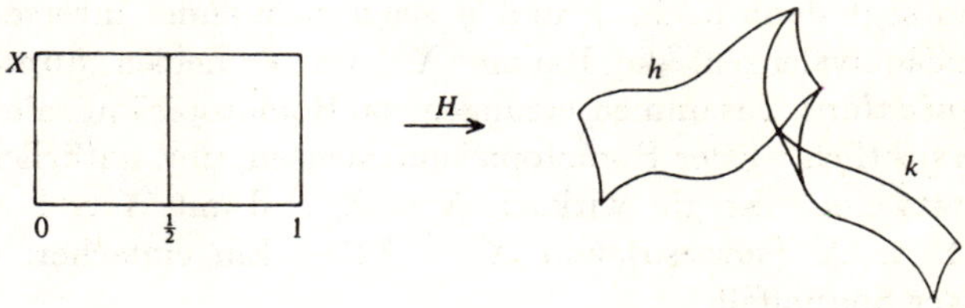

Notation: Sind X und Y topologische Räume, so bezeichnet $[X,Y]$ die Menge der Äquivalenzklassen ("Homotopieklassen") stetiger Abbildungen von X nach Y.

Führt man einen $(n+1)$-ten Begriff ein, so könnte man natürlich seine Beziehungen zu den schon vorangegangenen in n Lemmas formulieren, z.B.

Notiz (Zusammensetzungen homotoper Abbildungen): *Sind homotope Abbildungen $X \xrightarrow{f \simeq g} Y \xrightarrow{\bar{f} \simeq \bar{g}} Z$ gegeben, so sind auch die Zusammensetzungen $\bar{f} \circ f$ und $\bar{g} \circ g$ homotop (nämlich vermöge $\bar{h}_t \circ h_t$).*

Notiz (Produkte homotoper Abbildungen): *Sind homotope Abbildungen $f_i \simeq g_i \colon X_i \to Y_i$ für $i = 1,2$ gegeben, so sind auch die Abbildungen $f_1 \times f_2$ und $g_1 \times g_2$ von $X_1 \times X_2$ nach $Y_1 \times Y_2$ homotop (vermöge $h_t^{(1)} \times h_t^{(2)}$).*

Für so einen so einfachen Begriff wie die Homotopie wäre es aber pedantisch, jetzt eine möglichst vollständige Liste solcher Aussagen anzulegen; warten wir doch ruhig ab, was der Gebrauch des Begriffes für Forderungen an uns stellen wird.

5.2 Homotopieäquivalenz

Definition (Homotopieäquivalenz): Eine stetige Abbildung $f : X \to Y$ heißt eine ***Homotopieäquivalenz*** zwischen X und Y, wenn sie ein ***Homotopieinverses*** besitzt, d.h. eine stetige Abbildung $g : Y \to X$ mit $g \circ f \simeq \mathrm{Id}_X$ und $f \circ g \simeq \mathrm{Id}_Y$.

Man sagt dann auch, f und g seien zueinander inverse Homotopieäquivalenzen; die Räume X und Y heißen ***homotopieäquivalent***. Zusammensetzungen von Homotopieäquivalenzen sind ersichtlich wieder Homotopieäquivalenzen, und natürlich ist Id_X stets eine, also gilt wirklich $X \simeq X$ und mit $X \simeq Y \simeq Z$ auch $Y \simeq X$ (sowieso) und $X \simeq Z$. — Ein einfacher, aber wichtiger Spezialfall:

Definition (Zusammenziehbarkeit): Ein topologischer Raum heißt ***zusammenziehbar***, wenn er zum einpunktigen Raum homotopieäquivalent ist.

In diesem Falle vereinfacht sich die Definition zu der Forderung, daß es eine Homotopie $h : X \times [0,1] \to X$ zwischen der Identität und einer konstanten Abbildung $X \to \{x_0\} \subset X$ geben muß, eine sogenannte ***Zusammenziehung***.

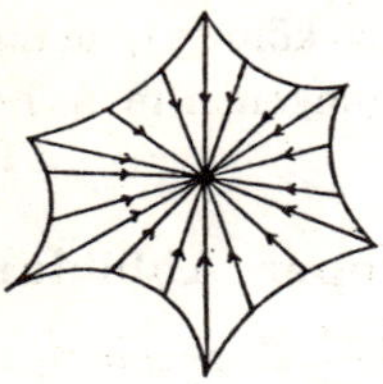

Zum Beispiel ist $\mathbb{R}^n$ zusammenziehbar, $h_t(x) := (1-t)x$ definiert eine Zusammenziehung auf Null; und ebenso natürlich jeder sternförmige Teilraum des $\mathbb{R}^n$.

Definition (Retrakt und Deformationsretrakt): Sei X ein topologischer Raum, $A \subset X$ ein Teilraum. A heißt ein ***Retrakt*** von X, wenn es eine ***Retraktion*** $\rho : X \to A$ gibt, d.h. eine stetige Abbildung mit $\rho|A = \mathrm{Id}_A$. Ist aber darüber hinaus ρ als Abbildung nach X homotop zur Identität auf X, dann heißt ρ eine ***Deformationsretraktion*** und entsprechend A ein ***Deformationsretrakt***. Kann schließlich diese Homotopie sogar so gewählt werden, daß alle Punkte von A während der Homotopie fest bleiben, d.h. daß $h_t(a) = a$ für alle $t \in [0,1]$ und alle $a \in A$, dann heißt ρ eine ***starke*** Deformationsretraktion und A ein ***starker*** Deformationsretrakt von X.

Eine Deformationsretraktion $\rho : X \to A$ und die zugehörige Inklusion $i_A : A \subset X$ sind offenbar zueinander inverse Homotopieäquivalenzen, denn "Retrakt" heißt ja gerade $\rho \circ i_A = \mathrm{Id}_A$, und "Deformations ... " heißt $i_A \circ \rho \simeq \mathrm{Id}_X$.

Das schmeckt vielleicht auf den ersten Anbiß etwas trocken. Ich werde Ihnen aber gleich etwas sagen, was Ihr Interesse an den starken Deformationsretrakten beleben wird.

Für das praktische Umgehen mit den Homotopiebegriffen ist es wichtig, daß man einen *Blick* für die Homotopieäquivalenz von Räumen bekommt. Wir wollen, wenn es sich vermeiden läßt, nicht mühsam ein $f : X \to Y$ suchen und ein $g : Y \to X$ suchen und eine Homotopie $f \circ g \simeq \mathrm{Id}_Y$ und eine $g \circ f \simeq \mathrm{Id}_X$ und das alles umständlich hinschreiben, sondern wir wollen nur hinschauen und sagen: Diese zwei Räume sind homotopieäquivalent, und unser Gegenüber soll antworten: Klar, die sind homotopieäquivalent. Dieses schnelle Sehen von Homotopieäquivalenzen beruht aber in vielen praktischen Fällen darauf, daß man sich die Homotopieäquvialenz $X \simeq Y$ als eine Zusammensetzung $X \simeq X_1 \simeq \ldots \simeq X_r \simeq Y$ beschafft, wo bei jedem der meist sehr wenigen Einzelschritte (oft ist es gar nur einer) die beiden Räume entweder homöomorph sind oder — der eine ein starker Deformationsretrakt des anderen ist!

Warum aber sind die starken Deformationsretrakte besonders leicht zu erkennen? Nun, was tut eine solche Deformation h: sie führt alle Punkte von X in einer stetigen Wanderung während der Zeit von 0 bis 1 in den Teilraum A, wobei nur darauf zu achten ist, daß die schon anfangs in A befindlichen Punkte die ganze Zeit über still sitzen bleiben. Sofern man überhaupt eine Anschauung von X und A hat, ist so ein h, falls es existiert, meist leicht zu sehen. Einige Beispiele zur Augenstärkung sollen jetzt gegeben werden.

5.3 Beispiele

BEISPIELE (1): Der Nullpunkt ist natürlich ein starker Deformationsretrakt von $\mathbb{R}^n$ oder der Vollkugel D^n. Deshalb ist aber auch $A \times 0$ für jeden topologischen Raum A starker Deformationsretrakt von $A \times \mathbb{R}^n$ oder $A \times D^n$

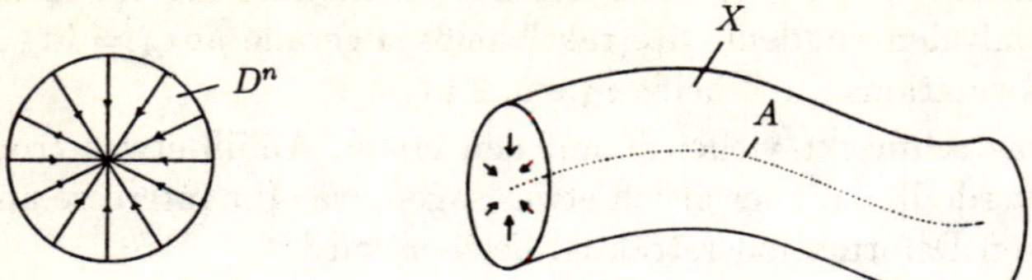

und deshalb ist zum Beispiel der Volltorus $S^1 \times D^2$ homotopieäquivalent zur Kreislinie S^1:

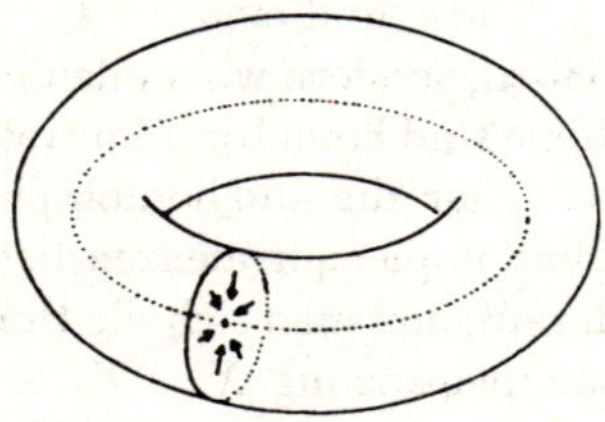

Allgemeiner: Ist E ein Vektorraumbündel über einem topologischen Raum A, so ist der Nullschnitt starker Deformationsretrakt von E oder, falls eine Riemannsche Metrik auf E gegeben ist, vom Diskbündel DE, also $A \simeq E \simeq DE$.

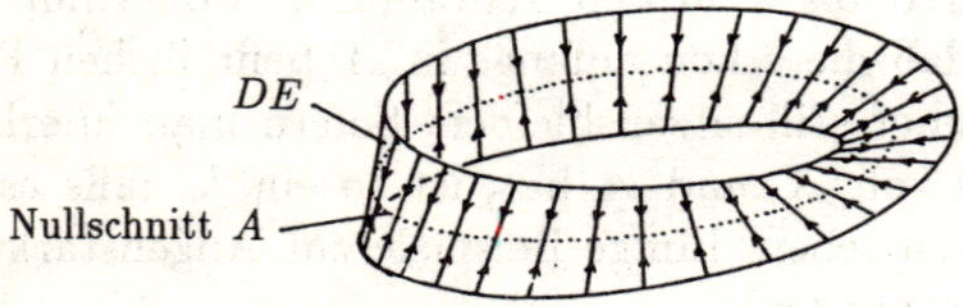

Beispiele (2): Die Sphäre $S^{n-1} := \{x \in \mathbb{R}^n \mid \|x\| = 1\}$ ist starker Deformationsretrakt der punktierten Vollkugel $D^n \smallsetminus 0$. Heftet man daher an einen Raum X eine Zelle an und nimmt dann aus der Zelle den Nullpunkt heraus, dann entsteht ein zu X homotopieäquivalenter Raum $X \cup_\varphi (D^n \smallsetminus 0)$, denn $X \subset X \cup_\varphi (D^n \smallsetminus 0)$ ist starker

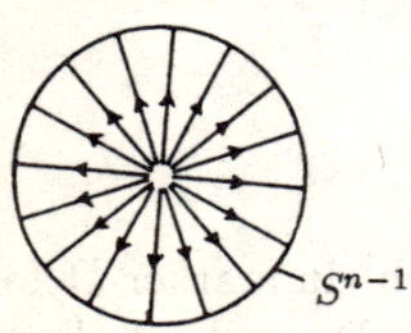

Deformationsretrakt:

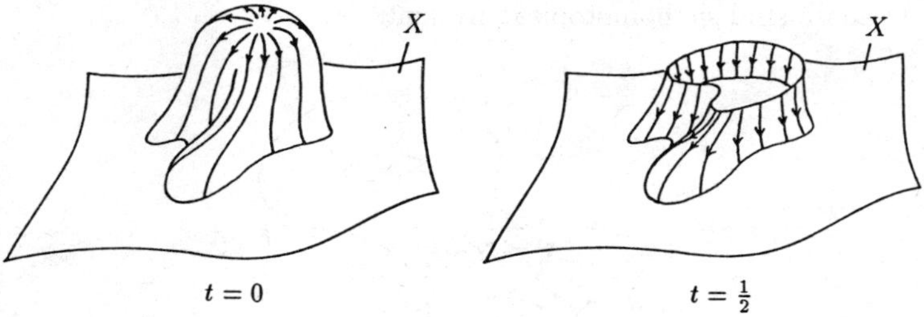

BEISPIEL (3): Es sei $0 < k < n$. Wir denken uns $\mathbb{R}^{n+1}$ als $\mathbb{R}^k \times \mathbb{R}^{n-k+1}$ und betrachten in $S^n \subset \mathbb{R}^{n+1}$ den Unterraum $\frac{\sqrt{2}}{2}(S^{k-1} \times S^{n-k}) = \{(x,y) \mid \|x\|^2 = \|y\|^2 = \frac{1}{2}\}$, ein "Sphärenprodukt". Dann ist $\frac{\sqrt{2}}{2}(S^{k-1} \times S^{n-k})$ ein starker Deformationsretrakt von $S^n \setminus (S^{k-1} \times 0 \cup 0 \times S^{n-k})$.

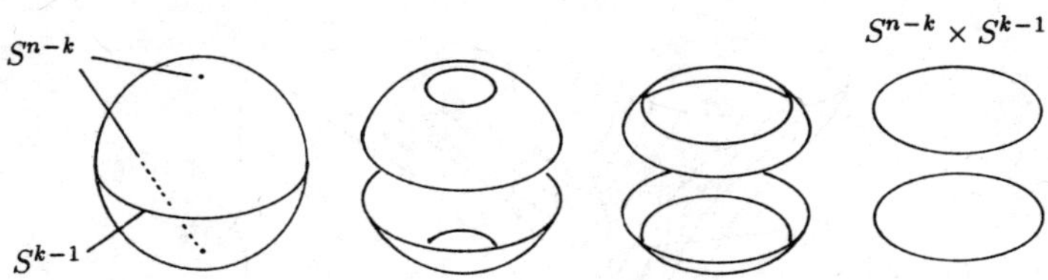

BEISPIEL (4): Eine "Acht" und eine Figur aus zwei durch eine Strecke verbundenen Kreislinien sind homotopieäquivalent, weil sie starke Deformationsretrakte derselben "verdickten Acht" sind:

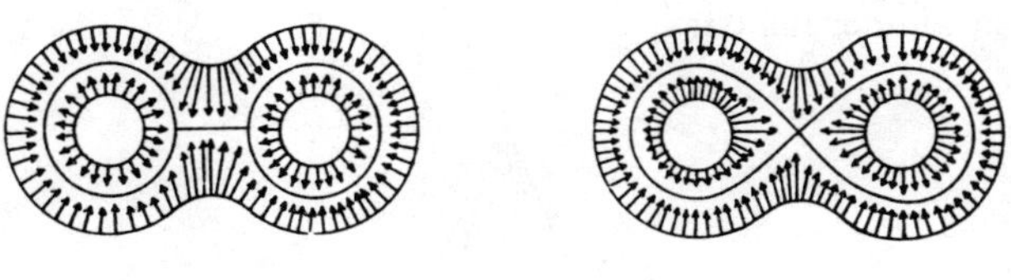

BEISPIEL (5): Sei M eine differenzierbare berandete Mannigfaltigkeit. Wenn der Rand ∂M nicht leer ist, dann kann $M \setminus \partial M$ natürlich kein Retrakt von M sein, denn es ist ja dicht in M. Mit

Hilfe eines geeigneten "Kragens" kann man aber sehen, daß M und $M \setminus \partial M$ einen gemeinsamen Deformationsretrakt besitzen. Deshalb sind sie homotopieäquivalent.

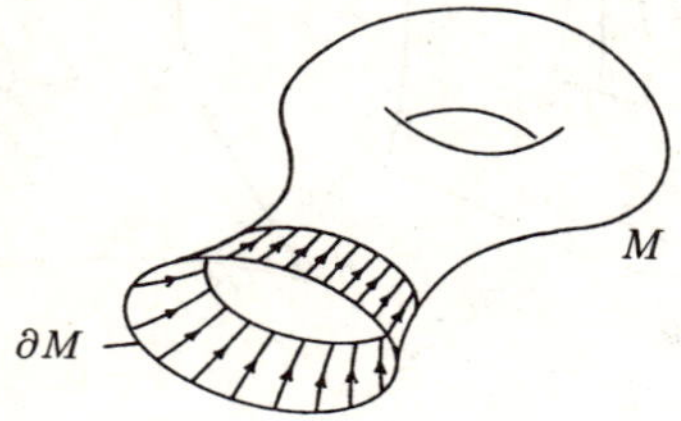

BEISPIEL (6): Noch ein Beispiel aus der Differentialtopologie, speziell der Morse-Theorie: $M_a \cup_\varphi D^k$ ist starker Deformationsretrakt von M_b, wobei ... (vgl. [14]).

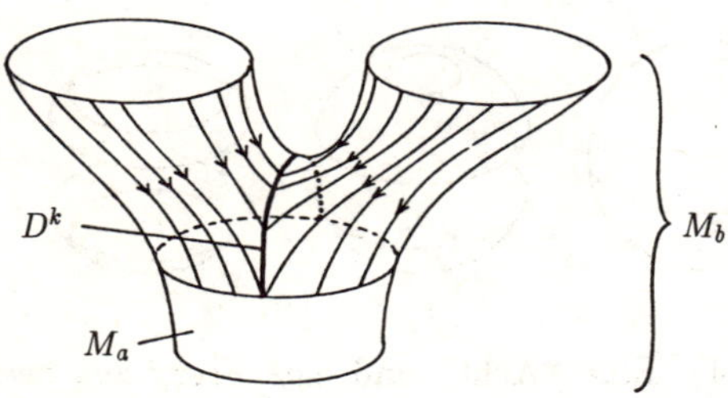

BEISPIEL (7): Für jeden topologischen Raum X ist der Kegel CX zusammenziehbar:

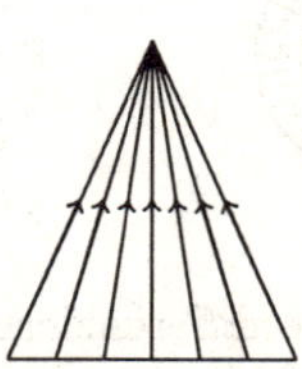

Die Spitze ist starker Deformationsretrakt des Kegels.

5.4 Kategorien

Um den Sinn und Zweck des Homotopiebegriffs erklären zu können, muß ich vorher sagen, was man unter *Algebraischer Topologie* versteht, und dazu wiederum ist eine Sprechweise sehr geeignet, die auch sonst in der Mathematik viel Anwendung findet: die Sprechweise der Kategorien und Funktoren.

Definition (Kategorien): Eine Kategorie $\mathcal{C}$ besteht aus folgenden Daten:

(a) einer Klasse $\mathrm{Ob}(\mathcal{C})$ von mathematischen Objekten, welche die ***Objekte der Kategorie*** genannt werden,

(b) je einer Menge $\mathrm{Mor}(X,Y)$ zu jedem Paar (X,Y) von Objekten, wobei $\mathrm{Mor}(X,Y)$ und $\mathrm{Mor}(X',Y')$ disjunkt sind, wenn sich die Paare (X,Y) und (X',Y') unterscheiden. Die Elemente von $\mathrm{Mor}(X,Y)$ werden die ***Morphismen von*** X ***nach*** Y genannt. Schreibweise: Statt $f \in \mathrm{Mor}(X,Y)$ wird auch $f : X \to Y$ geschrieben, ohne daß damit gesagt sein soll, daß X, Y Mengen und f eine Abbildung sein müßte.

(c) einer Verknüpfung $\mathrm{Mor}(X,Y) \times \mathrm{Mor}(Y,Z) \to \mathrm{Mor}(X,Z)$ zu je drei Objekten X, Y, Z (geschrieben als $(f,g) \mapsto g \circ f$, entsprechend der von den Abbildungen entlehnten Notation $X \xrightarrow{f} Y \xrightarrow{g} Z$).

Die Daten (a) (b) (c) bilden eine ***Kategorie***, wenn sie die beiden folgenden Axiome erfüllen:

Axiom 1 (Assoziativität): Sind $X \xrightarrow{f} Y \xrightarrow{g} Z \xrightarrow{h} U$ Morphismen, so gilt $h \circ (g \circ f) = (h \circ g) \circ f$.

Axiom 2 (Identität): Zu jedem Objekt X gibt es einen Morphismus $1_X \in \mathrm{Mor}(X,X)$ mit der Eigenschaft $1_X \circ f = f$ und $g \circ 1_X = g$ für alle Morphismen $f : Y \to X$ und $g : X \to Z$. □

Bevor ich irgendetwas hinzusetze, will ich erst einige Beispiele von Kategorien nennen. Sofern die Morphismen Abbildungen sind und über die Verknüpfung nichts gesagt ist, ist stets die übliche Verknüpfung von Abbildungen durch Zusammensetzung gemeint.

BEISPIEL 1: Die Kategorie $\mathscr{M}$ der Mengen:
(a): Objekte: Mengen
(b): Morphismen: Abbildungen

BEISPIEL 2: Die topologische Kategorie $\mathscr{T}\!op$:
(a): Topologische Räume
(b): Stetige Abbildungen

Nebenbei bemerkt: Beispiel 2':
(a): Topologische Räume
(b): Beliebige Abbildungen zwischen topologischen Räumen ist auch eine Kategorie, nur keine besonders interessante. —

BEISPIEL 3: Kategorie der Gruppen:
(a): Gruppen
(b): Gruppenhomomorphismen

BEISPIEL 4: Kategorie der Vektorräume über $\mathbb{K}$
(a): $\mathbb{K}$-Vektorräume
(b): $\mathbb{K}$-lineare Abbildungen

BEISPIEL 5: Kategorie der topologischen Vektorräume über $\mathbb{K}$
(a): Topologische Vektorräume über $\mathbb{K}$
(b): Stetige lineare Abbildungen

BEISPIEL 6: Die differentialtopologische Kategorie $\mathscr{D}\!ifftop$:
(a): Differenzierbare Mannigfaltigkeiten
(b): Differenzierbare Abbildungen

BEISPIEL 7: Die Kategorie $\mathscr{V}\!ect(X)$ der Vektorraumbündel über einem gegebenen topologischen Raum X:
(a): Vektorraumbündel über X
(b): Bündelhomomorphismen, d.h. stetige, fasernweise lineare Abbildungen über der Identität auf X:

$$\begin{array}{ccc} E & \xrightarrow{\varphi} & E' \\ & {\scriptstyle\pi}\searrow \quad \swarrow{\scriptstyle\pi'} & \\ & X & \end{array}$$

BEISPIEL 8: Die Kategorie der n-dimensionalen Vektorraumbündel über beliebigen topologischen Räumen:

(a): n-dimensionale Vektorraumbündel

(b): "Bündelabbildungen", d.h. stetige, fasernweise isomorphe Abbildungen über stetigen Abbildungen der Basen:

$$\begin{array}{ccc} E & \xrightarrow{F} & E' \\ \pi\downarrow & & \downarrow\pi' \\ X & \xrightarrow{f} & X' \end{array}$$

So könnte man noch lange fortfahren, denn praktisch zu jeder Art von mathematischer Struktur gibt es strukturerhaltende oder strukturverträgliche Abbildungen, und die Kategorienaxiome verlangen ja nicht viel. Beispiele zu Dutzenden im gesamten Bereich der Mathematik.

Die bisher genannten Beispiele haben gemeinsam, daß die Objekte Mengen mit Zusatzstruktur und die Morphismen Abbildungen mit der üblichen Verknüpfung waren, (weshalb sich auch das Assoziativitätsaxiom jeweils von selbst verstand). Der Kategorienbegriff reicht aber weiter. Zur Illustration gebe ich folgendes etwas seltsam wirkende Beispiel:

BEISPIEL 9: Sei G eine Gruppe.

(a): Nur ein Objekt, nennen wir es e.

(b): $\text{Mor}(e,e) := G$.

(c): Verknüpfung sei die Gruppenverknüpfung.

Ein wirklich wichtiges Beispiel einer Kategorie, in der die Morphismen keine Abbildungen sind, ist das folgende

BEISPIEL 10: Die ***Homotopiekategorie*** $\mathscr{H}$*top*:

(a): Die Objekte der Homotopiekategorie sind die topologischen Räume, wie bei $\mathscr{T}$*op*; aber

(b): die Morphismen sind die Homotopieklassen stetiger Abbildungen: $\text{Mor}(X,Y) := [X,Y]$, und

(c): die Verknüpfung ist definiert durch die Verknüpfung von Repräsentanten: $[g] \circ [f] = [g \circ f]$.

Nach Definition und Beispielen nun noch ein paar ergänzende Hinweise. Aus dem Identitätsaxiom folgt sofort, daß es zu jedem Objekt *genau* eine "Identität" oder "Eins" 1_X gibt, denn hat $1'_X \in \text{Mor}(X,X)$ die Eigenschaft auch, dann ist ja $1'_X = 1'_X \circ 1_X = 1_X$. Ebenso kann es zu einem Morphismus $f : X \to Y$ höchstens einen ***inversen*** Morphismus $g : Y \to X$ geben, d.h. einen solchen, für den $f \circ g = 1_Y$ und $g \circ f = 1_X$ gilt, denn hat g' die Eigenschaft auch, so gilt $g' \circ (f \circ g) = g' \circ 1_Y$, also nach dem Assoziativitätsaxiom $(g' \circ f) \circ g = 1_X \circ g = g = g' \circ 1_Y = g'$.

Die Morphismen, die einen inversen Morphismus besitzen, nennt man die ***Isomorphismen*** der Kategorie, und Objekte, zwischen denen ein Isomorphismus existiert, heißen ***isomorph***. In der topologischen Kategorie heißen also zwei Räume isomorph, wenn sie homöomorph sind, aber in der Homotopiekategorie bedeutet die Isomorphie zweier Räume nur, daß sie homotopieäquivalent sind.

Zum Schluß noch eine Anmerkung zu einem Wort aus der Definition, bei dem Sie vielleicht schon flüchtig gestutzt haben. Man hat guten Grund, nur von der "Klasse" $\text{Ob}(\mathcal{C})$ der Objekte und nicht etwa von der "Menge der Objekte von $\mathcal{C}$" zu sprechen. Sie wissen ja, zu welchen Widersprüchen der naiv-mengentheoretische Umgang mit Redewendungen wie "die Menge aller Mengen" führt. Zwar verlangen wir, daß für eine gegebene Kategorie $\mathcal{C}$ der Begriff des Objektes genügend präzise definiert ist (etwa der Begriff des topologischen Raumes), aber wir erwarten nicht, daß alle Objekte von $\mathcal{C}$, die es je gab, gibt und geben wird, eine wohldefinierte Menge bilden, die wir in die üblichen mengentheoretischen Operationen miteinbeziehen können.

Es gibt natürlich auch Kategorien, deren Objekte wirklich eine Menge bilden, das sind die sogenannten "kleinen Kategorien".

Für eine formale und genaue Fassung dessen, was "Menge" und "Klasse" bedeuten, ist die axiomatische Mengenlehre zuständig. Wir begnügen uns hier mit der Warnung, aus der Objektenklasse nicht mehr herauslesen zu wollen, als eben den Begriff der jeweiligen Objekte.

5.5 Funktoren

Definition (covarianter Funktor): Seien $\mathcal{C}$ und $\mathcal{D}$ Kategorien. Unter einem covarianten Funktor $\mathcal{F} : \mathcal{C} \to \mathcal{D}$ versteht man eine Zuordnung, durch die zu jedem Objekt X von $\mathcal{C}$ ein Objekt $\mathcal{F}(X)$ von $\mathcal{D}$ und zu jedem Morphismus $X \xrightarrow{\varphi} Y$ von $\mathcal{C}$ ein Morphismus

$$\mathcal{F}(X) \xrightarrow{\mathcal{F}(\varphi)} \mathcal{F}(Y)$$

von $\mathcal{D}$ gegeben ist, derart daß jeweils
(1): $\mathcal{F}(1_X) = 1_{\mathcal{F}(X)}$ ("Identitätsaxiom") und
(2): $\mathcal{F}(\varphi \circ \psi) = \mathcal{F}(\varphi) \circ \mathcal{F}(\psi)$ ("Kettenregel") gilt.

Definition (kontravarianter Funktor): Analog, nur mit dem Unterschied, daß $\mathcal{F}$ jetzt die Richtung der Morphismen umkehrt: Jedem $X \xrightarrow{\varphi} Y$ wird ein Morphismus

$$\mathcal{F}(X) \xleftarrow{\mathcal{F}(\varphi)} \mathcal{F}(Y),$$

das soll heißen ein Element $\mathcal{F}(\varphi) \in \operatorname{Mor}(\mathcal{F}(Y), \mathcal{F}(X))$ zugeordnet. Das Identitätsaxiom heißt bei kontravarianten Funktoren immer noch $\mathcal{F}(1_X) = 1_{\mathcal{F}(X)}$, aber die Kettenregel muß jetzt als $\mathcal{F}(\varphi \circ \psi) = \mathcal{F}(\psi) \circ \mathcal{F}(\varphi)$ geschrieben werden, denn

$$X \xrightarrow{\psi} Y \xrightarrow{\varphi} Z$$

geht ja in

$$\mathcal{F}(X) \xleftarrow{\mathcal{F}(\psi)} \mathcal{F}(Y) \xleftarrow{\mathcal{F}(\varphi)} \mathcal{F}(Z)$$

über.

HINWEIS: Der Unterschied zwischen den beiden Begriffen ist zwar ganz formal, denn zu jeder Kategorie erhält man eine "duale Kategorie" mit denselben Objekten duch $\operatorname{Mor}^{\text{dual}}(X, Y) := \operatorname{Mor}(Y, X)$ und $\varphi \circ^{\text{dual}} \psi := \psi \circ \varphi$, und dann ist ein kontravarianter Funktor von $\mathcal{C}$ nach $\mathcal{D}$ nichts weiter als ein covarianter von $\mathcal{C}$ nach $\mathcal{D}^{\text{dual}}$. Im Hinblick auf die relevanten Beispiele ist es aber praktischer und natürlicher von kontravarianten Funktoren als von dualen Kategorien zu reden. —

Triviale Beispiele sind der Identitätsfunktor $\mathrm{Id}_{\mathcal{C}} : \mathcal{C} \to \mathcal{C}$, covariant natürlich, und die konstanten Funktoren: $\mathcal{D} \to \mathcal{D}$, die allen Objekten das feste Objekt Y_0 und allen Morphismen die Eins 1_{Y_0} zuordnen, nach Belieben co- oder kontravariant aufzufassen.

Es wäre manchmal unbequem, diese Zuordnungen nicht auch Funktoren nennen zu dürfen, aber interessant sind sie natürlich nicht. Etwas bemerkenswerter sind da schon die "Vergißfunktoren", z.B. der covariante Funktor $\mathscr{T}\!op \to \mathscr{M}$, der jedem topologischen Raum X die Menge X und jeder stetigen Abbildung $f : X \to Y$ die Abbildung $f : X \to Y$ zuordnet. Man hat häufiger Anlaß, solche Funktoren in strukturärmere Kategorien zu betrachten, die weiter nichts tun, als die reichere Struktur der Ausgangskategorie zu "vergessen".

Die ersten Beispiele von Funktoren mit einem realen mathematischen Gehalt lernt man wohl durch die Lineare Algebra kennen. Ist z.B. $\mathbb{K}$ ein Körper und $\mathscr{V}$ die Kategorie der $\mathbb{K}$-Vektorräume und linearen Abbildungen, dann ist durch den Begriff des "Dualraums" eines Vektorraums in kanonischer Weise ein kontravarianter Funktor $* : \mathscr{V} \to \mathscr{V}$ gegeben: Jedem Objekt V wird der Dualraum $V^* := \{\varphi : V \to \mathbb{K} \mid \varphi \text{ linear}\}$ zugeordnet, und jeder linearen Abbildung $f : V \to W$ die duale Abbildung $f^* : W^* \to V^*$, $\alpha \mapsto \alpha \circ f$. Dann gilt $Id_V^* = \mathrm{Id}_{V^*}$ und $(f \circ g)^* = g^* \circ f^*$, also ist $*$ ein (kontravarianter) Funktor.

Funktoren, die nicht nur Gehalt, sondern auch *Gewalt* haben, sind freilich nicht so billig zu bekommen, doch davon später. Den gegenwärtigen Paragraphen, der ja nur den Begriff einführen soll, will ich mit einem einfachen Beispiel beschließen, das mit der Homotopie zu tun hat. Wir erinnern uns, daß $[X, Y]$ die Menge der Homotopieklassen stetiger Abbildungen $X \to Y$ bezeichnet. Alsdann:

BEISPIEL: Sei B ein topologischer Raum. Dann ist durch $[.., B]$ in kanonischer Weise ein kontravarianter Funktor von der Homotopiekategorie in die Kategorie der Mengen und Abbildungen gegeben, nämlich: Jedem topologischen Raum X wird die Menge

$[X, B]$ zugeordnet und jedem Morphismus $[f] \in [X, Y]$ der Homotopiekategorie die durch $[\varphi] \to [\varphi \circ f]$ definierte Abbildung $[f, B] : [Y, B] \to [X, B]$.

5.6 Was ist Algebraische Topologie?

Kurzantwort: Algebraische Topologie ist das Lösen topologischer Probleme mittels algebraischer Methoden. — ? Na, etwas ausführlicher wollen wir's schon erklären.

Was wir heute Algebraische Topologie nennen, war nach der älteren, einfacheren und naheliegenderen Auffassung die Erfindung, Berechnung und Anwendung von *Invarianten.* Eine Zuordnung χ, die zu jedem X aus einer gewissen Klasse geometrischer Objekte eine Zahl $\chi(X)$ angibt, heißt eine ***Invariante***, wenn aus $X \cong Y$ allemal $\chi(X) = \chi(Y)$ folgt. Um welche Objekte und um welche Art von Isomorphie "$\cong$" es sich handelt, hängt vom Einzelfall ab; man spricht zum Beispiel von "Homöomorphieinvarianten", wenn $\cong$ Homöomorphie bedeuten soll, analog von "Diffeomorphieinvarianten" usw. — Das wohl älteste nichttriviale Beispiel einer solchen Invarianten ist die *Eulerzahl* oder *Eulercharakteristik* von endlichen Polyedern.

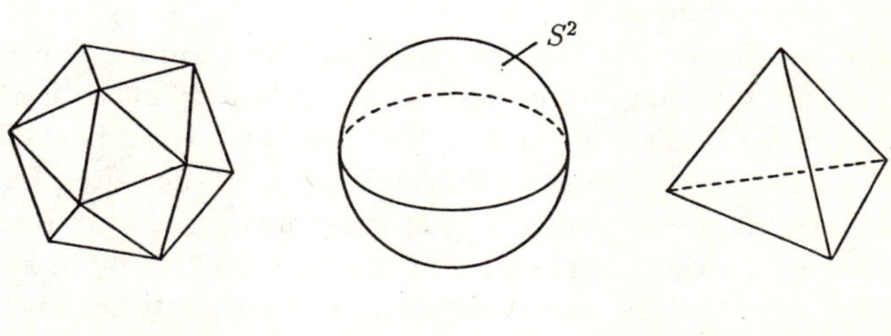

Ikosaederoberfläche P_1: $a_0+a_1+a_2 = 12-30+20 = 2$

$\chi(S^2) = 2$

Tetraederoberfläche P_2: $a_0 + a_1 + a_2 = 4 - 6 + 4 = 2$

Sei P ein endliches Polyeder im $\mathbb{R}^n$, bestehend aus a_0 Ecken, a_1 Kanten, a_2 zweidimensionalen "Seiten" usw. (auf die genaue

Definition brauchen wir jetzt nicht einzugehen), dann heißt

$$\chi(P) := \sum_{i=0}^{n} (-1)^i a_i$$

die ***Eulerzahl*** des Polyeders P, und es gilt der nichttriviale Invarianzsatz: *Die Eulerzahl ist eine Homöomorphieinvariante.* Damit haben wir natürlich sofort auch eine Homöomorphieinvariante für alle topologischen Räume X, die zu endlichen Polyedern homöomorph sind: $\chi(X)$ ist die nach dem Invarianzsatz für alle zu X homöomorphen Polyeder gleiche Eulerzahl. Wie kann man solche Invarianten zum Lösen geometrischer Probleme anwenden? Dazu ein Beispiel. Wir betrachten die beiden Flächen X und Y:

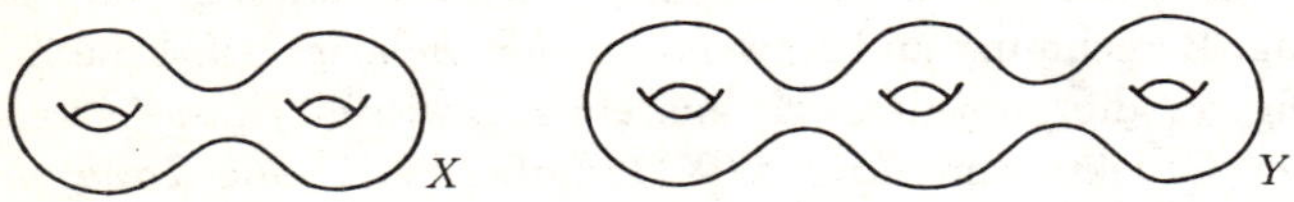

Sind X und Y homöomorph? Beide sind kompakt und zusammenhängend, auch Hausdorffsch natürlich: so primitiv können wir sie also nicht unterscheiden, und daß unsere Versuche scheitern, einen Homöomorphismus zu konstruieren, beweist schon gleich gar nichts. Aber irgendwie sollte doch $X \not\cong Y$ aus $2 \neq 3$ folgen!? So ist es auch, denn die Berechnung der Eulercharakteristik ergibt: $\chi(X) = -2$, aber $\chi(Y) = -4$. Also können X und Y nicht homöomorph sein, qed.

Andere Homöomorphieinvarianten, die etwa um die Jahrhundertwende, vor Einführung des modernen Standpunkts bekannt waren, sind z.B. die sogenannten "Betti-Zahlen" b_i und die "Torsionskoeffizienten". Die Betti-Zahlen hängen mit der alten Eulercharakteristik durch $\chi = \sum(-1)^i b_i$ zusammen, aber zwei Räume können die gleiche Eulerzahl haben und sich doch in ihren Betti-Zahlen unterscheiden, in diesem Sinne sind die Betti-Zahlen "feiner", und man kann mehr damit anfangen.

In der *modernen* Auffassung ist Algebraische Topologie die *Erfindung, Berechnung und Anwendung von Funktoren von "geometrischen" Kategorien* (wie z.B. $\mathcal{T}op$, $\mathcal{D}ifftop$, ...) *in "algebraische" Kategorien* (wie z.B. die Kategorie der Gruppen, der Ringe ...).

Ein grundlegendes Beispiel, das bei der Herausbildung des modernen Standpunktes den Weg erleuchtete, ist die "Homologie": Zu jedem $k \geq 0$ hat man den (covarianten) k-dimensionalen Homologiefunktor H_k von der topologischen Kategorie in die Kategorie der abelschen Gruppen. Mit der Zeit wuchs auch die Fertigkeit im Erfinden geeigneter Funktoren, es sind heute sehr viele, teils co- teils kontravariante algebraisch-topologische Funktoren im Gebrauch, und insbesondere muß man sich den etwas vagen Begriff "geometrische" Kategorie sehr weit gefaßt vorstellen. Auch z.B. die Analysis gibt Anlaß, "geometrische" Objekte und Kategorien zu untersuchen (Komplexe Räume und Mannigfaltigkeiten, Riemannsche Flächen usw.), und abgesehen davon, daß man mit dem Vergißfunktor in die topologische Kategorie gehen kann und so die dort definierten Funktoren erreicht:

$$\begin{array}{c}\textit{Kategorie der kom-}\\ \textit{plexen Räume}\end{array} \xrightarrow{\text{“Vergiß”}} \mathscr{T}\!op \xrightarrow{\text{z.B. } H_k} \begin{array}{c}\textit{Kategorie der abel-}\\ \textit{schen Gruppen}\end{array}$$

(was man auch tut!), abgesehen davon also, konstruiert die komplexe Analysis auch direkt Funktoren aus "komplex analytischen" Kategorien in algebraische, und zwar mittels analytischer Methoden. Diese analytisch definierten Funktoren sind oft "feiner" als die topologischen, weil sie die komplexe Struktur eben nicht "vergessen".

Was nützen nun alle diese Funktoren? — Nun, zunächst wollen wir notieren, daß die Funktoraxiome "Invarianz" im folgenden Sinne implizieren: Ist H ein Funktor und $f : X \to Y$ ein Isomorphismus, so ist auch $H(f) : H(X) \to H(Y)$ (bzw. $H(Y) \to H(X)$, im kontravarianten Fall) ein Isomorphismus, denn ist g der zu f inverse Morphismus, so ist offenbar auch $H(g)$ zu $H(f)$ invers. Insbesondere impliziert $X \cong Y$ allemal $H(X) \cong H(Y)$: Diesen "Invarianzsatz" erhält man kostenlos mit jedem Funktor mitgeliefert, und man kann die Isomorphieklassen dieser algebraischen Objekte ganz wie numerische Invarianten zur Unterscheidung der geometrischen Objekte benutzen. In der Tat erhält man auch die klassischen Invarianten als Invarianten jener algebraischen Objekte, zum Beispiel ist die i-te Betti-Zahl der Rang der i-ten Homologiegruppe: $b_i(X) = \text{rg}H_i(X)$, und $\chi(X) = \sum_{i=0}^{\infty}(-1)^i \text{rg}H_i(X)$ usw. — Das zeigt zunächst einmal, daß die modernen Funktoren nicht schlechter als die klassischen

Invarianten sind. Die moderne Auffassung von Algebraischer Topologie hat aber in der Tat große Vorzüge vor der älteren, und von diesen Vorzügen soll jetzt noch die Rede sein.

Daß die algebraischen Objekte $H(X)$ im allgemeinen mehr Information enthalten als die Invarianten, daß sie Unterscheidungen zwischen geometrischen Objekten ermöglichen, für die uns die Invarianten nur ein kahles "∞" entgegenhalten oder gar nicht mehr erklärt sind — ich eile darüber hinweg, um gleich zum Kern der Sache zu kommen, und dieser ist: Die Funktoren geben nicht nur Informationen über die geometrischen Objekte, sondern auch über die geometrischen Morphismen, über die Abbildungen! Ein Beispiel soll illustrieren, was das bedeutet.

Oft reduziert sich ein geometrisches Problem auf die Frage, ob eine gegebene stetige, surjektive Abbildung $\pi : X \to Y$, von der man etwa schon weiß, daß sie nicht injektiv ist und die deshalb sicher kein Inverses besitzt, einen ***Schnitt*** zuläßt, d.h. eine stetige Abbildung $\sigma : Y \to X$ mit $\pi \circ \sigma = \mathrm{Id}_Y$.

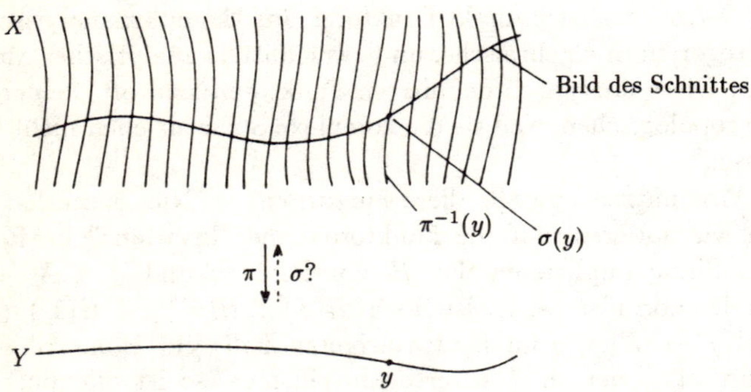

Dem analogen Problem begegnet man auch in vielen anderen Kategorien, es handelt sich eben allgemein gesprochen darum, von einem Morphismus $\pi : X \to Y$ zu entscheiden, ob er ein "Rechtsinverses" hat, d.h. einen Morphismus $\sigma : Y \to X$ mit $\pi \circ \sigma = 1_Y$. Nehmen wir zum Beispiel einmal an, daß π eine stetige surjektive Abbildung von S^3 auf S^2 ist. Kann π einen Schnitt haben? Sie sehen, daß es gar nichts hilft, Invarianten für S^2 und S^3 auszurechnen, denn ob diese gleich oder verschieden ausfallen, tut nichts zur Sache. Ganz anders, wenn wir einen geeigneten Funktor anwenden: Gibt es ein σ, so daß die Zusammensetzung

$$S^2 \xrightarrow{\sigma} S^3 \xrightarrow{\pi} S^2$$

die Identität ist, so muß nach den Funktoraxiomen auch die Zusammensetzung

$$H(S^2) \xrightarrow{H(\sigma)} H(S^3) \xrightarrow{H(\pi)} H(S^2)$$

die Identität $1_{H(S^2)}$ sein. Aber zum Beispiel für die 2-dimensionale Homologie gilt $H_2(S^2) \cong \mathbb{Z}$ und $H_2(S^3) = 0$, also müßte die Zusammensetzung

$$\mathbb{Z} \xrightarrow{H(\sigma)} 0 \xrightarrow{H(\pi)} \mathbb{Z}$$

die Identität auf $\mathbb{Z}$ sein, was offenbar unmöglich ist: Keine Abbildung von S^3 nach S^2 kann einen Schnitt besitzen.

Das war nun ein einfaches Anwendungsbeispiel, aber typisch für die Überlegenheit des funktoriellen Standpunkts in allen Fragen, die mit Abbildungen zu tun haben. Aber selbst wenn man nur das Interesse an den geometrischen Objekten selbst ins Auge faßt, so hätte auch da die ältere Auffassung von der Algebraischen Topologie nicht weiter gedeihen können, denn die Erkenntnisse über Räume und Abbildungen hängen so stark wechselweise voneinander ab, daß jede einseitig auf die Räume konzentrierte Entwicklung in eine Sackgasse führen muß.

5.7 Wozu Homotopie?

Nach all den Vorbereitungen kann ich nun eine vernünftige Antwort auf diese Frage geben, und zwar will ich zwei miteinander zusammenhängende Hauptgründe für den Nutzen des Homotopiebegriffes anführen. Der erste ist die *Homotopieinvarianz* der meisten algebraisch-topologischen Funktoren. Ein auf der topologischen Kategorie definierter Funktor H heißt ***homotopieinvariant***, wenn aus $f \simeq g$ stets $H(f) = H(g)$ folgt. Man könnte von solchen Funktoren auch sagen, daß sie eigentlich schon auf der Homotopiekategorie erklärt sind, ihre Anwendung auf $\mathcal{T}op$ geschieht durch Zusammensetzung mit dem kanonischen Funktor, also $\mathcal{T}op \to \mathcal{H}top \xrightarrow{H} \mathcal{A}$. Aus den Funktoraxiomen folgt natürlich auch sofort, daß ein homotopieinvarianter Funktor homotopieäquivalenten Räumen isomorphe Objekte zuordnet: $X \simeq Y$ impliziert $H(X) \cong H(Y)$. Auch auf anderen Kategorien als $\mathcal{T}op$ kann man, mit geeignet modifiziertem Homotopiebegriff, von homotopieinvarianten Funktoren sprechen, und wie gesagt viele, wenn auch nicht alle Funktoren der Algebraischen Topologie haben diese Eigenschaft. — Das ist auch nicht unplausibel, denn Homotopieinvarianz bedeutet, daß für jede Homotopie h die Morphismen $H(h_t)$ von t nicht abhängen, was wegen der Zusammenhangseigenschaft des Intervalls $[0,1]$ auch nicht mehr heißt, als daß $H(h_t)$ in Bezug auf t *lokal* konstant ist, und in dieser Form: "Bei genügend kleinen Deformationen einer Abbildung ändert sich der zugeordnete algebraische Morphismus nicht" liegt die Homotopieinvarianz in der Natur von vielen Zuordnungen, welche kontinuierliche Vorgänge in algebraische vergröbern. — Schon gut, aber warum ist das so wichtig? Nun, *weil die Berechenbarkeit der Funktoren zu einem großen Teil darauf beruht*! Der beste Funktor nützt nichts, wenn man ihn gar nicht berechnen kann. Die Definition direkt anzuwenden ist meist zu kompliziert, aber wenn man wegen Homotopieinvarianz zu homotopen Abbildungen und homotopieäquivalenten Räumen übergehen darf, kann man die Aufgabe oft drastisch vereinfachen. — Tatsächlich führt man explizite Berechnungen direkt nach der Definition nur für ein paar ganz einfache Standard-Räume durch (wie etwa für den einpunktigen Raum, für S^1 oder dergl.) und verfährt dann nach "Gesetzen", unter denen eben die Homotopieinvarianz eines der wichtigsten ist (andere sind z.B. Mayer-Vietoris-Prinzip, lange exakte Folgen, Spektralsequenzen).

Der zweite Hauptgrund für die Nützlichkeit des Homotopiebegriffs ist die Möglichkeit, manche geometrische Probleme auf Homotopieprobleme zu "reduzieren". — Wenn wir einen algebraisch-topologischen Funktor auf eine geometrische Situation, d.h. auf alle darin vorkommenden Räume und Abbildungen anwenden, dann erhalten wir im allgemeinen ein stark vergröbertes, vereinfachtes, aber eben deshalb durchschaubares algebraisches "Abbild" der geometrischen Situation. Für die Eigenschaften der geometrischen Daten erhält man daher im algebraischen Abbild nur notwendige Bedingungen, z.B.: Wenn $f : X \to Y$ ein Rechtsinverses hat, dann auch $H(f) : H(X) \to H(Y)$, aber umgekehrt kann man meist nicht schließen, der Funktor gibt nicht alle wesentlichen Züge des geometrischen Problems wieder, sondern nur einen Aspekt. Die Homotopiekategorie steht nun gewissermaßen zwischen den Extremen topologischer Undurchschaubarkeit und algebraischer Übersimplifizierung. Einerseits ist sie ziemlich "fein" und steht der topologischen Kategorie nahe, wie ja auch die Homotopieinvarianz so vieler Funktoren zeigt. Deshalb sind die homotopischen Bedingungen zuweilen wirklich hinreichend, und das ursprüngliche topologische Problem kann gelöst werden, wenn sein Abbild in der Homotopiekategorie gelöst werden kann. Andererseits ist die Homotopiekategorie doch grob und algebraisch genug, um Berechnungen nicht völlig unzugänglich zu sein. Es gibt, anschaulich gesagt, viel weniger Homotopieklassen als Abbildungen und $[X, Y]$ ist deshalb bis zu einem gewissen Grade überschaubar, z.B.: Es gibt viele und komplizierte geschlossene Kurven $S^1 \to \mathbb{C}\setminus 0$, aber $[S^1, \mathbb{C}\setminus 0] \cong \mathbb{Z}$ ("Umlaufszahl"). Ein wichtiges Hilfsmittel für die algebraische Handhabbarkeit der Homotopiekategorie sind die sogenannten "Homotopiegruppen" eines topologischen Raumes, und ich will den großen Redefluß einmal unterbrechen, um deren Definition hierher zu setzen, wozu ein klein wenig Notation gebraucht wird, nämlich: Unter einem Raum mit Basispunkt versteht man einfach ein Paar (X, x_0) aus einem topologischen Raum X und einem Punkt $x_0 \in X$. Was basispunkterhaltende stetige Abbildungen $(X, x_0) \to (Y, y_0)$ sind, ist dann wohl klar, und ebenso was unter basispunkterhaltender Homotopie zwischen solchen Abbildungen zu verstehen sein wird. Die Menge solcher Homotopieklassen werde mit $[(X, x_0), (Y, y_0)]$ bezeichnet. Ist nun N ein fester Punkt der n-Sphäre $S^{n \geq 1}$, etwa der Nordpol, dann ist $\pi_n(X, x_0) := [(S^n, N), (X, x_0)]$ in einer gewissen, gleich noch zu erläuternden Weise eine Gruppe (abelsch für $n \geq 2$) und heißt die n-te Homotopiegruppe von (X, x_0). — Am bequemsten läßt sich die Gruppenverknüpfung hinschreiben, wenn man die n-Sphäre als den Quotientenraum $I^n/\partial I^n$ auffaßt, der aus dem Würfel $I^n := [0,1]^n$ durch Zusammenschlagen des Randes $\partial I^n := \{(x_1, \ldots, x_n) \in I^n \mid$ mindestens eines der x_i ist 0 oder 1$\}$ zu einem Punkt entsteht (erinnere $D^n/S^{n-1} \cong S^n$ aus 3.6, wegen $D^n \cong I^n$ ergibt sich analog auch $I^n/\partial I^n \cong S^n$). Wähle also ein für allemal einen Homöomorphismus $I^n/\partial I^n \cong S^n$, der den Punkt ∂I^n auf den Nordpol abbildet. Dann sind die stetigen Abbildungen $(S^n, N) \to (X, x_0)$ gerade die stetigen Abbildungen $I^n \to X$, die ganz ∂I^n auf x_0 abbilden. Sind nun α, β zwei solche Abbildungen, so definieren sie in naheliegender Weise eine Abbildung von $[0,2] \times [0,1]^{n-1} \to X$, die auf der linken Hälfte durch α und auf der rechten durch β gegeben ist, und wenn wir noch eine Abbildung $I^n \to [0,2] \times I^{n-1}$ davorschalten, die den ersten Faktor um das Doppelte streckt, so repräsentiert

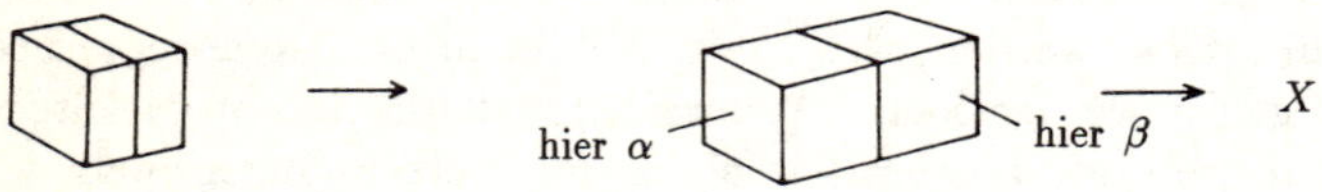

die Zusammensetzung wieder ein Element von $\pi_n(X, x_0)$, und dieses, so definiert man, soll die Verknüpfung $[\alpha][\beta]$ der Elemente $[\alpha], [\beta] \in \pi_n(X, x_0)$ sein. (Vgl. z.B. [11], S. 5).

Diese Mittelstellung der Homotopie zwischen Topologie und Algebra, sage ich den Faden wieder aufnehmend, hat es möglich gemacht, bedeutende geometrische Probleme erst in Homotopieprobleme umzuformulieren und dann mittels homotopietheoretischem Kalkül ganz oder teilweise zu lösen. Diese Dinge gehen nun freilich so weit über das hinaus, was man mit den Mitteln und auf dem Niveau des gegenwärtigen Buches beweisen könnte, daß hier darüber zu reden ein kritischer Betrachter für Frevel halten mag. Doch das soll mich nicht anfechten; *ein* Beispiel nenn' ich Ihnen um Ihrer nun schon angeregten Phantasie einige Nahrung zu geben.

Zwei n-dimensionale, kompakte unberandete differenzierbare Mannigfaltigkeiten M_1 und M_2 heißen "bordant", wenn es eine

$(n+1)$-dimensionale kompakte *berandete* Mannigfaltigkeit W gibt, deren Rand die disjunkte Summe von M_1 und M_2 ist:

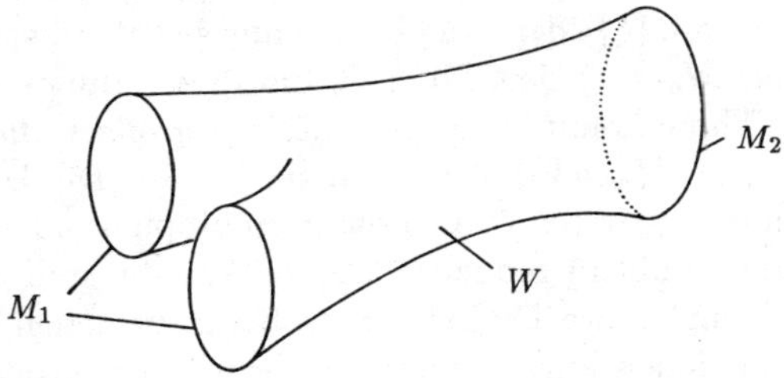

"Bordant" ist eine Äquivalenzrelation, und die Äquivalenzklassen, die "Bordismusklassen", bilden mit der durch disjunkte Vereinigung erklärten Verknüpfung eine abelsche Gruppe $\mathfrak{N}_n$. Problem: Man bestimme diese Gruppe. — Dieses Problem zu lösen hieße, die Klassifikation der n-dimensionalen Mannigfaltigkeiten bis auf Bordismus auszuführen. Nun ist Bordismus im Vergleich zur Diffeomorphie zwar eine grobe Relation, aber die Differentialtopologie hat allen Grund, auch gröbere Klassifikationen willkommen zu heißen, denn über die Diffeomorphieklassifikation der höherdimensionalen Mannigfaltigkeiten ist bis heute noch wenig bekannt, und zu der Zeit, in der unsere Geschichte spielt, Anfang der 50iger Jahre, wußte man darüber gar nichts. Überdies ist die Bordismusrelation nicht so grob wie sie auf den ersten Blick aussehen mag, sie erhält einige wichtige Eigenschaften der Mannigfaltigkeiten, und jedenfalls hat sich die Bordismusklassifikation in der Folgezeit als sehr fruchtbar und nützlich erwiesen.

Ein nicht gerade zugänglich aussehendes Problem, in Abwesenheit jeglicher Art Überblick über die höherdimensionalen Mannigfaltigkeiten! René Thom hat es 1954 mit homotopietheoretischen Mitteln gelöst. Ich will das Resultat (vgl. [18]) hier nicht hinschreiben, die $\mathfrak{N}_n$ sind jedenfalls gewisse endliche abelsche Gruppen, sehr verschieden für verschiedene n und in keiner Weise durch geometrische Intuition zu erraten. Worüber ich aber noch ein Wort sagen möchte, das ist die Homotopie-Fassung des Problems. In 3.4 war von der Graßmann-Mannigfaltigkeit $O(k+n)/O(k) \times O(n)$ die Rede gewesen, deren Punkte die k-dimensionalen Untervektorräume des $\mathbb{R}^{n+k}$ sind. Über dieser

Mannigfaltigkeit gibt es ein kanonisches k-dimensionales Vektorraumbündel ("Graßmannbündel"), die Faser über einem "Punkt" $\xi \subset \mathbb{R}^{n+k}$ ist eben dieser k-dimensionale Vektorraum ξ selbst (oder genauer $\xi \times \{\xi\}$, denn die Fasern müssen alle disjunkt sein). Es bezeichne $M_nO(k)$ den Thom-Raum dieses Bündels (vgl. 3.6 Beispiel 5). Thom konnte beweisen, *daß für große k die Homotopiegruppe $\pi_{n+k}(M_nO(k))$ isomorph zu $\mathfrak{N}_n$ ist.* Die Berechnung dieser Homotopiegruppe ist also das Homotopieproblem, auf das das Bordismenproblem reduziert werden konnte; und dieses Homotopieproblem konnte Thom lösen, wobei er die neuen Methoden benutzte, mit denen kurz vorher J.P. Serre einen großen Durchbruch in der bis dahin lange stagnierenden Homotopietheorie erreicht hatte. — Ich hätte große Lust, jetzt die "Pontrjagin-Thom-Konstruktion" zu schildern, mit deren Hilfe Thom die Umwandlung des Bordismenproblems in ein Homotopieproblem vorgenommen hat, und zu erzählen, wie diese Konstruktion mit der Konstruktion von Pontrjagin (1938) und diese mit einer noch älteren von Hopf (1926) zusammenhängt — ein sehr interessantes und lehrreiches Detail aus der Entwicklung der modernen Topologie. Aber ich widerstehe für diesmal der Versuchung, damit das Buch, das sich hier ohnehin schon bedenklich ausbeult, nicht am Ende noch platzt.

6 Die beiden Abzählbarkeitsaxiome

6.1 Erstes und Zweites Abzählbarkeitsaxiom

Dieses kurze Kapitel knüpft wieder direkt an die Grundbegriffe an. Wir erinnern uns: Eine Menge $\mathfrak{B}$ von offenen Mengen in X heißt eine Basis der Topologie von X, wenn *jede* offene Menge Vereinigung von Mengen aus $\mathfrak{B}$ ist. Diesem Begriff stellen wir jetzt noch den der "Umgebungsbasis" zur Seite:

Definition (Umgebungsbasis): Sei X ein topologischer Raum, $x_0 \in X$. Eine Menge $\mathfrak{U}$ von Umgebungen von x_0 heißt Umgebungsbasis von x_0, wenn in jeder Umgebung von x_0 eine Umgebung aus $\mathfrak{U}$ steckt.

BEISPIEL: Die Menge aller Umgebungen von x_0 ist natürlich eine Umgebungsbasis (uninteressant). Aber: Sei $X = \mathbb{R}^n$. Die Menge der Kugeln $K_{\frac{1}{n}}(x_0)$ vom Radius $\frac{1}{n}$, $n = 1, 2, \ldots$ um x_0 bildet eine (abzählbare!) Umgebungsbasis von x_0.

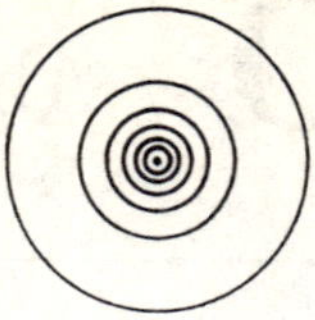

Definition (Abzählbarkeitsaxiome): Ein topologischer Raum erfüllt das *Erste Abzählbarkeitsaxiom*, wenn jeder Punkt eine abzählbare Umgebungsbasis besitzt. Er erfüllt das *Zweite Abzählbarkeitsaxiom*, wenn er eine abzählbare Basis der Topologie besitzt.

Offenbar ist das zweite das stärkere Axiom; denn die x_0 enthaltenden Mengen einer abzählbaren Basis bilden ersichtlich eine abzählbare Umgebungsbasis von x_0. — Beide Axiome haben die Eigenschaft, sich auf Teilräume zu übertragen. — Der $\mathbb{R}^n$ und mithin alle seine Teilräume erfüllen die beiden Axiome (Die Kugeln mit rationalem Radius und rationalen Mittelpunktskoordinaten bilden eine abzählbare Basis der Topologie). — Metrisierbare Räume erfüllen jedenfalls stets wenigstens das Erste Abzählbarkeitsaxiom: Ist d eine Metrik, so bilden die Kugeln $K_{\frac{1}{n}}(x_0)$ bezüglich d eine abzählbare Umgebungsbasis von x_0.

Um den Unterschied zwischen den beiden Axiomen besser einzusehen, wollen wir einige Beispiele von Räumen betrachten, die zwar das erste, aber nicht das zweite erfüllen. Die überabzählbaren diskreten Räume, die ja offenbar diese Eigenschaft haben, sind zwar selber nicht gerade interessante topologische Räume, aber beim Aufsuchen besserer Beispiele ist nützlich zu beachten

Notiz: *Hat ein topologischer Raum einen überabzählbaren diskreten Teilraum, so kann er das Zweite Abzählbarkeitsaxiom nicht erfüllen.*

BEISPIEL 1: Sei $C(\mathbb{R})$ der Banachraum der beschränkten stetigen Funktionen auf $\mathbb{R}$ mit der Supremumsnorm. Dann erfüllt $C(\mathbb{R})$ als metrischer Raum das Erste, aber er erfüllt nicht das Zweite Abzählbarkeitsaxiom.

Beweis: Definiere zu jeder reellen Zahl in Dezimalbruchentwicklung x eine stetige beschränkte Funktion f_x, die bei $n \in \mathbb{Z}$ als Wert die n-te Dezimale nach dem Komma hat.

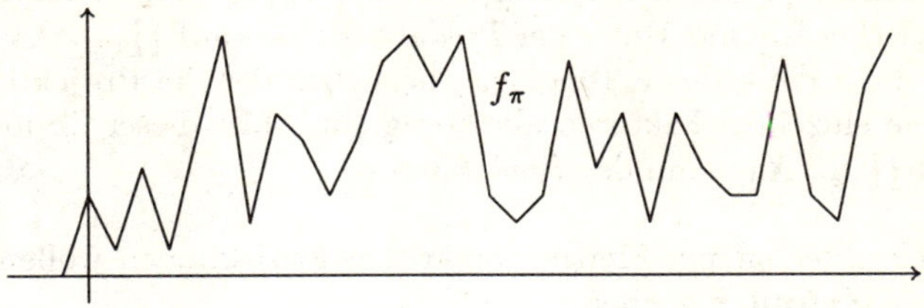

Dann ist jedenfalls $\|f_x - f_y\| \geq 1$ für $x \neq y$, und deshalb ist $\{f_x \mid x \in \mathbb{R}\}$ ein überabzählbarer diskreter Teilraum von $C(\mathbb{R})$, also kann $C(\mathbb{R})$ das Zweite Abzählbarkeitsaxiom nicht erfüllen.

Beispiel 2: Sei H ein "nichtseparabler" Hilbertraum, d.h. einer in dem keine abzählbare Hilbert-Basis existiert. Eine Hilbert-Basis $\{e_\lambda\}_{\lambda \in \Lambda}$ hat dann also eine überabzählbare Indexmenge, und wegen $\|e_\lambda - e_\mu\| = \sqrt{2}$ für $\lambda \neq \mu$ folgt wie oben, daß H das Zweite Abzählbarkeitsaxiom nicht erfüllt, wohl aber als metrischer Raum das Erste.

6.2 Unendliche Produkte

Wir wollen natürlich auch einen topologischen Raum sehen, der keines der beiden Abzählbarkeitsaxiome erfüllt, und ich nehme die Frage zum Anlaß, hier ein erstes Mal über Produkte beliebig vieler topologischer Räume zu sprechen, die uns dann im Kapitel 10 wieder beschäftigen werden. – Unter dem ***Produkt*** $\prod_{\lambda \in \Lambda} X_\lambda$ einer Familie $\{X_\lambda\}_{\lambda \in \Lambda}$ von Mengen versteht man die Menge der Familien $\{x_\lambda\}_{\lambda \in \Lambda}$ von Elementen mit $x_\lambda \in X_\lambda$ für alle $\lambda \in \Lambda$, also $\prod_{\lambda \in \Lambda} X_\lambda := \{\{x_\lambda\}_{\lambda \in \Lambda} \mid x_\lambda \in X_\lambda\}$. Ist $\mu \in \Lambda$ ein fester Index, so ist durch $\{x_\lambda\}_{\lambda \in \Lambda} \mapsto x_\mu$ die Projektion $\pi_\mu : \prod_{\lambda \in \Lambda} X_\lambda \to X_\mu$ auf den μ-ten Faktor definiert. x_μ heißt auch die μ-te Komponente des Punktes $\{x_\lambda\}_{\lambda \in \Lambda} \in \prod_{\lambda \in \Lambda} X_\lambda$. Für $\Lambda = \{1, \ldots, n\}$ schreibt man statt $\{x_\lambda\}_{\lambda\in\{1,\dots,n\}}$ natürlich besser $(x_1,\dots,x_n)$, und dann gehen die obigen Notationen in die vertrauteren der endlichen kartesischen Produkte $X_1\times\dots\times X_n$ über.

Definition (Produkttopologie): Sei $\{X_\lambda\}_{\lambda\in\Lambda}$ eine Familie topologischer Räume. Unter der *Produkttopologie* auf $\prod_{\lambda\in\Lambda} X_\lambda$ versteht man die gröbste Topologie, bezüglich der die Projektionen auf die einzelnen Faktoren alle stetig sind. Mit dieser Topologie heißt $\prod_{\lambda\in\Lambda} X_\lambda$ dann der *Produktraum*.

Die Urbilder offener Mengen unter den Projektionen wollen wir ***offene Zylinder*** nennen,

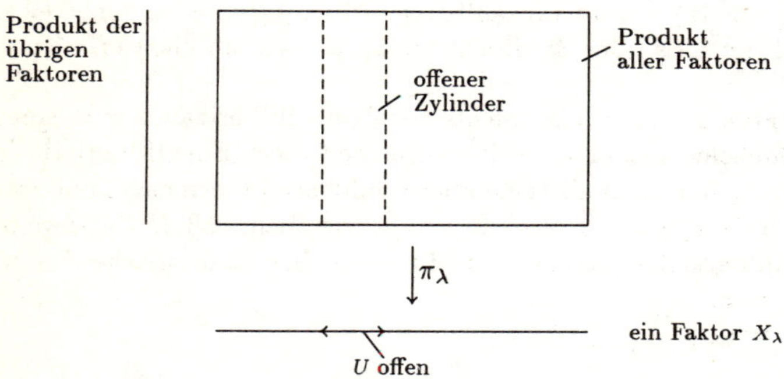

und die Durchschnitte von je endlich vielen offenen Zylindern sollen ***offene Kästchen*** heißen. Dann bilden also die offenen Zylinder eine Subbasis $\{\pi_\lambda^{-1}(U)\mid\lambda\in\Lambda, U\subset X_\lambda \text{ offen}\}$ der Produkttopologie, und die offenen Kästchen eine Basis

$$\{\pi_{\lambda_1}^{-1}(U_1)\cap\dots\cap\pi_{\lambda_r}^{-1}(U_r)\mid\lambda_1\dots\lambda_r\in\Lambda, U_i\subset X_{\lambda_i} \text{ offen}\}.$$

Man kann also auch sagen: Eine Teilmenge des Produktes ist offen in der Produkttopologie, wenn sie mit jedem Punkt auch ein offenes Kästchen um diesen Punkt enthält. – Sind die Faktoren alle gleich, d.h. $X_\lambda = X$ für alle $\lambda\in\Lambda$, dann schreibt man statt $\prod_{\lambda\in\Lambda} X$ auch gern X^Λ. Die Elemente von X^Λ sind also einfach die (beliebigen) Abbildungen $\Lambda\to X$. – Nun wenden wir uns wieder den Abzählbarkeitsaxiomen zu:

BEISPIEL 1: Ist Λ überabzählbar und jedes X_λ nichttrivial (was nur heißt, daß es außer $\varnothing$ und X_λ wenigstens noch eine andere offene Menge hat), dann erfüllt der Produktraum $\prod_{\lambda \in \Lambda} X_\lambda$ nicht das Erste und also auch erst recht nicht das Zweite Abzählbarkeitsaxiom.

Beweis: Zu jedem λ wähle eine offene Menge U_λ in X_λ, die weder $\varnothing$ noch ganz X_λ ist, und wähle ein $x_\lambda \in U_\lambda$. Wenn der Punkt $\{x_\lambda\}_{\lambda \in \Lambda}$ eine abzählbare Umgebungsbasis hätte, dann sogar eine aus offenen Kästchen. Aber an abzählbar vielen Kästchen können überhaupt nur abzählbar viele λ "beteiligt" sein. Wähle ein unbeteiligtes λ. Dann steckt in $\pi_\lambda^{-1}(U_\lambda)$ keines jener Kästchen, Widerspruch. □

BEISPIEL 2: Ein ∞-dimensionaler Hilbertraum mit der schwachen Topologie (d.h. der gröbsten, in der die linearen Funktionale, hier also die Abbildungen $\langle v, ..\rangle : H \to \mathbb{K}$, $v \in H$, noch stetig bleiben) erfüllt nicht das Erste Abzählbarkeitsaxiom. –

Dies folgt ähnlich wie in Beispiel 1, und zwar auch im separablen Fall, weil H dann zwar eine abzählbare Hilbert-Basis, aber keine abzählbare Vektorraumbasis hat. Vgl. [15], S. 379.

6.3 Die Rolle der Abzählbarkeitsaxiome

Das Erste Abzählbarkeitsaxiom hat mit der *Konvergenz von Folgen* zu tun. – Statt "es gibt ein n_0, so daß $x_n \in U$ für alle $n \geq n_0$" wollen wir sagen: "die Folge $(x_n)_{n \geq 1}$ bleibt schließlich in U", weniger weil es kürzer, als weil es suggestiver ist. – Ist $f : X \to Y$ stetig und $\lim x_n = a$ in X, dann ist $\lim f(x_n) = f(a)$ in Y: eine wohlbekannte Tatsache und völlig trivial, denn ist U eine Umgebung von $f(a)$, dann auch $f^{-1}(U)$ von a, also bleibt die Folge schließlich in $f^{-1}(U)$ und daher die Bildfolge in U. Ist speziell X ein Teilraum von $\mathbb{R}^n$, so kennen wir auch die Umkehrung: $f : X \to Y$ ist *genau dann* stetig, wenn jede konvergente Folge in eine gegen das Bild des Limes konvergierende Folge übergeht. Diese Charakterisierung der Stetigkeit ("Folgenstetigkeit", könnte man sagen) gilt aber nicht für alle Räume: Die richtige Konvergenz der Bildfolgen ist im allgemeinen nicht hinreichend für die Stetigkeit, und dafür wollen wir zuerst einmal ein Beispiel anschauen.

BEISPIEL: Es sei X die Menge der stetigen Funktionen $[0,1] \to [-1,1]$, versehen mit der Produkttopologie, d.h. mit der Topologie als Teilraum $X \subset [-1,1]^{[0,1]} = \prod_{\lambda \in [0,1]} [-1,1]$. Als Menge ist das also dasselbe wie die Einheitskugel im Banachraum $C[0,1]$, aber wir betrachten eine ganz andere Topologie. Was bedeutet dann Konvergenz in X, was bedeutet überhaupt Konvergenz in einem Produktraum? Eine Folge in $\prod_{\lambda \in \Lambda} X_\lambda$ konvergiert genau dann gegen a, wenn sie in jedem offenen Kästchen um a schließlich bleibt, und deshalb auch genau dann, wenn sie in jedem offenen Zylinder um a schließlich bleibt: Also genau dann, wenn sie komponentenweise gegen a konvergiert. Die Konvergenz in unserem als Beispiel gewählten Funktionenraum X ist also nichts anderes, als die gewöhnliche punktweise Konvergenz: $\lim \varphi_n = \varphi$ heißt $\lim \varphi_n(\lambda) = \varphi(\lambda)$ für alle $\lambda \in [0,1]$. – Jede stetige Funktion auf dem Intervall $[0,1]$ ist natürlich erst recht quadratintegrierbar, und so haben wir eine kanonische Abbildung $X \to L^2[0,1]$, $\varphi \mapsto \varphi$, von X in den Hilbertraum der quadratintegrierbaren Funktionen auf $[0,1]$. Diese Abbildung nun ist folgenstetig, wie z.B. sofort aus dem Lebesgueschen Konvergenzsatz folgt, sie ist aber nicht stetig. Denn sonst müßte es zu jedem $\varepsilon > 0$ ein offenes Kästchen K um die Null in $[-1,1]^{[0,1]}$ geben, so daß $\int_0^1 \varphi^2 dx < \varepsilon$ für alle $\varphi \in K \cap X$, aber in K zu liegen ist überhaupt nur eine Bedingung über die Werte von φ an gewissen endlich vielen Stellen in $[0,1]$, und eine solche Bedingung kann nicht verhindern, daß $\int_0^1 \varphi^2 dx$ beliebig nahe an 1 ist.

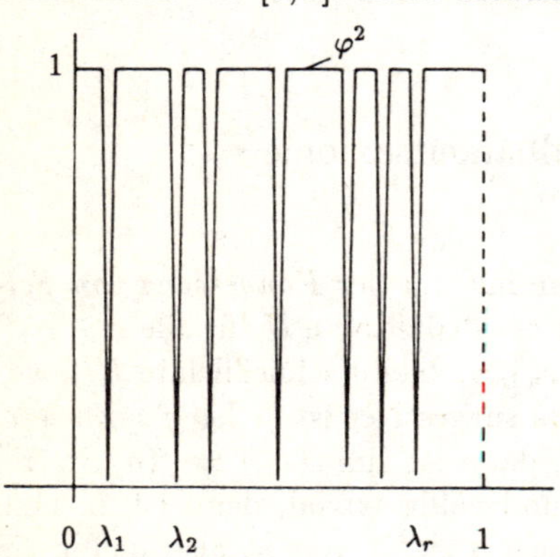

Soweit also unser Beispiel einer folgenstetigen, aber nicht stetigen Abbildung. Es gilt jedoch:

Bemerkung 1: Erfüllt X das Erste Abzählbarkeitsaxiom und ist Y ein beliebiger topologischer Raum, so ist eine Abbildung $f : X \to Y$ genau dann stetig, wenn sie folgenstetig ist.

Beweis: Sei also f folgenstetig, $a \in X$ und U eine Umgebung von $f(a)$. Zu zeigen: Es gibt eine Umgebung V von a mit $f(V) \subset U$. Angenommen, kein V erfülle diese Bedingung, insbesondere nicht die endlichen Durchschnitte $V_1 \cap \cdots \cap V_n$ aus den V_i einer abzählbaren Umgebungsbasis von a. Wähle $x_n \in V_1 \cap \cdots \cap V_n$ mit $f(x_n) \notin U$. Dann konvergiert $(x_n)_{n \geq 1}$ gegen a, denn in jeder Umgebung von a steckt ein V_i, und $x_n \in V_i$ für alle $n \geq i$. Aber natürlich konvergiert die Bildfolge nicht gegen $f(a)$, sie betritt ja dessen Umgebung U überhaupt nicht. Widerspruch zur Folgenstetigkeit von f. □

Wichtiger als die Folgenstetigkeit ist vielleicht der Begriff der *Folgenkompaktheit*, und auch dabei spielt das Erste Abzählbarkeitsaxiom ein entscheidende Rolle.

Definition: Ein topologischer Raum X heißt ***folgenkompakt***, wenn jede Folge in X eine konvergente Teilfolge hat.

Oft wünschte man sich, kompakt und folgenkompakt wäre dasselbe, sei es daß man konvergente Teilfolgen braucht, sei es daß man umgekehrt über Folgen besser Bescheid weiß als über offene Überdeckungen, wie es besonders in Funktionenräumen leicht der Fall sein kann. Die Begriffe sind aber nicht dasselbe, ja ganz allgemein folgt weder das eine aus dem anderen, noch das andere aus dem einen. Anstatt dafür Beispiele zu geben, will ich diesmal einen Literaturhinweis einschalten, und zwar: Seien $\mathcal{A}$ und $\mathcal{B}$ zwei topologische Eigenschaften, von denen Sie gern wissen möchten, ob "$\mathcal{A} \Rightarrow \mathcal{B}$" gilt, und nehmen wir an, es sei Ihnen zu mühsam oder zu unzuverlässig oder einfach zu langweilig, sich das selbst zu überlegen. Dann nehmen Sie natürlich ein Topologiebuch zur Hand, suchen im Register die Stichworte $\mathcal{A}$ und $\mathcal{B}$ auf, und wenn $\mathcal{A} \Rightarrow \mathcal{B}$ wirklich gilt, so werden Sie es sehr wahrscheinlich als Lemma ausgesprochen finden. Wenn aber $\mathcal{A} \Rightarrow \mathcal{B}$ *nicht* gilt, dann stehen die Chancen schlechter – im allgemeinen; aber es gibt ein Buch, das gerade für solche Fälle exzellent ist, nämlich L.A. Steen und J.A. Seebach, *Counterexamples in Topology* [17]. Darin sind

143 Beispiele z.T. ziemlich seltsamer topologischer Räume einzeln beschrieben, und am Schluß finden Sie eine "Reference Chart", eine große Tabelle, worauf für jedes dieser Beispiele und für jede von 61 (!) topologischen Eigenschaften sofort zu sehen ist, ob das Beispiel die Eigenschaft hat oder nicht.

GENERAL REFERENCE CHART

Nr. des Beispiels im Text	T_0	T_1	T_2	$T_{2\frac{1}{2}}$	T_3	$T_{3\frac{1}{2}}$	T_4	T_5	Urysohn	Semiregular	Regular	Completely Regular	Normal	Completely Normal	Perfectly Normal	Compact	σ-Compact	Lindelöf	Countably Compact	Sequentially Compact	Weak. Count. Compact	Pseudocompact	Locally Compact	Strong Loc. Compact	σ-Locally Compact	Separable	Second Countable	First Countable	Count. Chain Cond.	Paracompact
1	1	1	1	1	1	1	1	1	1	1	1	1	1	1	1	1	1	1	1	1	1	1	1	1	1	1	1	1	1	1
2	1	1	1	1	1	1	1	1	1	1	1	1	1	1	1	0	1	1	0	0	0	0	1	1	1	1	1	1	1	1
3	1	1	1	1	1	1	1	1	1	1	1	1	1	1	1	0	0	0	0	0	0	0	1	1	0	0	0	1	0	1
4	0	0	0	0	1	1	1	1	0	0	0	0	0	0	0	1	1	1	1	1	1	1	1	1	1	1	1	1	1	1
5																														
6	0	0	0	0	1	1	1	1	0	0	0	0	0	0	0	0	1	1	0	0	1	0	1	1	1	1	1	1	1	1
7																														
8	1	0	0	0	0	0	0	0	0	0	0	0	0	0	0	1	1	1	1	1	1	1	1	1	1	1	1	1	1	1
9	1	0	0	0	0	0	0	0	0	0	0	0	0	0	0	0	1	1	0	0	0	1	1	0	1	1	1	1	1	0

Nun brauchen Sie nur die Spalten für $\mathcal{A}$ und $\mathcal{B}$ zu inspizieren, und insbesondere finden Sie, um nun wieder zurück zu unserem Thema zu kommen, Beispiele kompakter aber nicht folgenkompakter und Beispiele folgenkompakter aber nicht kompakter Räume. Es gilt jedoch

Bemerkung 2: Erfüllt ein kompakter Raum das Erste Abzählbarkeitsaxiom, so ist er auch folgenkompakt.

Beweis: Sei $(x_n)_{n\geq 1}$ eine Folge in X. Zunächst nur die Kompaktheit von X ausnutzend bemerken wir, daß es einen Punkt $a \in X$ geben muß, so daß die Folge in jede Umgebung von a unendlich oft hineintappt, denn sonst hätte jeder Punkt x eine offene Umgebung U_x, die von der Folge nur endlich oft getroffen wird, und wegen $X = U_{x_1} \cup \cdots \cup U_{x_r}$ wüßte die Folge schließlich gar nicht mehr, wo sie den Fuß hinsetzen soll. – Hat nun a eine abzählbare Umgebungsbasis $\{V_i\}_{i\geq 1}$, so können wir offenbar eine Teilfolge $\{x_{n_k}\}_{k\geq 1}$ mit $x_{n_k} \in V_1 \cap \cdots \cap V_k$ wählen, und diese konvergiert dann gegen a. $\square$

Bemerkung 3: Für metrische Räume sind die Begriffe "kompakt" und "folgenkompakt" sogar gleichbedeutend.

Beweis: Sei also X ein folgenkompakter metrischer Raum und $\{U_\lambda\}_{\lambda\in\Lambda}$ eine offene Überdeckung, die keine endliche Teilüberdeckung hat. Wir wollen daraus einen Widerspruch ableiten. – Zu jedem $x \in X$ wählen wir ein $\lambda(x)$ so, daß x nicht nur in $U_{\lambda(x)}$ enthalten ist, sondern sogar ziemlich tief darin steckt, nämlich: Der Radius r der größten offenen Kugel um x, die noch in $U_{\lambda(x)}$ enthalten ist, sei entweder größer als 1 oder doch so groß, daß die Kugel vom Radius $2r$ um x in keiner der Überdeckungsmengen mehr enthalten ist. Offenbar ist es möglich, $\lambda(x)$ so zu wählen. – Jetzt wählen wir eine Folge $(x_n)_{n\geq 1}$ induktiv mit $x_{n+1} \notin U_{\lambda(x_1)} \cup \cdots \cup U_{\lambda(x_n)}$. Beachte, daß nun der Abstand eines Folgengliedes x_i zu jedem seiner Nachfolger entweder größer als 1 oder aber so groß ist, daß die Kugel um x_i mit dem doppelten Abstand als Radius in keine der Überdeckungsmengen paßt. Sei nun a der Limes einer Teilfolge und $1 > r > 0$, so daß $K_r(a) \subset U_{\lambda(a)}$. Dann müßte die Teilfolge schließlich sogar in $K_{\frac{r}{5}}(a)$ bleiben, aber dort wären die Folgenglieder enger zusammengepfercht als nach Konstruktion möglich, Widerspruch. □

Soviel über das Erste Abzählbarkeitsaxiom. Wo begegnet man dem Zweiten? An einer ganz prominenten Stelle, nämlich in der Definition des Begriffes "Mannigfaltigkeit": Eine n-dimensionale topologische Mannigfaltigkeit ist ein Hausdorffraum, der lokal zu $\mathbb{R}^n$ homöomorph ist *und das Zweite Abzählbarkeitsaxiom erfüllt.* In einer Reihe von mathematischen Disziplinen sind die Studienobjekte topologische Mannigfaltigkeiten mit Zusatzstrukturen, so z.B. in der Differentialtopologie, in der Riemannschen Geometrie, der Theorie der Liegruppen, der Theorie der Riemannschen Flächen, u.a., und in weiteren Gebieten sind die Objekte mannigfaltigkeitsähnliche Gebilde, z.B. komplexe Räume, von denen ebenfalls das Zweite Abzählbarkeitsaxiom gefordert wird. ([10], S. 18). So kann man sagen, daß das Zweite Abzählbarkeitsaxiom zu den Grundaxiomen des größten Teils der modernen Geometrie und Topologie gehört. – Bei der bloßen Definition des Mannigfaltigkeitsbegriffes ist noch nicht abzusehen, weshalb es gefordert wird. Bald wird aber seine technische Bedeutung klar. Es ermöglicht nämlich, zu jeder offenen Überdeckung $\{U_\lambda\}_{\lambda \in \Lambda}$, insbesondere zu jeder Familie offener Umgebungen $\{U_x\}_{x \in X}$, stets eine abzählbare Teilüberdeckung zu finden, und das braucht man für die vielen induktiven Konstruktionen und Beweise, bei denen man von den lokalen Kenntnissen (lokal homöomorph zu $\mathbb{R}^n$!) ausgeht und von $U_{x_1} \cup \cdots \cup U_{x_r}$ zu $U_{x_1} \cup \cdots \cup U_{x_r} \cup U_{x_{r+1}}$ fortschreitet. Das Zweite Abzählbarkeitsaxiom ist aber nicht nur eine technische Bequemlichkeit; würde man es streichen, so wären in der Differentialtopologie z.B. die Metrisierbarkeit der Mannigfaltigkeiten, die Whitneyschen Einbettungssätze, der Satz von Sard usw. nicht mehr richtig. – Nun, das allein wäre natürlich noch kein Grund, die Räume ganz außer acht zu lassen, welche das Zweite Abzählbarkeitsaxiom nicht erfüllen, aber sonst ganz wie Mannigfaltigkeiten aussehen. Vielleicht sind die ja ganz besonders interessant? Das scheint aber nicht der Fall zu sein, und jedenfalls fehlt es an positiven Gründen, um deretwillen man solche "Mannigfaltigkeiten" studieren sollte.

Zum Schlusse dieses Kapitels will ich noch eine Art "Drittes Abzählbarkeitsaxiom" erwähnen, dem man manchmal begegnet, und zwar die Separabilität.

Definition: Ein topologischer Raum heißt ***separabel***, wenn er eine abzählbare dichte Teilmenge enthält.

Diese Eigenschaft ist von ziemlich anderer Natur als das 1. und 2. Abzählbarkeitsaxiom, indem sie sich nicht auf Teilräume zu vererben braucht: $\mathbb{R}^2$ mit den abgeschlossenen Viertelebenen

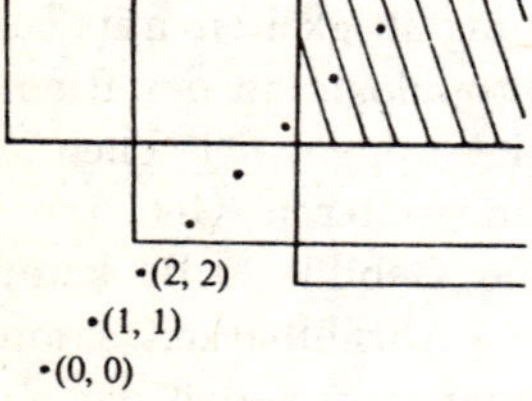

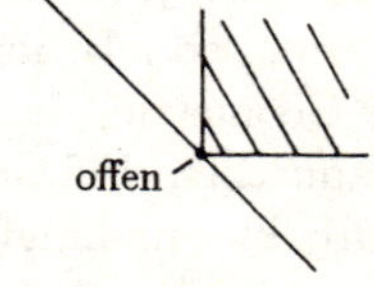

$(x, y) + \mathbb{R}^2_{++}$ als Subbasis (übrigens sogar Basis) einer neuen Topologie ist ein separabler Raum, es ist ja z.B. $\{(n, n) \mid n \in \mathbb{N}\}$

dicht darin; aber andererseits ist die "Gegendiagonale" $x + y = 0$ ein überabzählbarer diskreter Teilraum, also nicht separabel. Na ja, werden Sie sagen, das ist aber auch ein sehr pathologisches Beispiel. Zugegeben! Aber in "vernünftigen" Räumen, z.B. in metrischen, ist der Begriff entbehrlich, denn metrische Räume sind genau dann separabel, wenn sie das 2. Abzählbarkeitsaxiom erfüllen.

In jedem Falle impliziert das 2. Abzählbarkeitsaxiom die Separabilität, und in Hilberträumen nimmt der Begriff den Sinn an, in dem wir ihn dort schon mehrfach verwendet haben: Existenz einer abzählbaren Hilbert-Basis.

7 CW-Komplexe

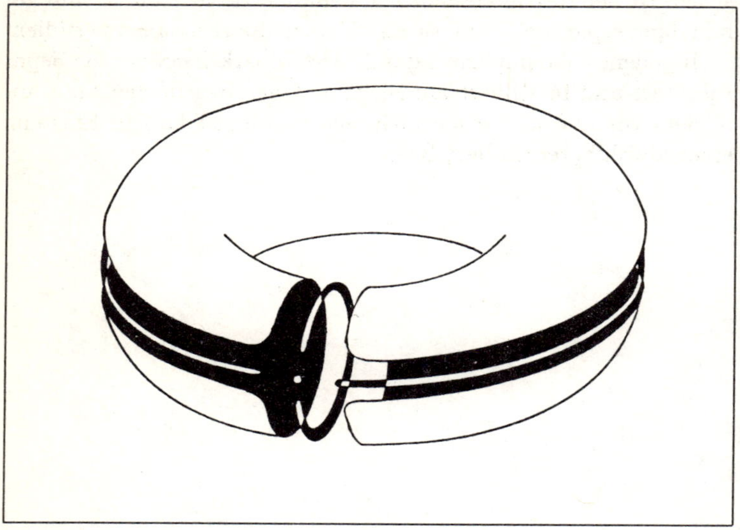

7.1 Simpliziale Komplexe

Bevor wir zu den CW-Komplexen selbst kommen, möchte ich etwas über deren Vorläufer, die *simplizialen* Komplexe erzählen.

Die Sprache der Mengentheoretischen Topologie gestattet es, zahlreiche und auf den ersten Blick sehr unterschiedliche Probleme bündig und einheitlich zu formulieren und sie einer gemeinsamen anschaulichen Vorstellung zu unterwerfen. Zur anschließenden *Lösung* dieser Probleme trägt die Mengentheoretische Topologie im engeren Sinne ziemlich wenig bei. Die weitaus meisten Problemlösemethoden kommen aus der Algebraischen Topologie. Das wurde auch schon sehr früh erkannt, und es war von Anfang (d.h. etwa von der Jahrhundertwende) an ein Hauptbestreben der Topologen, die algebraisch-topologische Maschinerie zu entwickeln. Klassische Lehrbücher der Topologie wie etwa Seifert-Threlfall, *Lehrbuch der Topologie* (1934) und Alexandroff-Hopf, *Topologie I* (1935) enthalten überwiegend Algebraische Topologie, und die Trennung der Topologie in "Mengentheoretische" einerseits und "Algebraische" andererseits wurde erst nach dem Zweiten Weltkrieg durch die Fülle des Materials bewirkt.

Die Algebraische Topologie, darf man wohl sagen, beginnt mit den Simplices:

Definition (Simplices): Unter einem *k-dimensionalen Simplex* oder *k-Simplex* im $\mathbb{R}^n$ verstehen wir die konvexe Hülle $s(v_0, \ldots, v_k)$ von $k+1$ Punkten in allgemeiner Lage.

Die konvexe Hülle von $v_0, \ldots, v_k$ ist bekanntlich die Menge $\{\sum_{i=0}^k \lambda_i v_i \mid \lambda_i \geq 0 \text{ und } \lambda_0 + \cdots + \lambda_k = 1\}$, und "allgemeine Lage" heißt, daß $(v_1 - v_0, \ldots, v_k - v_0)$ linear unabhängig ist.

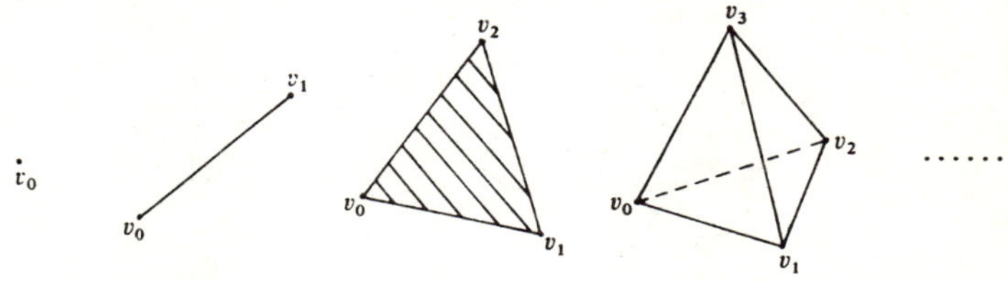

0-Simplex (Punkt) 1-Simplex (Strecke) 2-Simplex (Dreiecksfläche) 3-Simplex ((volles) Tetraeder) "usw."

Sprechweise: Die konvexe Hülle einer Teilmenge von $\{v_0, \ldots v_k\}$ heißt ein Teilsimplex oder eine "Seite" von $s(v_0, \ldots, v_k)$:

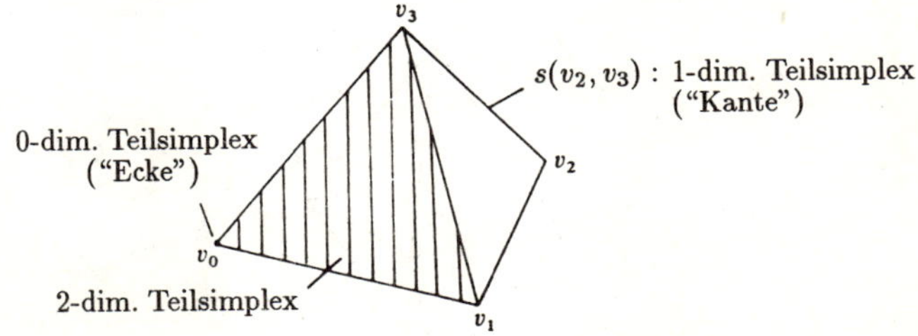

Definition (Simplizialer Komplex oder Polyeder): Eine Menge K von Simplices im $\mathbb{R}^n$ heißt ein ***simplizialer Komplex*** oder ein ***Polyeder***, wenn folgende drei Bedingungen erfüllt sind:

(i): Mit jedem seiner Simplices enthält K auch dessen sämtliche Teilsimplices.

(ii): Der Durchschnitt von je zwei Simplices von K ist entweder leer oder ein gemeinsames Teilsimplex.

(iii): (Falls K unendlich ist:) K ist lokal endlich, d.h. jeder Punkt des $\mathbb{R}^n$ hat eine Umgebung, die nur endlich viele der Simplices von K trifft.

Die Simplices dürfen also nicht wüst durcheinanderstechen,

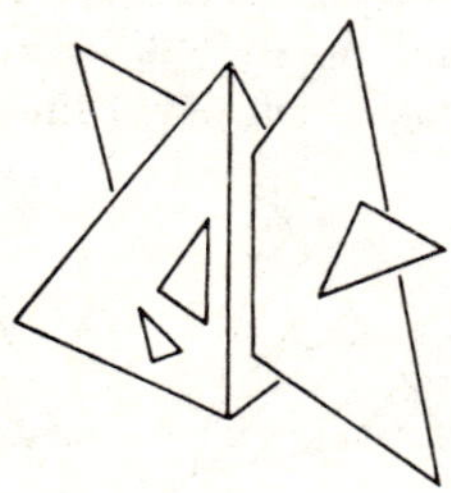

sondern müssen hübsch ordentlich aneinanderpassen. Hier sind ein paar Beispiele:

(1) Oktaederfläche; das Polyeder besteht aus acht 2-Simplices (und deren Seiten). Eine "simpliziale Version" der 2-Sphäre.

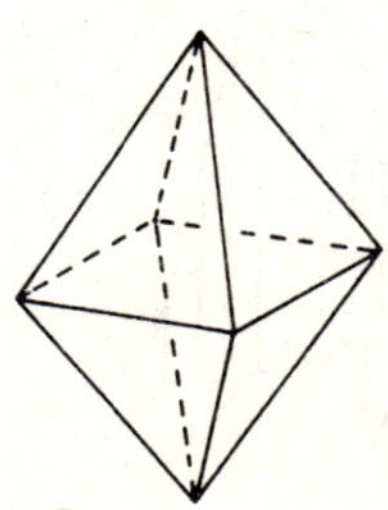

(2) Ein "simplizialer Torus":

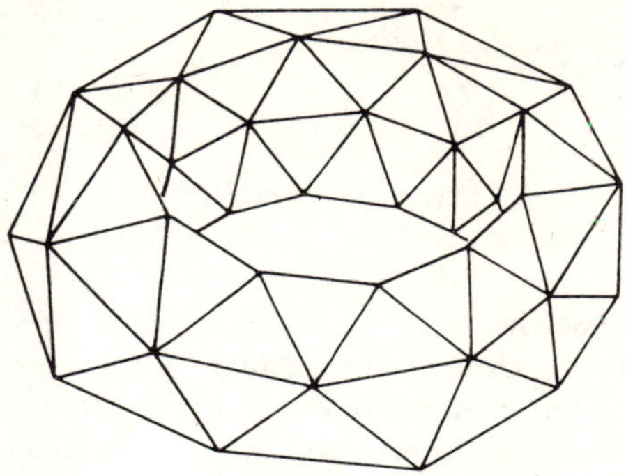

(3) Ein simpliziales Möbiusband:

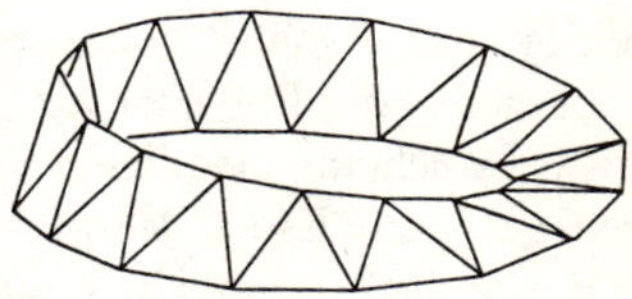

(4) Ein simpliziales Phantasiegebilde, das nur daran erinnern soll, daß die Simplices auch noch auf allgemeinere Weise zusammenstoßen dürfen, als in den ersten drei etwas spezielleren Beispielen:

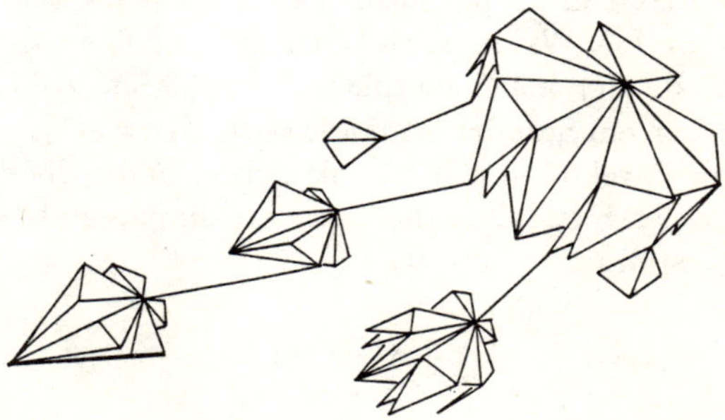

Definition: Die Vereinigung $|K| := \bigcup_{s \in K} s \subset \mathbb{R}^n$ aller Simplices eines Polyeders K heißt der dem Polyeder ***zugrunde liegende*** topologische Raum.

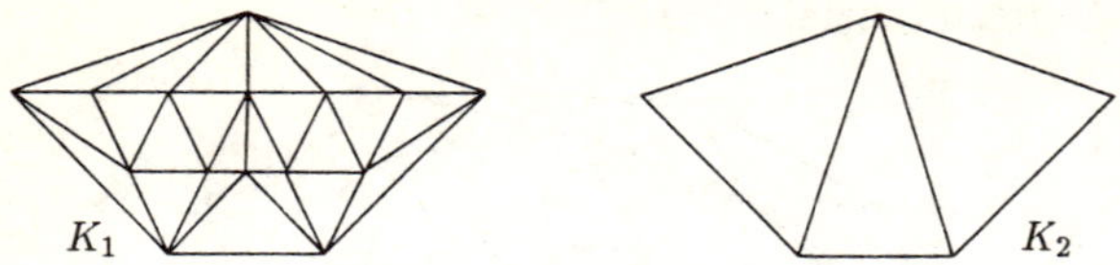

$|K_1| = |K_2|$, aber $K_1 \neq K_2$

Es ist ja klar, welcher Unterschied zwischen K und $|K|$ besteht, aber Sie können sich denken, daß man nicht so pedantisch sein wird, diesen Unterschied in Notation und Sprechweise fortwährend zu betonen: Man wird laxerweise von einem Polyeder $\subset \mathbb{R}^n$ sprechen (und ein $|K|$ meinen) und im nächsten Augenblick von dessen Simplices reden (und nun K meinen). Natürlich kann man das nicht immer so machen.

Soviel zum Begriff. Was aber soll's? Vom topologischen Standpunkt aus gesehen definieren die Polyeder als Teilräume des $\mathbb{R}^n$ zunächst nur eine, wie es scheint ziemlich spezielle Menge von Beispielen topologischer Räume. Es hat jedoch mit den Polyedern eine ganz besondere Bewandtnis, nämlich: Kennt man von einem endlichen Polyeder nur die Anzahl der wesentlichen Simplices (d.h. solcher, die nicht schon als Seiten größerer Simplices in K vorkommen) in jeder Dimension, und weiß man von je zwei solcher Simplices, welche Ecken und damit welche Seiten sie gemeinsam haben ("Simplex-Zahlen und Inzidenzen"), so kennt man $|K|$ bis auf Homöomorphie. Wie nämlich konstruiert man aus diesen Angaben einen zu $|K|$ homöomorphen Raum? Man wählt sich in jeder Dimension ein Standardsimplex, etwa $\Delta_k := s(e_1, \ldots, e_{k+1})$ mit den Einheitsvektoren in $\mathbb{R}^{k+1}$ als Ecken, bildet die disjunkte Summe so vieler Exemplare der Standardsimplices als die Simplexzahlen bestimmen:

$$X = (\Delta_0 + \cdots + \Delta_0) + \cdots + (\Delta_n + \cdots + \Delta_n)$$

und identifiziert entsprechende Seiten nach Vorschrift der Inzidenzangaben: Dann haben wir eine stetige Bijektion von dem (kompakten!) Quotientenraum $X/\sim$ auf den Hausdorffraum $|K|$, also einen Homöomorphismus.

Beispiel: Konstruktion des Oktaeders aus acht 2-Simplices:

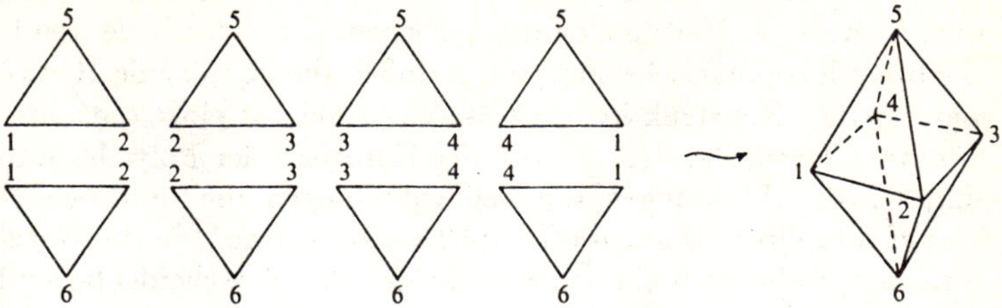

Ersichtlich liefern uns Simplexzahlen und Inzidenzangaben mehr als den bloßen Homöomorphietyp von $|K|$, wir kennen dann natürlich $|K|$ sogar bis auf Homöomorphismen, die Simplices affin auf Simplices abbilden. Aber *noch* mehr natürlich nicht, und man beachte insbesondere, daß sich die Lage von $|K|$ im Raume nicht aus Simplexzahlen und Inzidenzen ermitteln läßt, auch nicht "im Wesentlichen", wie folgendes Beispiel zeigen soll:

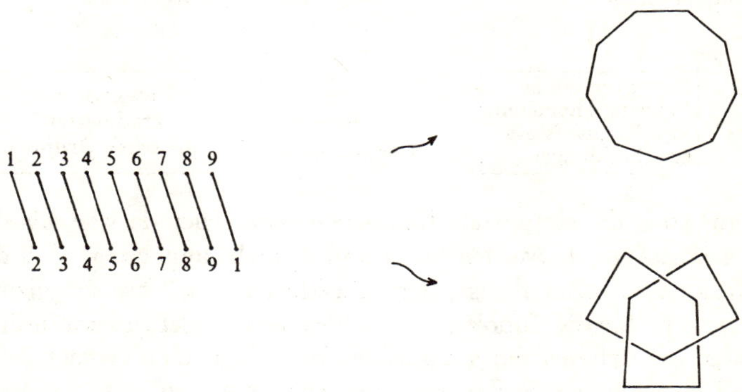

Aber kehren wir von diesen Beispielen zur Hauptlinie unseres Themas zurück. Geht man von einem topologischen Raum zu den Simplexanzahlen und Inzidenzen eines dazu homöomorphen Polyeders über, so hat man zwar noch keine topologischen Invarianten, *aber die Gewißheit, alle topologischen Invarianten im Prinzip aus diesen Daten berechnen zu können*, denn man kann ja bis auf Homöomorphie den Raum daraus rekonstruieren. Diese Beobachtung steht gewissermaßen am Anfang der Algebraischen

Topologie, und jahrzehntelang gingen alle Bemühungen in die davon gewiesene Richtung. Was sich schließlich herauskristallisierte war, in heutiger Terminologie gesprochen, der erste bedeutende algebraisch-topologische Funktor, nämlich die simpliziale Homologie. Seiner Konstruktion nach ist das zunächst ein covarianter Funktor $H_* = (H_0, H_1, \dots)$ von der Kategorie der Polyeder und simplizialen Abbildungen, d.h. der Abbildungen, die Simplices affin auf Simplices abbilden ("Simpliziale Kategorie") in die Kategorie der graduierten abelschen Gruppen. Das Entscheidende sind aber Invarianzsätze, aus denen hervorgeht, daß H_* einen (ebenfalls H_* bezeichneten) Funktor auf der Kategorie der zu Polyedern homöomorphen Räume und stetigen Abbildungen definiert:

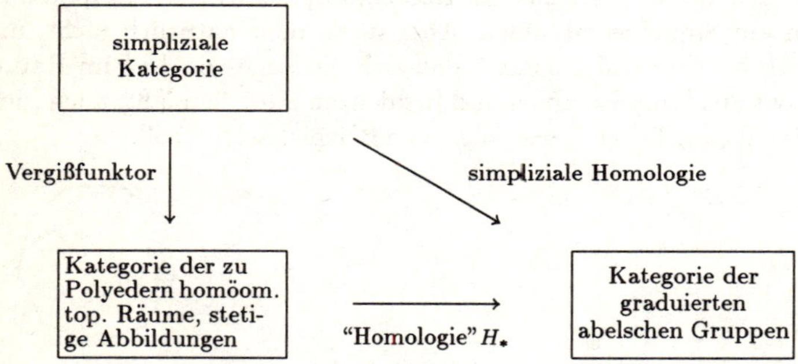

Wenn auch die simpliziale Homologie etwas eher da war, als die Invarianzsätze, so werden Sie trotzdem nicht annehmen, daß die Invarianz ein "Zufall" ist, der "glücklicherweise" die simpliziale Homologie für die Topologie brauchbar macht. Selbstverständlich hatten die Erfinder der simplizialen Homologie eine geometrische Intuition von der Sache, die von Anfang an auf die topologische Invarianz abzielte. – Nun, das war ein Anfang. Heute sind viele andere Funktoren hinzugekommen, und auch die Homologie selbst reicht heute viel weiter und ist eleganter geworden ("Computing homology with simplicial chains is like computing integrals $\int_a^b f(x)dx$ with approximating Riemann sums", A. Dold, Lectures on Algebraic Topology, 1972, S. 119). Einen Raum aus einfacheren Bestandteilen aufzubauen (wie hier aus Simplices) ist aber nach wie vor oft sehr nützlich, nur benutzt man anstelle der simplizialen

Komplexe heute meist CW-Komplexe, gewissermaßen "Polyeder der zweiten Generation", die viel flexibler und praktischer sind. Was CW-Komplexe sind, ihre Grundeigenschaften, inwiefern sie besser als Polyeder sind und weshalb man sie erst nach den Polyedern erfinden konnte, will ich in den nachfolgenden Paragraphen erklären.

7.2 Zellenzerlegungen

Unter einer *Zerlegung* einer Menge X, um doch daran zu erinnern, versteht man eine Menge paarweise disjunkter nichtleerer Teilmengen von X, deren Vereinigung ganz X ist: jedes Element von X liegt also in genau einer dieser Mengen. Ein topologischer Raum heißt eine *n-Zelle*, wenn er zu $\mathbb{R}^n$ homöomorph ist; und eine *Zellenzerlegung* $\mathcal{E}$ eines topologischen Raumes X ist, wie der Name sagt, eine Zerlegung von X in Teilräume, welche Zellen sind. - Ein zellenzerlegter Raum $(X, \mathcal{E})$ heißt ein CW-Komplex, wenn er gewisse Axiome erfüllt. Doch davon im nächsten Paragraphen; erst wollen wir uns ein wenig an Zellen und Zellenzerlegungen gewöhnen. - - Da der $\mathbb{R}^0$ nur aus einem Punkt besteht, sind die 0-Zellen gerade die einpunktigen Räume. Die offene Vollkugel $\mathring{D}^n$ und die punktierte n-Sphäre $S^n \smallsetminus \text{pt}$ sind bekanntlich homöomorph zu $\mathbb{R}^n$ und deshalb n-Zellen ($S^n \smallsetminus \text{pt} \xrightarrow{\cong} \mathbb{R}^n$ durch stereographische, $\mathbb{R}^n \xleftarrow{\cong} S^n_- \xrightarrow{\cong} \mathring{D}^n$ durch Zentral- und Orthogonalprojektion).

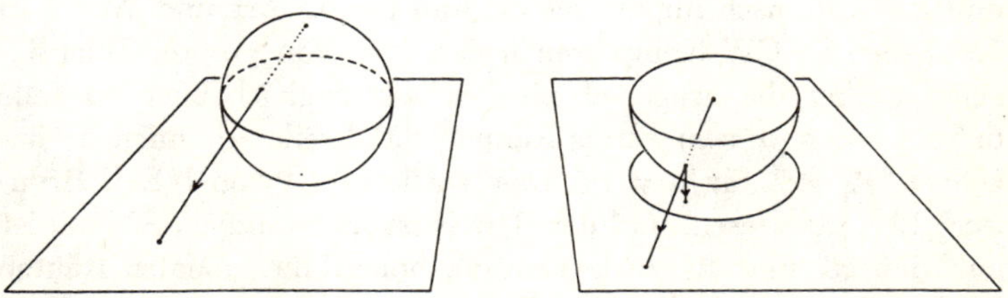

Mit einer stetigen positiven Funktion $r : S^{n-1} \to \mathbb{R}$ als "Strekkungsfaktor" erhält man durch $0 \mapsto 0$ und $x \mapsto r(\frac{x}{\|x\|}) \cdot x$ einen Homöomorphismus von $\mathbb{R}^n$ auf sich, der also insbesondere $\mathring{D}^n$ auf eine n-Zelle abbildet, z.B.:

ein einfaches Verfahren, welches uns genug Zellen liefert. In der Tat ist aber sogar jede offene sternförmige Teilmenge des $\mathbb{R}^n$ eine n-Zelle, was am besten mit Hilfe des Flusses eines geeigneten radialen Vektorfeldes bewiesen wird.

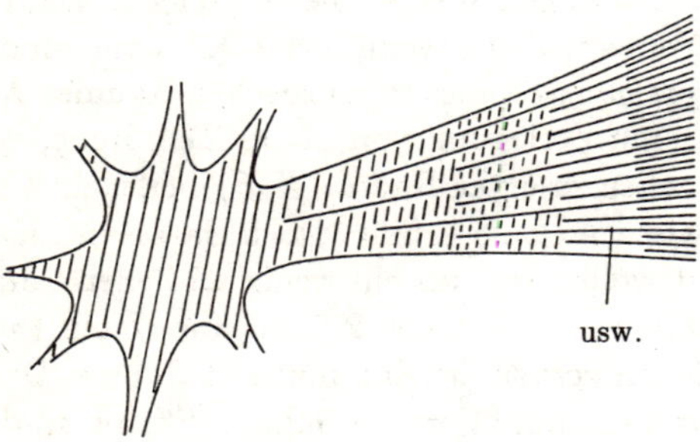

Dies aber wirklich nur am Rande bemerkt, und eigentlich sollte ich Ihre Aufmerksamkeit gar nicht auf solche Ungeheuer lenken, denn Zelle ist zwar Zelle, aber wie diese hier im $\mathbb{R}^2$ liegt, ist ganz und gar untypisch für die schöne und propre Art und Weise, in der Zellen in CW-Komplexen liegen. – – Von größter Wichtigkeit ist aber die Frage, ob eine n-Zelle zugleich auch m-Zelle für ein $m \neq n$ sein kann. Kann nicht! beeile ich mich zu sagen: $\mathbb{R}^n \not\cong \mathbb{R}^m$ für $n \neq m$. Das wurde zuerst von L.E.J. Brouwer (1911) bewiesen, und der Beweis ist nicht einfach. Trivial ist nur, daß $\mathbb{R}^0$ und $\mathbb{R}^1$ zu keinem der höherdimensionalen Räume $\mathbb{R}^n$ homöomorph sind ($\mathbb{R}^1$ verliert als einziger $\mathbb{R}^n$ seinen Zusammenhang, wenn man einen Punkt herausnimmt). Der Beweis wird aber sehr einfach, wenn man etwas Algebraische Topologie heranziehen darf: Wäre $\mathbb{R}^n \cong \mathbb{R}^m$, dann auch $\mathbb{R}^n \smallsetminus 0 \cong \mathbb{R}^m \smallsetminus 0$, also $S^{n-1} \simeq \mathbb{R}^n \smallsetminus 0 \cong \mathbb{R}^m \smallsetminus 0 \simeq S^{m-1}$, und wegen der Homotopieinvarianz der Homologie folgt daraus $H_{n-1}(S^{n-1}) \cong H_{n-1}(S^{m-1})$. Aber $H_k(S^i) \cong \mathbb{Z}$ für $i = k > 0$ und Null für $i \neq k > 0$, also folgt $n = m$. □

Das ist übrigens auch wirklich ein "ehrlicher" Beweis, denn in die Herleitung der benutzten Hilfsmittel geht der Brouwersche Satz nirgends ein. – Wir dürfen also stets von *der* Dimension einer Zelle sprechen.

Soviel über die Zellen als einzelne Wesen. Sehen wir uns nun nach einigen Beispielen von Zellenzerlegungen um. Jeder simpliziale Komplex K definiert in kanonischer Weise eine Zellenzerlegung von $|K|$, und zwar: Die Vereinigung der echten Teilsimplices eines Simplex' s nennt man dessen ***Rand*** ∂s, und $s \smallsetminus \partial s$ heißt das zu s gehörige ***offene Simplex***. Die offenen Simplices sind Zellen, und die sämtlichen offenen Simplices eines Polyeders K bilden eine Zellenzerlegung von $|K|$. Ein paar andere Beispiele:

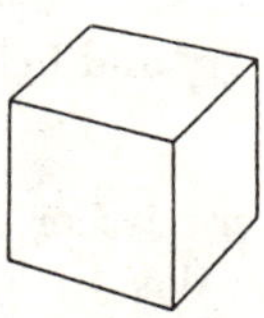

X = Würfeloberfläche, kanonisch zerlegt in acht 0-Zellen, zwölf 1-Zellen und sechs 2-Zellen

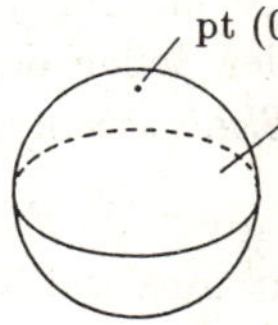

$X = S^n$, zerlegt in zwei Zellen

Das sind sehr brave Beispiele. Ungehindert durch Axiome könnten wir natürlich einen Raum auch so zerlegen, daß wir z.B. einige ziemlich wild darin liegende paarweise disjunkte Zellen auswählen (wie etwa der obige "Stern" in $\mathbb{R}^2$) und die übrigen Punkte zu Nullzellen der Zerlegung erklären. Mit solchen Zerlegungen kann man aber gar nichts Vernünftiges anfangen, und wir wollen uns nun den "CW-Axiomen" zuwenden.

7.3 Der Begriff des CW-Komplexes

Definition (CW-Komplex): Ein Paar $(X, \mathcal{E})$, bestehend aus einem Hausdorffraum X und einer Zellenzerlegung $\mathcal{E}$ von X heißt ***CW-Komplex***, wenn folgende drei Axiome erfüllt sind:

AXIOM 1 ("CHARAKTERISTISCHE ABBILDUNGEN"): Zu jeder n-Zelle $e \in \mathcal{E}$ gibt es eine stetige Abbildung $\Phi_e : D^n \to X$, welche $\mathring{D}^n$ homöomorph auf die Zelle e und S^{n-1} in die Vereinigung der höchstens $(n-1)$-dimensionalen Zellen abbildet.
AXIOM 2 ("HÜLLENENDLICHKEIT"): Die abgeschlossene Hülle $\bar{e}$ jeder Zelle $e \in \mathcal{E}$ trifft nur endlich viele andere Zellen.
AXIOM 3 ("SCHWACHE TOPOLOGIE"): $A \subset X$ ist genau dann abgeschlossen, wenn jedes $A \cap \bar{e}$ abgeschlossen ist.

Der Begriff wurde 1949 von J.H.C. Whitehead eingeführt, die Benennung bezieht sich auf die beiden Axiome 2 und 3, welche die Bedingungen regeln, unter denen *unendlich* viele Zellen sinnvollerweise zugelassen werden können (für endliche Zellenzerlegungen sind diese beiden Axiome trivialerweise immer erfüllt), es steht nämlich "C" für "closure finite" (hüllenendlich) und "W" für "weak topology" (schwache Topologie).

Definition: Ist X ein zellenzerlegter Raum, so bezeichnet X^n die Vereinigung der Zellen der Dimension $\leq n$ und heißt das ***n-Gerüst*** oder ***n-Skelett*** von X.

Das Axiom 1 über die Existenz charakteristischer Abbildungen sagt ungefähr aus, daß die n-Zellen an das $(n-1)$-Gerüst "angeheftet" zu denken sind. Wir werden diese Vorstellung noch präzisieren (Abschnitt 7.5). Bevor wir Beispiele zur Illustration der drei Axiome betrachten, will ich ein paar unmittelbare Folgerungen aus dem Axiom 1 nennen, die man in seine Vorstellung von den CW-Komplexen gleich mitaufnehmen sollte. Zum Beispiel muß jeder nichtleere CW-Komplex wenigstens eine 0-Zelle haben, denn wäre $n > 0$ die niedrigste Zellendimension, so könnte $S^{n-1}(\neq \varnothing!)$ nicht in $X^{n-1} = \varnothing$ abgebildet werden. Auch folgt sofort: Jeder endliche CW-Komplex ist kompakt, nämlich als Vereinigung der endlich vielen kompakten Teilräume $\Phi_e(D^n)$, $e \in \mathcal{E}$. Es gilt aber sogar, daß jede Zellenhülle kompakt ist, genauer:

Bemerkung: Erfüllt eine Zellenzerlegung eines Hausdorffraumes X das Axiom 1, so gilt für jede n-Zelle: $\bar{e} = \Phi_e(D^n)$, insbesondere ist die Zellenhülle $\bar{e}$ kompakt und der "Zellenrand" $\bar{e} \setminus e = \Phi_e(S^{n-1})$ liegt im $(n-1)$-Gerüst.

Beweis: Allgemein gilt für stetige Abbildungen $f(\overline{B}) \subset \overline{f(B)}$; hier also $\bar{e} = \overline{\Phi_e(\mathring{D}^n)} \supset \Phi_e(D^n) \supset e$. Als kompakter Teilraum eines Hausdorffraums ist $\Phi_e(D^n)$ abgeschlossen, und als abgeschlossene Menge zwischen e und $\bar{e}$ muß es $\bar{e}$ sein. □

Schauen wir uns nun einige Beispiele von zellenzerlegten Hausdorffräumen an und denken dabei an die Axiome. Zunächst einige endliche Zerlegungen, bei denen also Axiome 2 und 3 von selbst erfüllt sind: **(1):**

Zwei 0-Zellen, zwei 1-Zellen. Axiom 1 verletzt, Zellenrand von e nicht im 0-Gerüst.

Vier 0-Zellen, vier 1-Zellen. Axiom 1 erfüllt.

Drei 0-Zellen, drei 1-Zellen. Axiom 1 verletzt, Zellenhülle $\bar{e}$ nicht kompakt.

Drei 0-Zellen, drei 1-Zellen. Axiom 1 erfüllt.

(2): Diese Zerlegung aus drei 0- und zwei 1-Zellen erfüllt nicht Axiom 1, weil der Zellenrand von e nicht im 0-Gerüst ist. Das Beispiel ist übrigens auch nicht durch eine andere Zerlegung zu "retten": Der Raum ist nicht CW-zerlegbar.

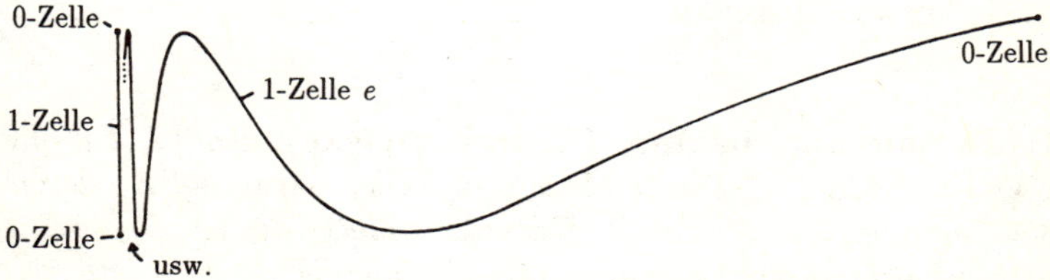

(3): Die beiden Zerlegungen von Würfel und Sphäre am Ende des vorigen Paragraphen sind CW-Zerlegungen. –

Nun je ein Beispiel für die Unabhängigkeit der Axiome 2 und 3:

(4): Axiom 3 nicht erfüllt, wohl aber die Axiome 1 und 2:

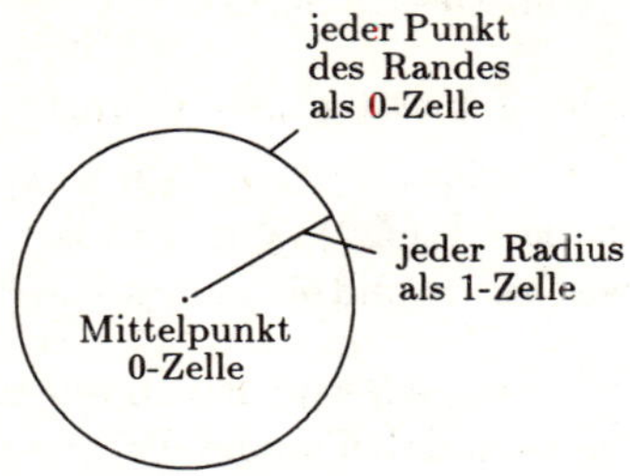

(5): Axiom 2 nicht erfüllt, wohl aber Axiome 1 und 3:

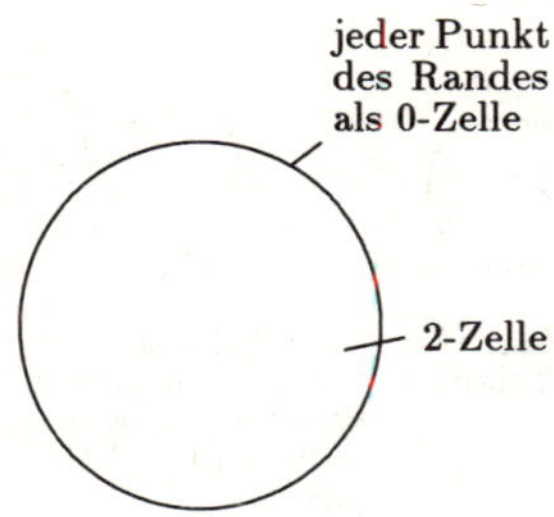

(6): Die Zerlegung eines Polyeders in seine offenen Simplices ist eine CW-Zerlegung.

7.4 Unterkomplexe

Definition und Lemma (Unterkomplexe): *Sei $(X, \mathcal{E})$ ein CW-Komplex, $\mathcal{E}' \subset \mathcal{E}$ eine Menge von Zellen darin und X' deren Vereinigung. $(X', \mathcal{E}')$ heißt* ***Unterkomplex*** *von $(X, \mathcal{E})$, wenn eine der drei folgenden äquivalenten Bedingungen erfüllt ist*

(a): $(S', \mathcal{E}')$ ist ebenfalls ein CW-Komplex.

(b): X' ist abgeschlossen in X.

(c): $\bar{e} \subset X'$ für jedes $e \in \mathcal{E}'$.

BEWEIS der Äquivalenz der drei Bedingungen: Der Schluß (b) $\Rightarrow$ (c) ist trivial. Zu (c) $\Rightarrow$ (b): Zu zeigen $\bar{e} \cap X'$ ist abgeschlossen für alle $e \in \mathcal{E}$. Wegen der Hüllenendlichkeit von X ist $\bar{e} \cap X' = \bar{e} \cap (e'_1 \cup \cdots \cup e'_r)$, was wegen (c) gleich $\bar{e} \cap (\bar{e}'_1 \cup \cdots \cup \bar{e}'_r)$, also abgeschlossen ist, qed. Zu (a) $\Rightarrow$ (c): Eine charakteristische Abbildung Φ_e für $e \in \mathcal{E}'$ in bezug auf $(X', \mathcal{E}')$ ist auch charakteristisch in bezug auf $(X, \mathcal{E})$, also folgt aus der Bemerkung in 7.3, daß $\Phi_e(D^n)$, die Hülle von e im Raume X, die in (c) natürlich gemeint ist, zugleich auch die Hülle von e im Teilraume X' ist, also jedenfalls in diesem enthalten ist. qed. Zu (b,c) $\Rightarrow$ (a): Eine im Hinblick auf X charakteristische Abbildung für $e \in \mathcal{E}'$ ist wegen (c) auch charakteristische Abbildung für X'; und X' ist erst recht hüllenendlich. Also erfüllt $(X', \mathcal{E}')$ die Axiome 1, 2. Noch zu zeigen: Ist $A \subset X'$, und $A \cap \bar{e}$ abgeschlossen in X' für alle $e \in \mathcal{E}'$, dann ist A abgeschlossen in X'. — Wegen (b) heißt *abgeschlossen in* X' soviel wie *abgeschlossen in* X, und deshalb müssen wir nur noch prüfen, daß auch für die $e \in \mathcal{E} \setminus \mathcal{E}'$ der Durchschnitt $A \cap \bar{e}$ abgeschlossen ist. Wegen der Hüllenendlichkeit von X ist aber $A \cap \bar{e} = A \cap (e'_1 \cup \cdots \cup e'_r) \cap \bar{e}$, wobei wir $e'_i \in \mathcal{E}'$ annehmen dürfen, weil Zellen aus $\mathcal{E} \setminus \mathcal{E}'$ zum Durchschnitt mit $A \subset X'$ nichts beitragen könnten. Also erst recht $A \cap \bar{e} = A \cap (\bar{e}'_1 \cup \cdots \cup \bar{e}'_r) \cap \bar{e}$, aber $A \cap (\bar{e}'_1 \cup \cdots \cup \bar{e}'_r)$ ist nach Voraussetzung abgeschlossen, also auch $A \cap \bar{e}$. □

Man darf wohl sagen, daß aus diesem leicht zu behaltenden Lemma alles schnell abzuleiten ist, was man beim praktischen Umgehen mit CW-Komplexen über Unterkomplexe zu wissen braucht. Wollen wir ein paar solcher Folgerungen nennen:

Korollare: (1): *Beliebige Durchschnitte* (wegen (b)), *aber auch beliebige Vereinigungen* (wegen (c)) *von Unterkomplexen sind wieder Unterkomplexe.* (2): *Die Gerüste sind Unterkomplexe* (wegen (c) und der Bemerkung in 7.3). (3): *Jede Vereinigung von n-Zellen in $\mathcal{E}$ mit X^{n-1} ergibt einen Unterkomplex* (aus demselben Grunde). (4): *Jede Zelle liegt in einem endlichen Unterkomplex* (Induktion nach der Dimension der Zelle: Hüllenendlichkeit und Bemerkung in 7.3).

Eine fünfte Folgerung will ich durch Absonderung von den ersten vier hervorheben

Korollar: *Jede kompakte Teilmenge eines CW-Komplexes ist in einem endlichen Unterkomplex enthalten. Insbesondere ist ein CW-Komplex* genau *dann kompakt, wenn er endlich ist.*

BEWEIS: Wegen (1) und (4) brauchen wir nur zu zeigen: Eine kompakte Teilmenge $A \subset X$ trifft nur endlich viele Zellen. Dazu: Wähle in jeder getroffenen Zelle einen Punkt. Diese Punktmenge P ist abgeschlossen, weil wegen der Hüllenendlichkeit jedes $P \cap \overline{e}$ sogar endlich ist und wir uns in einem Hausdorffraum befinden. Dieses Argument gilt aber auch für jede Teilmenge von P! Also führt P die diskrete Topologie, ist aber als abgeschlossene Teilmenge des kompakten A auch kompakt, also ist P endlich. □

7.5 Das Anheften von Zellen

Bislang haben wir von den CW-Komplexen als von etwas Vorhandenem gesprochen, dessen Eigenschaften wir studieren. Jetzt will ich die Hauptmethode zur *Konstruktion* von CW-Komplexen angeben. Es ist dies ein ganz anschaulicher Vorgang, nämlich im wesentlichen das Anheften von Zellen, das wir in 3.7 Beispiel 1 schon betrachtet haben. Das ist nicht nur von praktischer, sondern auch von grundsätzlicher Bedeutung, denn da man bis auf zellentreue Homöomorphie *jeden* CW-Komplex so herstellen kann, erhält man dadurch eine gewisse Übersicht über die möglichen CW-Komplexe. Die Beweise lasse ich weg, sie sind aber nicht schwierig, und alle Mittel dazu hier vorhanden (vgl. 3.1-3.3 und 3.7). — Ist X ein CW-Komplex und $\varphi : S^{n-1} \to X^{n-1}$ eine

stetige Abbildung ins $(n-1)$-Gerüst, so ist $X \cup_\varphi D^n$ in kanonischer Weise wieder ein CW-Komplex mit einer n-Zelle mehr. Die kanonische Abbildung $D^n \subset X + D^n \to X \cup_\varphi D^n$ ist charakteristisch. Der Zellenrand der neuen Zelle ist $\varphi(S^{n-1}) \subset X^{n-1}$. Beachte, daß dieser Zellenrand natürlich kein homöomorphes Bild der Sphäre zu sein braucht, sondern eben nur ein stetiges Bild.

Analog kann man aber auch eine ganze Familie von n-Zellen zugleich anheften: Sei $\{\varphi_\lambda\}_{\lambda \in \Lambda}$ eine Familie stetiger Abbildungen $\varphi_\lambda : S^{n-1} \to X^{n-1}$. Wir fassen sie zu einer stetigen Abbildung $\varphi : S^{n-1} \times \Lambda \to X^{n-1}$, $(v, \lambda) \longmapsto \varphi_\lambda(v)$ zusammen, wobei Λ die diskrete Topologie trägt. Dann ist $X \cup_\varphi (D^n \times \Lambda)$ in kanonischer Weise wieder ein CW-Komplex, entstanden aus X durch "Anheften einer Familie von n-Zellen". Beachte, daß die Ränder der neuen Zellen keineswegs disjunkt zu sein brauchen:

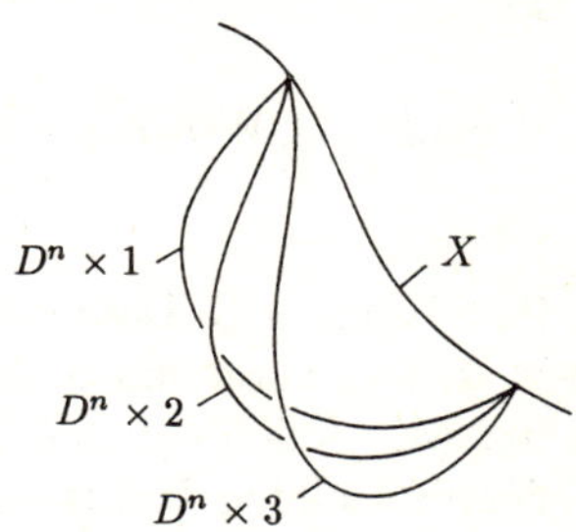

Man kann nun aber jeden CW-Komplex durch sukzessives Anheften von Zellenfamilien bekommen: Man beginnt mit dem Nullgerüst X^0. Das ist einfach ein diskreter Raum, und wenn man will, kann man sich X^0 entstanden denken durch Anheftung einer Familie von 0-Zellen an die leere Menge. Wie erhält man X^n aus X^{n-1}? Sei $\mathcal{E}^n$ die Menge der n-Zellen. Wähle für jede n-Zelle e eine charakteristische Abbildung Φ_e und setze $\varphi_e := \Phi_e | S^{n-1}$. Benutzt man nun $\{\varphi_e\}_{e \in \mathcal{E}^n}$ als Familie von Anheftungsabbildungen, so bekommt man durch Anheftung einen CW-Komplex $X^{n-1} \cup_\varphi (D^n \times \mathcal{E}^n)$, der zu X^n kanonisch zellenerhaltend homöomorph ist.

So erhält man also induktiv alle Gerüste, und insbesondere X selbst, wenn dieses endlichdimensional ist, d.h. nicht beliebig hochdimensionale Zellen enthält. Ist aber X unendlichdimensional, so erhält man auch X aus den Gerüsten $X^0 \subset X^1 \subset \ldots$

als deren Vereinigung $\cup_{n=0}^{\infty} X^n$, versehen mit der durch Axiom 3 festgelegten "schwachen Topologie".

7.6 Die größere Flexibilität der CW-Komplexe

Es sollen nun einige Gesichtspunkte genannt werden, unter denen sich CW-Komplexe "besser verhalten" oder "bequemer sind" als Polyeder. Beginnen wir mit der Produktbildung. Das Produkt zweier Zellen ist natürlich wieder eine Zelle, und sind $(X, \mathcal{E})$ und $(Y, \mathcal{F})$ zellenzerlegte Räume, so ist auch $\{e \times e' \mid e \in \mathcal{E},\, e' \in \mathcal{F}\}$ eine Zellenzerlegung von $X \times Y$, und man prüft leicht nach, daß für diese Zerlegung gilt:

Notiz: *Sind X und Y endliche CW-Komplexe, so ist auch $X \times Y$ ein CW-Komplex.*

Hinweis (hier ohne Beweis, vgl. z.B. Dold [5], S. 99): Bei unendlichen CW-Komplexen kann es vorkommen, daß $X \times Y$ nicht die schwache Topologie hat (die Axiome 1 und 2 sind jedoch stets erfüllt). Aber unter ziemlich milden Zusatzvoraussetzungen, z.B. wenn nur einer der Faktoren lokal kompakt ist, ist $X \times Y$ wieder CW-Komplex. □

Das Produkt zweier positiv-dimensionaler Simplices ist aber nicht wieder ein Simplex:

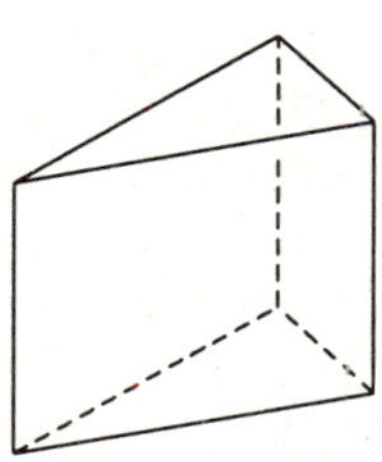

Will man also das Produkt zweier Polyeder wieder zu einem Polyeder machen, so muß man die einzelnen Simplexprodukte weiter unterteilen.

In 3.6 hatten wir eine Reihe Beispiele für das "Zusammenschlagen" eines Teilraums zu einem Punkt betrachtet, eine gerade in der Algebraischen Topologie häufig vorkommende Operation. Für CW-Komplexe ist ganz leicht nachzuprüfen:

Notiz: *Ist X ein CW-Komplex und $A \subset X$ ein Unterkomplex, dann ist die Zellenzerlegung von X/A in die Nullzelle A und die Zellen von $X \smallsetminus A$ wieder eine CW-Zerlegung, oder kurz: X/A ist in kanonischer Weise wieder CW-Komplex* (Dold [5], S. 98).

Bei simplizialen Komplexen dagegen gibt es keine solche kanonische Quotientenbildung. Der Quotient X/A eines Polyeders nach einem simplizialen Unterkomplex kann im allgemeinen nicht ohne weitere Unterteilung und neue "Einbettung" in einen vielleicht viel höherdimensionalen euklidischen Raum wieder zu einem Polyeder gemacht werden. Man bedenke als ganz einfaches Beispiel, daß der Quotient eines einzelnen Simplex nach seinem Rand homöomorph zur Sphäre ist.

Ähnlich steht dem Anheften von Zellen an CW-Komplexe kein Anheften von Simplices an Polyeder zur Seite, schon wenn man bloß zwei 1-Simplices an ihren Rändern zusammenheftet, muß man erst etwas unternehmen und Wahlen treffen, um einen zu dem Ergebnis (hier zu S^1) homöomorphen simplizialen Komplex anzugeben.

Für eine CW-Zerlegung eines Raumes X braucht man im allgemeinen viel weniger und "natürlichere" Zellen als man Simplices für ein zu X homöomorphes Polyeder benötigt. Betrachten wir dazu einige einfache Beispiele.

(1): Die Sphäre S^2 als Polyeder und CW-Komplex:

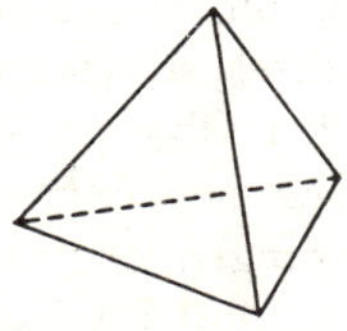

S^2 als Polyeder: mindestens 14 Simplices

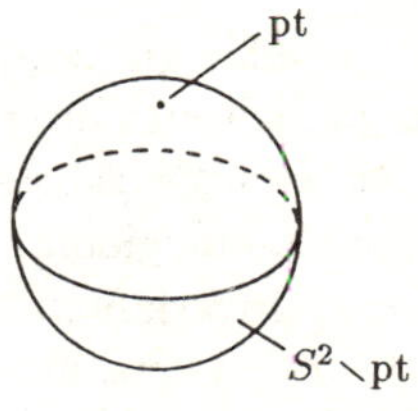

S^2 als CW-Komplex: es geht mit zwei Zellen

(2): Der Torus $S^1 \times S^1$. Da man S^1 in 2 Zellen CW-zerlegen kann, so kann man auch $S^1 \times S^1$ in vier Zellen CW-zerlegen:

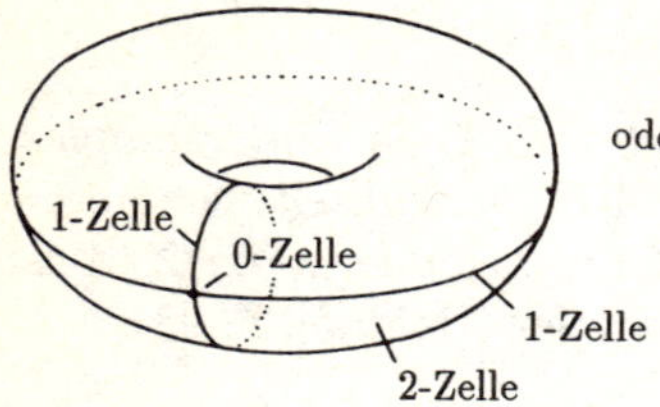

oder als Quotientenraum:

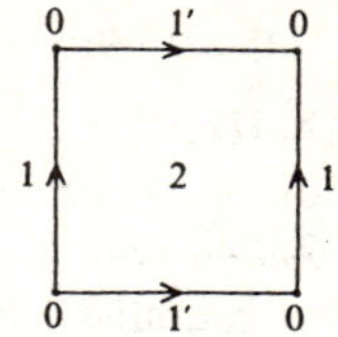

Um dagegen ein zu einem Torus homöomorphes Polyeder herzustellen, braucht man ziemlich viele Simplices — nämlich 42, wie mir Herr Kollege Guy Hirsch, eine unbedachte Vermutung von mir korrigierend, gelegentlich bei einer Tasse Tee erklärte.

(3): Der n-dimensionale projektive Raum ist in ganz natürlicher Weise in $n+1$ Zellen CW-zerlegt

$$\mathbb{RP}^n = e_0 \cup \cdots \cup e_n$$
$$\mathbb{CP}^n = e_0 \cup e_2 \cup \cdots \cup e_{2n}$$

nämlich in die affinen Räume: $\mathbb{P}^n = \mathbb{P}^0 \cup (\mathbb{P}^1 \setminus \mathbb{P}^0) \cup \cdots \cup (\mathbb{P}^n \setminus \mathbb{P}^{n-1})$. Eine ähnlich einfache und übersichtliche simpliziale Zerlegung gibt es nicht.

7.7 Ja, aber ... ?

Das ist ja alles gut und schön, aber die simplizialen Komplexe wurden ja nicht um ihrer selbst willen betrachtet, sondern weil sie etwas leisteten: Algebraisierung geometrischer Objekte, Berechnung des Homologiefunktors und damit zusammenhängender topologischer Invarianten usw. Die CW-Zerlegungen, so "bequem" sie auch immer sein mögen, was leisten denn die? Eine sehr berechtigte Frage. – Vergleichen wir, wie in den beiden Fällen der Raum aus den Einzelteilen aufgebaut wird, bei den simplizialen Komplexen:

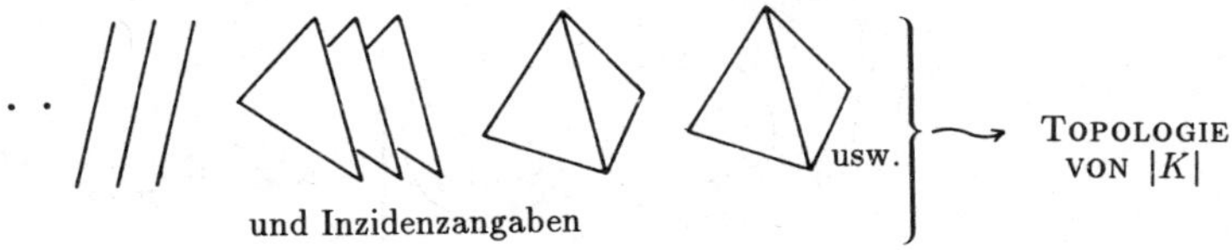

bei den CW-Komplexen:

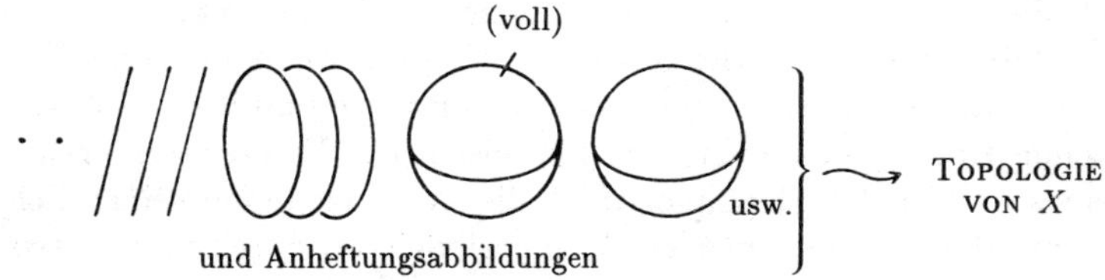

so fällt im Hinblick auf den Zweck ein großer Unterschied ins Auge. Während nämlich bei den Polyedern die Inzidenzvorschriften etwas Algebraisches sind und deshalb schon eine gewisse primitive "Algebraisierung" von $|K|$ vermitteln, sind die Anheftungsabbildungen nur stetige Abbildungen $\varphi : S^{n-1} \to X^{n-1}$, also komplizierte, selbst einer Algebraisierung bedürfende geometrische Gegenstände, und es ist deshalb nicht ohne weiteres zu sehen, was damit gewonnen sein soll, einen Raum mittels Zellen und Anheftungsabbildungen darzustellen. Das ist auch genau der Grund, weshalb man, bei angenommener gleichzeitiger Erfindung der CW-Komplexe und Polyeder, doch den Polyedern zunächst den Vorzug hätte geben müssen.

Und jetzt kommen wir zum springenden Punkt: Das Studium der Polyeder hat zur Entwicklung der Homologietheorie geführt, und eben die Homologietheorie kann man benutzen, um die Anheftungsabbildung zu algebraisieren. Die homologischen Eigenschaften der Anheftungsabbildungen (wie ich etwas vage sagen muß, weil auf die Homologie genauer einzugehen uns zu weit führen würde) lassen sich durch gewisse "Inzidenzzahlen" ausdrücken. Diese Zahlen enthalten zwar nicht mehr die volle Information über die Anheftungsabbildungen und gestatten auch nicht die Topologie des Komplexes vollständig zu reproduzieren. Sie genügen aber, um die Homologie des Komplexes zu berechnen,

und "Inzidenz-Zahlen"

und diese Methode ist nun ungemein viel wirksamer und schneller als die direkte Berechnung der simplizialen Homologie.

Habe ich schon so viel gesagt, so sollte ich, wenn auch ohne Beweis und nähere Erklärung, auf eine nützliche und leicht zu merkende Konsequenz auch noch hinweisen: Die Eulercharakteristik eines endlich CW-Komplexes ist die Wechselsumme seiner Zellenanzahlen in den einzelnen Dimensionen. So erhalten wir etwa für unsere Beispiele:

$$\begin{aligned}\chi(S^n) &= 1 + (-1)^n \\ \chi(S^1 \times S^1) &= 1 - 2 + 1 = 0 \\ \chi(\mathbb{RP}^n) &= \tfrac{1}{2}(1 + (-1)^n) \\ \chi(\mathbb{CP}^n) &= n + 1\,.\end{aligned}$$

Zum Schlusse sei erwähnt, daß die CW-Komplexe auch noch aus anderen Gründen wichtig sind. Oft z.B. läuft ein geometrisches Problem darauf hinaus, eine stetige Abbildung $f : X \to Y$ mit gewissen Eigenschaften zu finden, und häufig bringt eine CW-Zerlegung von X das rechte Licht in die Sache. Dann wird man nämlich versuchen, die Abbildung durch Induktion über die Gerüste zu konstruieren. $f_0 : X^0 \to Y$ ist meist leicht genug zu finden, und hat man $f_{n-1} : X^{n-1} \to Y$ schon erreicht, dann ist für jede n-Zelle e eine stetige Abbildung $f_{n-1} \circ \Phi_e | S^{n-1} : S^{n-1} \to Y$ gegeben, und es folgt ganz leicht aus den Axiomen für einen CW-Komplex, daß f_{n-1} genau dann zu einem stetigen $f_n : X^n \to Y$ fortgesetzt werden kann, wenn jede dieser Abbildungen $\alpha_e := f_{n-1} \circ \Phi_e | S^{n-1}$ zu einer stetigen Abbildung $D^n \to Y$ fortgesetzt werden kann. Dies wiederum heißt aber, wie leicht zu sehen, daß das Element $[\alpha_e] \in \pi_{n-1}(Y)$ Null ist, was zum Beispiel gewiß dann der Fall ist, wenn diese Homotopiegruppe verschwindet usw.

"Vereinfachende Annahmen" erleichtern das Leben des Mathematikers, aber wann darf man sie machen? In der Algebraischen Topologie ist oft ein Kompromiß dieser Art zu treffen: Die Räume sollen speziell genug sein, damit gewisse Methoden greifen und gewisse Sätze gelten, aber allgemein genug, um gewisse wichtige Anwendungsbeispiele mit zu erfassen. Die CW-Komplexe oder die zu CW-Komplexen homotopieäquivalenten Räume zu betrachten ist oft ein guter Kompromiß dieser Art, und auch aus diesem Grunde sollte man den Begriff des CW-Komplexes kennen.

8 Konstruktion von stetigen Funktionen auf topologischen Räumen

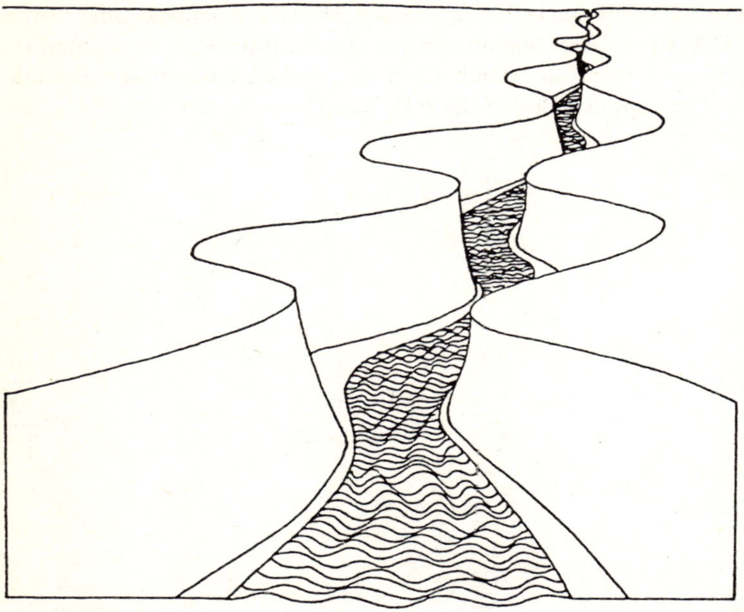

8.1 Das Urysohnsche Lemma

Wenn wir auf dem $\mathbb{R}^n$ oder einem seiner Teilräume eine stetige Funktion mit bestimmten Eigenschaften zu konstruieren haben, so stellt uns die Analysis dafür ein reiches Arsenal von Hilfsmitteln zur Verfügung. Am einfachsten hinzuschreiben sind vielleicht Polynome und rationale Funktionen, und was kann man nicht damit schon alles machen! Sodann haben wir ja auch die sogenannten "elementaren Funktionen", wie die Exponentialfunktion, den Logarithmus, die trigonometrischen Funktionen; ferner können wir Potenzreihen oder allgemeiner: gleichmäßig konvergente Folgen schon vorhandener stetiger Funktionen betrachten; wir können Funktionen mit bestimmten Eigenschaften als Lösungen von Differentialgleichungen gewinnen, und so weiter! darf man hier einmal mit gutem Gewissen sagen.

Etwas schwieriger scheint das alles auf Mannigfaltigkeiten zu sein, aber die Beziehungen der Mannigfaltigkeiten zur Analysis sind so eng, daß wir im Grunde noch die gleichen reichen Möglichkeiten zur Konstruktion stetiger Funktionen haben. Erstens lassen sich viele analytische Techniken (z.B. Differentialgleichungen) auf differenzierbare Mannigfaltigkeiten übertragen, zweitens können wir Mannigfaltigkeiten in den $\mathbb{R}^N$ einbetten: $M^n \overset{\cong}{\to} M' \subset \mathbb{R}^N$ (N genügend groß), und sie sind dann Teilräume des $\mathbb{R}^N$, und drittens schließlich können wir, was oft am praktischsten ist, uns mittels Karten eine direkte Beziehung zwischen der Mannigfaltigkeit und dem $\mathbb{R}^n$ herstellen,

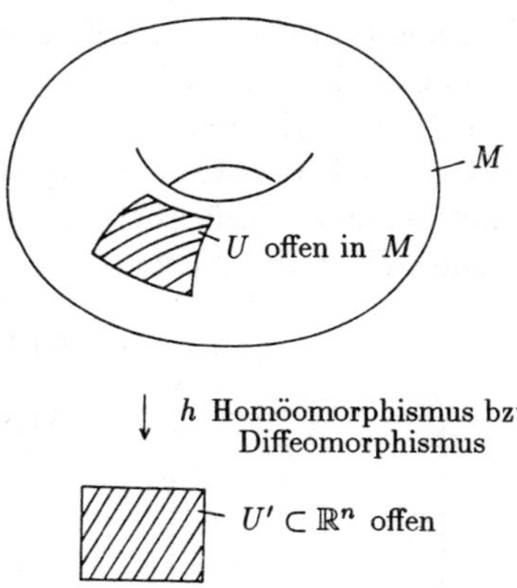

und wir können dann eine stetige Funktion f auf U' zu einer stetigen Funktion auf U "hochheben".

$$\begin{array}{ccc} U & & \\ \cong \big\downarrow h & \searrow^{f \circ h!} & \\ U' & \xrightarrow[f]{} & \mathbb{R} \end{array}$$

Eine Funktion auf U ist allerdings noch keine Funktion auf ganz

M, aber wenn zum Beispiel der *Träger* $\mathrm{Tr} f := \overline{\{x | f(x) \neq 0\}} \subset U'$ der hochzuhebenden Funktion f *kompakt* ist,

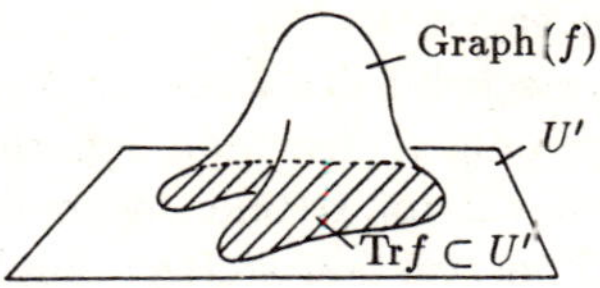

dann läßt sich $f \circ h$ ganz einfach durch Null zu einer stetigen Funktion F auf ganz M fortsetzen:

$$F(p) := \begin{cases} f \circ h(p) & \text{für } p \in U \\ 0 & \text{sonst.} \end{cases}$$

Solche Funktionen spielen dann auch eine wichtige Rolle, sei es, daß sie selbst schon den beabsichtigten Zweck erfüllen, sei es, daß sie als Hilfsmittel dienen ("Zerlegung der Eins", Abschnitt 8.4).

Eine ähnliche, wenn auch nicht mehr ganz so nahe Beziehung zur Analysis haben die CW-Komplexe. Hier steht man bei der Induktion über die Gerüste jeweils vor der Aufgabe, eine auf S^{n-1} schon gegebene Funktion unter Berücksichtigung der gewünschten Eigenschaften auf ganz D^n fortzusetzen.

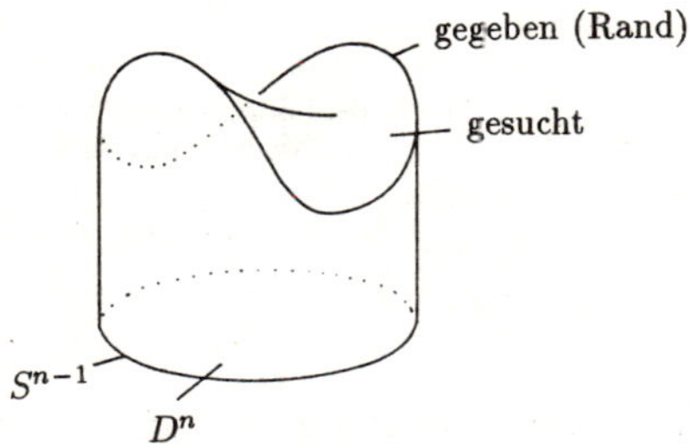

Und schließlich seien noch die schon wesentlich strukturärmeren metrisierbaren Räume erwähnt: Hier können wir uns doch immerhin eine Metrik $d : X \times X \to \mathbb{R}$ zu Hilfe nehmen, wenn wir Funktionen auf X brauchen. Ist die Aufgabe z.B. zu einer gegebenen Umgebung eines Punktes $p \in X$ eine stetige Funktion $f : X \to [0,1]$ zu finden, die außerhalb dieser Umgebung konstant Null, auf einer geeigneten Umgebung von p aber konstant Eins ist, so wählen wir nur $0 < \varepsilon < \delta$ klein genug, nehmen uns aus der Infinitesimalrechnung eine Hilfsfunktion $\lambda : \mathbb{R} \to [0,1]$ der folgenden Art

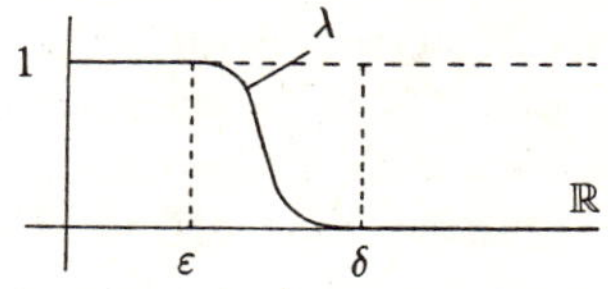

und setzen $f(x) := \lambda(d(x,p))$.

An diese Möglichkeiten habe ich erinnert, damit Sie das Problem, stetige Funktionen auf allgemeinen topologischen Räumen zu konstruieren, wirklich als Problem erkennen. Stellen Sie sich vor, Sie sollten zu offenen Mengen $U, V \subset X$ mit $\overline{V} \subset U$ eine stetige Funktion $f : X \to [0,1]$ finden, die auf V konstant Eins und außerhalb U konstant Null ist.

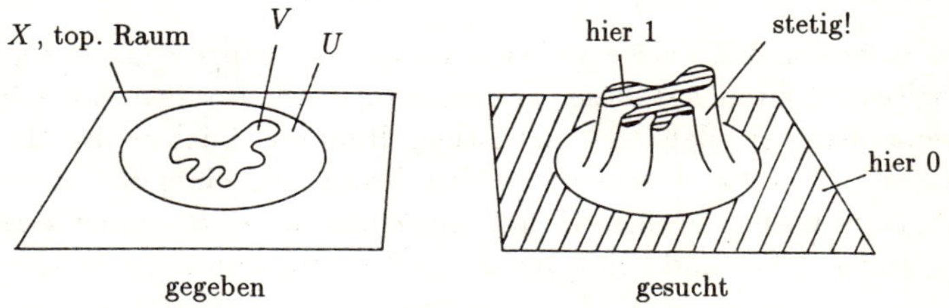

Wo soll denn ein solcher stetiger Übergang von 1 nach 0 herkommen, wenn der topologische Raum X gar keine erkennbare Beziehung zu den reellen Zahlen hat — weder durch Karten, noch durch Zellen, noch durch Metrik? Das ist eben die Frage:

Grundaufgabe der Funktionenkonstruktion auf topologischen Räumen (Problem des "Urysohnschen Lemmas"): Es seien A und B abgeschlossene disjunkte Teilmengen eines topologischen Raumes X. Man finde eine stetige Funktion $f : X \to [0,1]$ mit $f|A \equiv 1$ und $f|B \equiv 0$.

Beachte, daß für jede stetige Funktion $v : X \to \mathbb{R}$ die Mengen $f^{-1}(1)$ und $f^{-1}(0)$ jedenfalls abgeschlossen sind; für beliebige Teilmengen A und B von X ist obiges Problem also genau dann lösbar, wenn es für $\overline{A}$ und $\overline{B}$ lösbar ist, und deshalb faßt man gleich den Fall abgeschlossener Mengen ins Auge.

Eine *notwendige* Bedingung für die Lösbarkeit der Aufgabe kann man sofort angeben: A und B müssen jedenfalls durch offene Umgebungen trennbar sein, denn falls es so ein f gibt, dann sind z.B. $f^{-1}(\frac{3}{4}, 1]$ und $f^{-1}[0, \frac{1}{4})$ offene disjunkte Umgebungen von A und B. (Hier wie auch im folgenden benutzen wir die allgemein übliche Sprechweise: Eine ***offene Umgebung*** U ***einer Teilmenge*** $A \subset X$ ist einfach eine offene Menge mit $A \subset U$). — Die Existenz trennender offener Umgebungen für A und B alleine ist noch nicht hinreichend, aber es gilt, und das ist gewissermaßen der Fundamentalsatz der Funktionenkonstruktion auf topologischen Räumen:

Urysohnsches Lemma: *Sind in einem topologischen Raum X je zwei disjunkte abgeschlossene Mengen durch offene Umgebungen trennbar, dann gibt es auch zu je zwei disjunkten abgeschlossenen Mengen eine stetige Funktion $f : X \to [0,1]$, die auf der einen konstant Eins, auf der anderen konstant Null ist.*

Beweis in 8.2. Vorher wollen wir aber doch einige Klassen topologischer Räume mit dieser Trennungseigenschaft sehen. Zunächst bemerken wir, daß alle metrischen Räume trivialerweise dazu gehören: Sei (X, d) ein metrischer Raum. Zu einer nichtleeren abgeschlossenen Menge B hat ein Punkt $a \notin B$ immer einen positiven "Abstand" $\inf_{x \in B} d(a, x) > 0$, weil ja eine ganze Kugel um a außerhalb B liegen muß. Es bezeichne $U_B(a)$ die offene Kugel um a mit dem *halben* Abstand zu B als Radius.

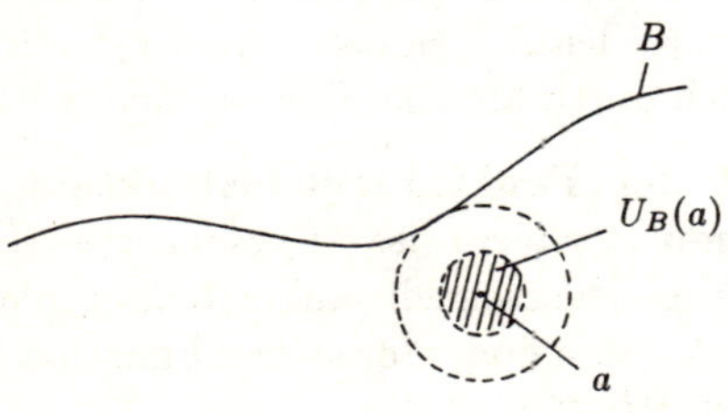

Sind nun A und B disjunkte abgeschlossene Mengen, so erhalten wir trennende offene Umgebungen U und V einfach durch $U := \bigcup_{a \in A} U_B(a)$ und $V := \bigcup_{b \in B} U_A(b)$.

Ferner ist es auch in CW-Komplexen immer möglich, disjunkte abgeschlossene Mengen durch offene Umgebungen zu trennen: Induktion über die Gerüste reduziert die Frage auf ein unschwer zu lösendes Problem in D^n. — Drittens machen wir die

Bemerkung: Auch in jedem kompakten Hausdorffraum lassen sich je zwei abgeschlossene disjunkte Mengen durch offene Umgebungen trennen.

Beweis: Je zwei Punkte $a \in A$ und $b \in B$ sind wegen der Hausdorff-Eigenschaft durch offene Umgebungen $U(a,b)$ und $V(a,b)$ trennbar. Für festes a finden wir $b_1,\dots,b_r \in B$ mit $B \subset V(a,b_1) \cup \dots \cup V(a,b_r)$, weil B als abgeschlossener Teilraum eines kompakten Raumes kompakt ist. Dann sind $U(a) := U(a,b_1) \cap \dots \cap U(a,b_r)$ und $V(a) := V(a,b_1) \cup \dots \cup V(a,b_r)$ trennende Umgebungen für a und B

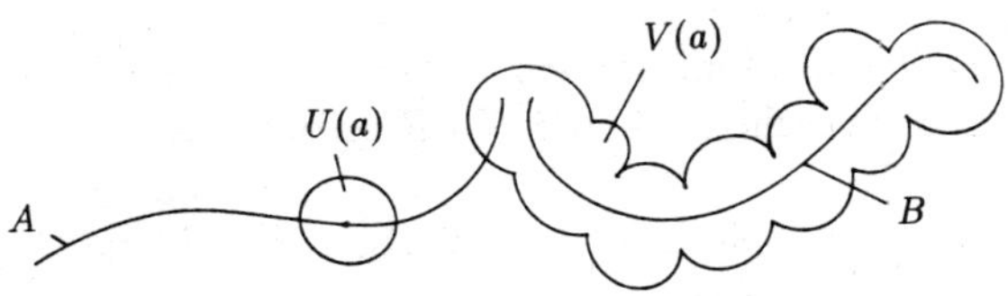

und daher analog:

$$U := U(a_1) \cup \dots \cup U(a_s) \quad \text{und} \quad V := V(a_1) \cap \dots \cap V(a_s)$$

trennen A und B. □

Also auch auf die kompakten Hausdorffräume ist das Urysohnsche Lemma anwendbar, und von diesen Räumen kann doch niemand behaupten, sie stünden "per definitionem" oder "von vornherein" in Beziehung zu den reellen Zahlen. Man muß deshalb zugeben, daß das Urysohnsche Lemma ein frappierender Satz ist.

Vielleicht werden Sie diese Einschätzung des Satzes revidieren wollen, wenn Sie den Beweis gesehen haben werden. Der Beweis ist nämlich ziemlich einfach und mag das Gefühl geben: darauf wäre ich auch gekommen. Na, ob das dann auch keine Selbsttäuschung ist? Versuchen Sie doch mal vorher ...

8.2 Der Beweis der Urysohnschen Lemmas

Die einfache Idee ist, die Funktion als einen Limes immer feiner werdender Treppenfunktionen zu gewinnen, welche stufenweise von A nach B absteigen:

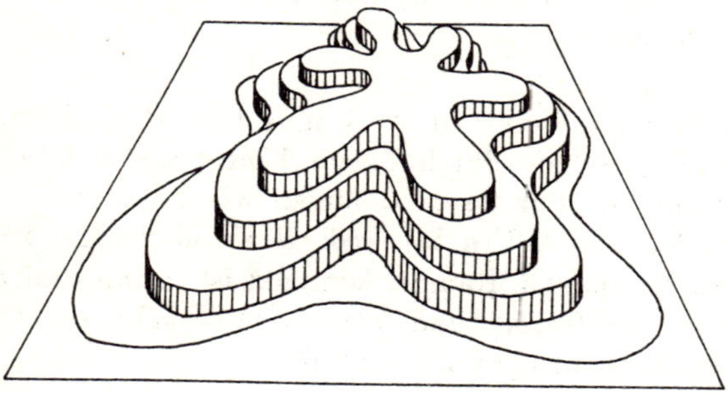

Eine solche Treppenfunktion anzugeben, heißt einfach eine Kette von Mengen "zwischen" A und $X \setminus B$ anzugeben:

$$A = A_0 \subset A_1 \subset \cdots \subset A_n \subset X \setminus B.$$

Dann definiert man die "zugehörige" Treppenfunktion als konstant 1 auf A_0, konstant $1 - \frac{1}{n}$ auf $A_1 \setminus A_0$, konstant $1 - \frac{2}{n}$ auf $A_2 \setminus A_1$ usw., und konstant Null außerhalb A_n, insbesondere auf B.

So eine Funktion ist freilich nicht stetig. Um ihre "Sprünge" sukzessive immer kleiner zu machen, damit wir als Limes eine stetige Funktion bekommen, werden wir weitere "Terrassen" einziehen und so die Stufenhöhe jedesmal zu halbieren suchen. Die Zeichnung auf der folgenden Seite illustriert, wie dieses Einziehen von Terrassen gemeint ist.

Das ist die Grundidee. Wenn nun dieses Verfahren Erfolg haben soll, so müssen wir allerdings darauf achten, daß niemals

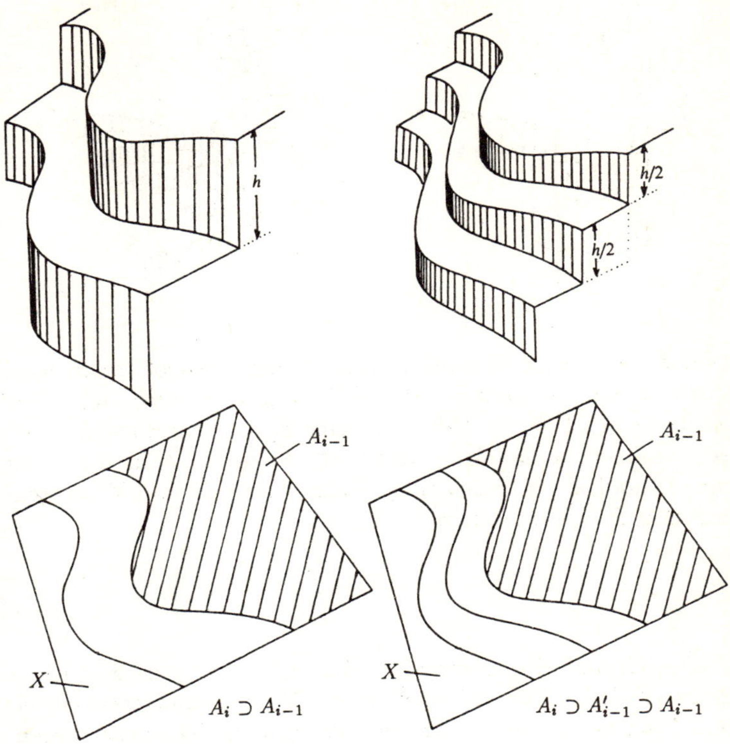

der Rand von A_{i-1} den Rand von A_i berührt, denn an einer solchen Stelle wäre die Stufenhöhe schon größer als ihr "Sollwert" h, und vor allem würde sie auch nach Einziehen noch so vieler Zwischenterrassen noch größer als dieses h sein, wie die Zeichnung auf der folgenden Seite verdeutlichen soll.

Wir müssen also darauf achten, daß stets die abgeschlossene Hülle von A_{i-1} ganz im Innern von A_i liegt: $\overline{A}_{i-1} \subset \mathring{A}_i$. Beim Induktionsbeginn, wo unsere Kette nur aus den beiden Mengen $A =: A_0 \subset A_1 := X \setminus B$ besteht, ist das natürlich erfüllt, und daß wir die Bedingung beim induktiven Verfeinern der Kette aufrechterhalten können, ist gerade der Punkt, an dem die Trennungseigenschaft in den Beweis eingeht:

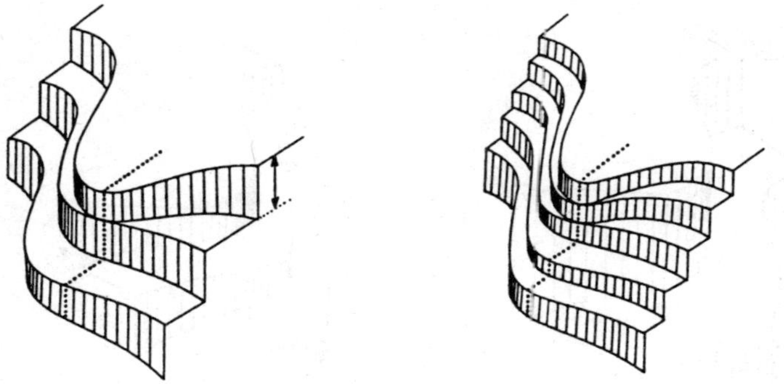

Notiz: *Sind in* X *je zwei disjunkte abgeschlossene Teilmengen durch offene Umgebungen trennbar, so gibt es auch zu je zwei Teilmengen* M, N *mit* $\overline{M} \subset \mathring{N}$ *eine dritte Teilmenge* L *"zwischen" ihnen, so daß* $\overline{M} \subset \mathring{L} \subset \overline{L} \subset \mathring{N}$ *gilt, denn man braucht nur* $\overline{M}$ *und* $X \setminus \mathring{N}$ *durch offene Umgebungen* U *und* V *zu trennen und* $L := U$ *zu setzen.*

Das ist also eine Beweisidee. $\overline{A}_{i-1} \subset \mathring{A}_i$ war uns gerade ins Auge gefallen: müssen wir noch weitere Vorsichtsmaßregeln ergreifen? Nun, das würde sich bei dem Versuch, die Idee auszuführen, schon zeigen — in der Tat gibt es aber nun gar kein Hindernis mehr, der Beweis geht jetzt ohne Trick glatt durch. Wollen wir uns davon überzeugen:

Beweis der Urysohnschen Lemmas: Seien also A und B abgeschlossene disjunkte Teilmengen von X. Eine aufsteigende Kette $\mathfrak{A} = (A_0, \ldots, A_r)$ von Teilmengen von X mit

$$A = A_0 \subset A_1 \subset \cdots \subset A_r \subset X \setminus B$$

soll *zulässig* heißen, wenn stets $\overline{A}_{i-1} \subset \mathring{A}_i$ gilt. Die Funktion $X \to [0,1]$, die auf A_0 konstant 1, auf $A_k \setminus A_{k-1}$ konstant $1 - \frac{k}{r}$ und außerhalb A_r konstant Null ist, soll die *gleichmäßige Treppenfunktion* der Kette $\mathfrak{A}$ heißen. Die offenen Mengen $\mathring{A}_{k+1} \setminus \overline{A}_{k-1}$,

$k = 0, \dots r$, wobei $A_{-1} = \varnothing$ und $A_{r+1} = X$ zu lesen ist, sollen ihrer geometrischen Bedeutung nach die *Stufenbereiche* der Kette $\mathfrak{A}$ heißen.

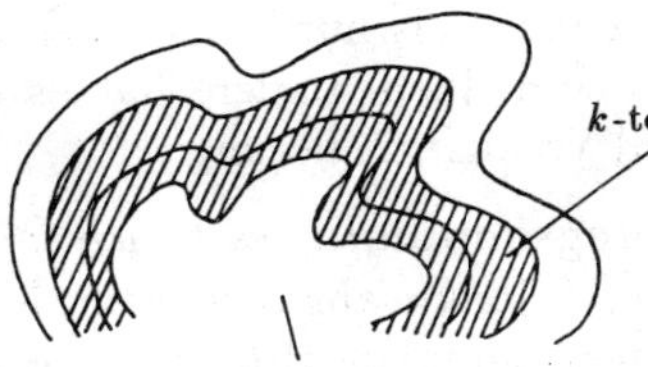

Beachte, daß die Stufenbereiche einer zulässigen Kette den ganzen Raum überdecken, weil $\overline{A}_k \setminus \overline{A}_{k-1} \subset \mathring{A}_{k+1} \setminus \overline{A}_{k-1}$. Beachte auch, daß die gleichmäßige Treppenfunktion auf jedem Stufenbereich um nicht mehr als $\frac{1}{r}$ schwankt. Unter einer *Verfeinerung* einer zulässigen Kette $(A_0, \dots, A_r)$ schließlich verstehen wir eine zulässige Kette $(A_0, A_1', A_1, \dots, A_r', A_r)$. Wie die vorhin gemachte Notiz zeigt, gestattet die Trennungseigenschaft des Raumes, jede zulässige Kette zu verfeinern.

Es sei nun $\mathfrak{A}_0$ die zulässige Kette $(A, X \setminus B)$, und $\mathfrak{A}_{n+1}$ sei jeweils eine Verfeinerung von $\mathfrak{A}_n$. Die gleichmäßige Treppenfunktion von $\mathfrak{A}_n$ heiße f_n. Dann gilt offenbar: Die Funktionenfolge $(f_n)_{n \geq 1}$ ist punktweise monoton wachsend und beschränkt durch den Wert 1, insbesondere punktweise konvergent, und die Grenzfunktion $f := \lim\limits_{n \to \infty} f_n : X \to [0,1]$ hat jedenfalls die gewünschte Eigenschaft $f|A \equiv 1$ und $f|B \equiv 0$, weil das für jedes einzelne f_n so ist.

Es bleibt also nur noch die Stetigkeit von f zu zeigen. Dazu bedenken wir, daß stets $|f(x) - f_n(x)| \leq \sum_{k=n+1}^{\infty} \frac{1}{2^k} = \frac{1}{2^n}$ gilt und daß f_n auf jedem Stufenbereich von $\mathfrak{A}_n$ um nicht mehr als $\frac{1}{2^n}$ schwankt. Also schwankt f selbst dort um nicht mehr als $\frac{1}{2^{n-1}}$, und daraus folgt nun die Stetigkeit: Ist $\varepsilon > 0$ und $x \in X$, so wird für $\frac{1}{2^{n-1}} < \varepsilon$ der ganze x enthaltende Stufenbereich von $\mathfrak{A}_n$ (und das ist eine offene Umgebung von x!) nach $(f(x) - \varepsilon, f(x) + \varepsilon)$ abgebildet, also ist f stetig, □

8.3 Das Tietzesche Erweiterungslemma

Das Urysohnsche Lemma sieht auf den ersten Blick vielleicht etwas speziell aus, es kann aber mehr als nur Funktionen schaffen, die irgendwo Null und Eins sind. Insbesondere hat es die folgende wichtige Konsequenz und Verallgemeinerung:

Tietzesches Erweiterungslemma: *Lassen sich in einem topologischen Raum X je zwei disjunkte abgeschlossene Mengen durch offene Umgebungen trennen, dann läßt sich auch jede auf einer abgeschlossenen Menge A definierte stetige Funktion $f : A \to [a,b]$ zu einer stetigen Funktion $F : X \to [a,b]$ fortsetzen.*

Beweis: Nur für den Zweck dieses Beweises wollen wir folgende Sprechweise einführen: Ist $\varphi : A \to \mathbb{R}$ eine beschränkte stetige Funktion und $s := \sup\limits_{a \in A} |\varphi(a)|$, so heiße eine stetige Funktion $\Phi : X \to [-\frac{s}{3}, \frac{s}{3}]$ eine "Drittelnäherungsfortsetzung" von φ, wenn $|\varphi(a) - \Phi(a)| \leq \frac{2}{3}s$ für alle $a \in A$ gilt.

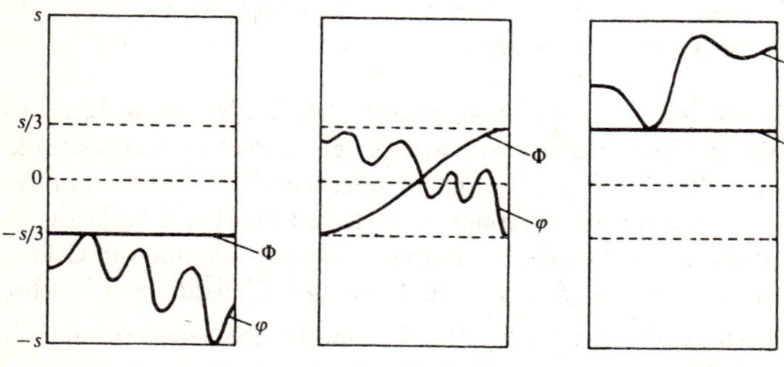

auf $\varphi^{-1}[-s, -\frac{s}{3}]$ auf $\varphi^{-1}(-\frac{s}{3}, \frac{s}{3})$ auf $\varphi^{-1}[\frac{s}{3}, s]$

Das ist also keine wirkliche Lösung des Fortsetzungsproblems für φ, sondern nur ein grobe Näherung. Die Existenz einer solchen "Drittelnäherungsfortsetzung" ist, was das Urysohnsche Lemma bei direkter, einmaliger Anwendung liefert: Die beiden Mengen $\varphi^{-1}([\frac{s}{3}, s])$ und $\varphi^{-1}([-s, -\frac{s}{3}])$ sind disjunkt und abgeschlossen in A, und weil A selbst abgeschlossen ist, auch in X. Also gibt es eine stetige Funktion $X \to [0,1]$, die auf diesen Mengen 1 und 0 ist, also auch eine stetige Abbildung $\Phi : X \to [-\frac{s}{3}, \frac{s}{3}]$, die auf diesen Mengen $\frac{s}{3}$ und $-\frac{s}{3}$ ist, und dieses Φ ist dann offenbar Drittelnäherungsfortsetzung von φ.

Nun also zur Konstruktion von F. OBdA sei $[a,b] = [-1,1]$. Zuerst wählen wir eine Drittelnäherungsfortsetzung F_1 von f, dann eine Drittelnäherungsfortsetzung F_2 des "Fehlers" $f - F_1|A$, die Summe $F_1 + F_2$ ist dann schon eine etwas bessere Näherungslösung, und so fahren wir induktiv fort: F_{n+1} sei eine Drittelnäherungsfortsetzung von $f - (F_1 + \cdots + F_n)|A$. Dann gilt offenbar:

$$|f(a) - (F_1(a) + \cdots + F_n(a))| \leq (\tfrac{2}{3})^n$$

für alle $a \in A$ und

$$|F_{n+1}(x)| \leq \tfrac{1}{3}(\tfrac{2}{3})^n$$

für alle $x \in X$. Also konvergiert $\sum_{n=1}^{\infty} F_n$ gleichmäßig gegen eine stetige Fortsetzung $F : X \to [-1,1]$ von f. □

Auch das Tietzesche Erweiterungslemma reicht weiter als die jetzt bewiesene Grundversion.

Korollar 1: *Das Tietzesche Erweiterungslemma bleibt offenbar gültig, wenn man statt des Intervalls $[a,b]$ in $\mathbb{R}$ einen abgeschlossenen Quader $[a_1,b_1] \times \cdots \times [a_n,b_n]$ im $\mathbb{R}^n$ als Zielraum betrachtet* (Anwendung der Grundversion auf die n Komponentenfunktionen), *und deshalb gilt es auch für jeden zu einem solchen Quader homöomorphen Zielraum, z.B. für die Vollkugel D^n: $f : A \to \mathbb{R}^n$ mit $|f(a)| \leq r$ läßt sich stetig zu $F : X \to \mathbb{R}^n$ mit $|F(x)| \leq r$ fortsetzen.*

Korollar 2: *Das Tietzesche Erweiterungslemma gilt auch für den Zielraum $\mathbb{R}$ (und also auch $\mathbb{R}^n$) statt $[a,b]$.*

BEWEIS ([7], S. 17): Setze zuerst $\varphi := \arctan f : A \to (-\frac{\pi}{2}, \frac{\pi}{2})$

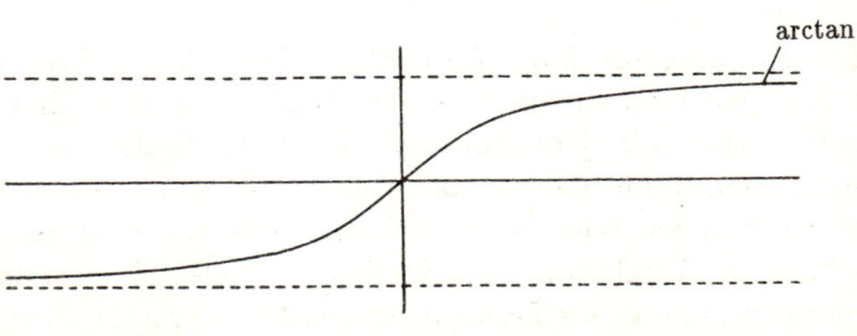

zu $\Phi : X \to [-\frac{\pi}{2}, \frac{\pi}{2}]$ stetig fort. Nun kann man natürlich nicht gleich $\tan\Phi$ bilden, denn Φ nimmt die Werte $\pm\frac{\pi}{2}$ vielleicht wirklich an. Aber wo? Jedenfalls nur auf einer zu A disjunkten abgeschlossenen Menge B. Ist daher $\lambda : X \to [0,1]$ stetig mit $\lambda|A \equiv 1$ und $\lambda|B \equiv 0$ (Urysohnsches Lemma), dann ist $\lambda\Phi : X \to (-\frac{\pi}{2}, \frac{\pi}{2})$ eine stetige Fortsetzung von $\arctan f$, welche die Werte $\pm\frac{\pi}{2}$ nicht annimmt und deshalb $\tan\lambda\Phi =: F$ eine stetige Fortsetzung von f. □

8.4 Zerlegungen der Eins und Schnitte in Vektorraumbündeln

Definition (Zerlegung der Eins): Sei X ein topologischer Raum. Eine Familie $\{\tau_\lambda\}_{\lambda\in\Lambda}$ stetiger Funktionen $\tau_\lambda : X \to [0,1]$ heißt eine ***Zerlegung der Eins***, wenn sie erstens ***lokal endlich*** in dem Sinne ist, daß es zu jedem Punkt $x \in X$ eine Umgebung gibt, in der die τ_λ für alle bis auf endlich viele λ identisch verschwinden und wenn zweitens

$$\sum_{\lambda\in\Lambda} \tau_\lambda(x) = 1$$

für alle $x \in X$ gilt. Die Zerlegung der Eins heißt einer gegebenen offenen Überdeckung $\mathfrak{U}$ von X ***untergeordnet***, wenn für jedes λ der Träger von τ_λ, das ist die abgeschlossene Hülle

$$\mathrm{Tr}\tau_\lambda := \overline{\{x \in X \mid \tau_\lambda(x) \neq 0\}},$$

ganz in einer der Überdeckungsmengen enthalten ist.

Diesen Zerlegungen der Eins soll der Rest des Kapitels gewidmet sein. Wo man sie herbekommt, werden wir im nächsten Abschnitt besprechen; jetzt soll erst davon die Rede sein, was sie denn nützen, wenn man sie hat. Dabei will ich vor allem auf die Konstruktion von Schnitten in Vektorraumbündeln eingehen, weil hier in einer Vielfalt von individuellen Beispielen ein und dasselbe für die Anwendung der Zerlegungen der Eins typische Prinzip zugrunde liegt. Voraus schicke ich einen ganz kleinen

Exkurs über Vektorraumbündel und deren Schnitte

Definition (Vektorraumbündel): Die Daten eines ***n-dimensionalen reellen Vektorraumbündels*** über einem topologischen Raum X bestehen aus dreierlei, nämlich aus

(i): einem topologischen Raum E (genannt "Totalraum"),

(ii): einer stetigen surjektiven Abbildung $\pi : E \to X$ ("Projektion") und

(iii): einer reellen Vektorraumstruktur auf jeder "Faser" $E_x := \pi^{-1}(x)$.

Um ein n-dimensionales reelles Vektorraumbündel über X zu konstituieren, müssen diese Daten nur ein einziges Axiom erfüllen, nämlich das

Axiom der lokalen Trivialität: Zu jedem Punkte in X gibt es eine ***Bündelkarte*** (h, U), d.h. eine offene Umgebung U und einen Homöomorphismus

$$h : \pi^{-1}(U) \xrightarrow{\cong} U \times \mathbb{R}^n$$

welcher jeweils E_x für $x \in U$ linear isomorph auf $\{x\} \times \mathbb{R}^n$ abbildet.

Definition (Schnitte in einem Vektorraumbündel): Eine stetige Abbildung $\sigma : X \to E$, die jedem Punkt ein Element seiner Faser zuordnet (d.h. $\pi \circ \sigma = \mathrm{Id}_X$) heißt ein ***Schnitt*** von E. In jedem Vektorraumbündel ist insbesondere die Abbildung $\sigma : X \to E$, die jedem x die Null in E_x zuordnet, ein Schnitt (der ***Nullschnitt***). Siehe die Figur auf der folgenden Seite.

Würde ich nach den "wichtigsten" Beispielen n-dimensionaler reeller Vektorraumbündel gefragt, so würde ich ohne Bedenken die Tangentialbündel $TM \xrightarrow{\pi} M$ der n-dimensionalen differenzierbaren Mannigfaltigkeiten M nennen. Die Schnitte im Tangentialbündel sind gerade die tangentialen Vektorfelder auf M. Auch viele andere Gegenstände der Analysis und Geometrie, wie etwa die alternierenden Differentialformen, die Riemannschen Metriken und sonstigen verschiedenen "co- und kontravarianten Tensorfelder", wie es in einer etwas altertümlichen Terminologie heißt, sind

Schnitte in Vektorraumbündeln, die mit dem Tangentialbündel nahe verwandt sind, von ihm abstammen.

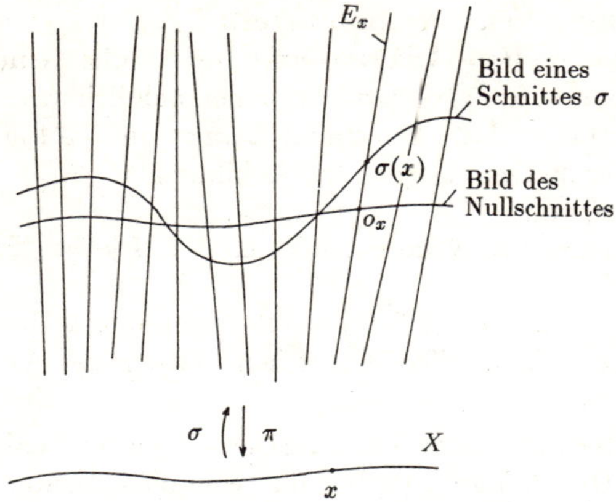

Aber nicht nur über Mannigfaltigkeiten muß man Vektorraumbündel und ihre Schnitte betrachten, sondern auch über allgemeineren topologischen Räumen, und zwar nicht zuletzt deshalb, weil die Vektorraumbündel über X – in einer aus den hier gemachten Andeutungen freilich nicht zu erahnenden Weise – zu einem heute unentbehrlichen algebraisch-topologischen Funktor K („K-Theorie") von der topologischen Kategorie in die Kategorie der Ringe führen. Über die Rolle der K-Theorie will ich aber nicht anfangen zu sprechen, ich gebe nur einen Literaturhinweis: M. Atiyah, *K-Theory*, New York-Amsterdam 1967 — in welchem Buche Sie übrigens gleich am Anfang (§ 1.4) als Hilfsmittel das "Tietze extension theorem" und die "Partitions of unity" erwähnt finden.

Ende des wie versprochen ganz kleinen Exkurses über Vektorraumbündel und deren Schnitte.

Sei nun also $E \xrightarrow{\pi} X$ ein Vektorraumbündel über X, und denken wir uns, wir sollten einen Schnitt $f : X \to E$ konstruieren

— mit gewissen Eigenschaften, versteht sich, sonst könnten wir ja gleich den Nullschnitt nehmen. Stellen wir uns weiter vor, das Problem sei, etwa mit Hilfe von Bündelkarten, lokal lösbar. Dann können wir also eine offene Überdeckung $\mathfrak{U}$ von X finden, so daß es für jede einzelne Überdeckungsmenge U eine "lokale Lösung" unseres Problems, nämlich einen Schnitt $U \to \pi^{-1}(U)$ mit den gewünschten Eigenschaften gibt.

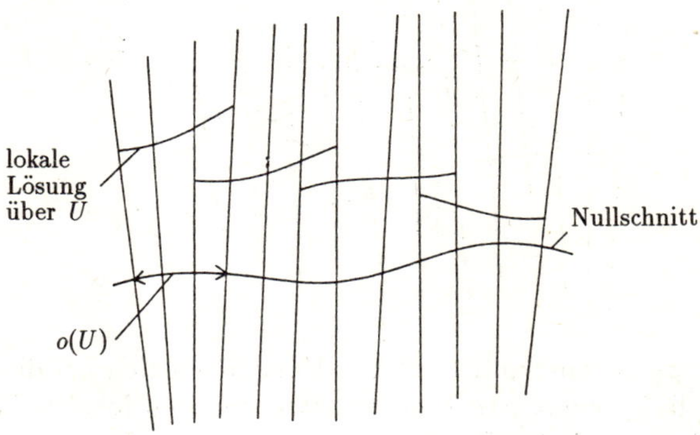

Nun tritt die Zerlegung der Eins herein. Wir wählen (wenn möglich, siehe 8.5) eine zu der Überdeckung $\mathfrak{U}$ subordinierte Zerlegung $\{\tau_\lambda\}_{\lambda\in\Lambda}$ der Eins, zu jedem λ eine den Träger von τ_λ umfassende Überdeckungsmenge U_λ aus $\mathfrak{U}$ und eine lokale Lösung $f_\lambda : U_\lambda \to \pi^{-1}(U_\lambda)$. Dann ist klar, wie $\tau_\lambda f_\lambda$, was ja zunächst nur auf U_λ definiert wäre, als ein stetiger Schnitt auf ganz X zu verstehen ist: nämlich außerhalb U_λ durch Null ergänzt, und wegen der lokalen Endlichkeit der Zerlegung der Eins erhalten wir jedenfalls durch

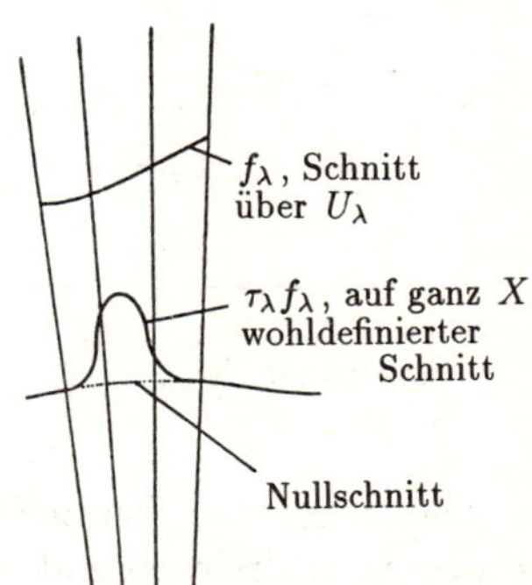

$$f := \sum_{\lambda\in\Lambda} \tau_\lambda f_\lambda$$

einen globalen stetigen Schnitt $f : X \to E$, der die lokalen

Lösungen gewissermaßen so gut es geht interpoliert: Haben an einer Stelle $x \in X$ alle dort definierten f_λ denselben Wert $f_\lambda(x)$, dann nimmt wegen $\sum_{\lambda \in \Lambda} \tau_\lambda \equiv 1$ auch f diesen Wert dort an; stehen aber mehrere zur Auswahl, so bildet f ein Mittel mit den "Gewichten" $\tau_\lambda(x)$, $\lambda \in \Lambda$.

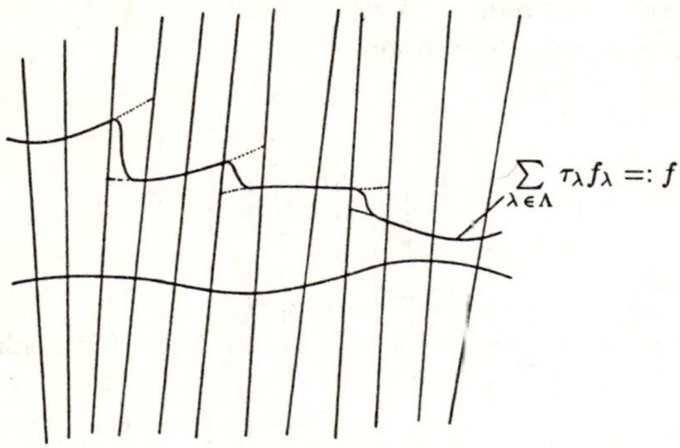

Die Frage ist nur, unter welchen Umständen sich bei dieser Prozedur die gewünschten Eigenschaften von den lokalen Lösungen f_λ auf den globalen Schnitt f übertragen! — Bei manchen Anwendungen läßt sich das nur durch geschickte Wahl der f_λ und der τ_λ erreichen, nehmen Sie das folgende übereinfache Beispiel als ein Symbol dafür:

$X := \mathbb{R}, E = \mathbb{R} \times \mathbb{R}$, Eigenschaft "monoton wachsend":

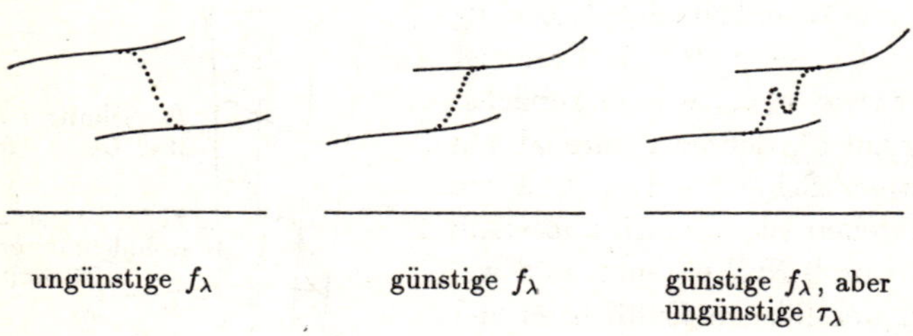

Aber nicht von diesen Fällen soll hier die Rede sein, sondern von jenen zahlreichen anderen, in denen sich die gewünschten Eigenschaften automatisch von den f_λ auf f übertragen, weil es, wie man sagt, "konvexe Eigenschaften" sind. Wegen $\tau_\lambda(x) \in [0,1]$ und $\sum \tau_\lambda = 1$ ist ja $f(x)$ für jedes x in der konvexen Hülle endlich vieler $f_\lambda(x)$ enthalten, also:

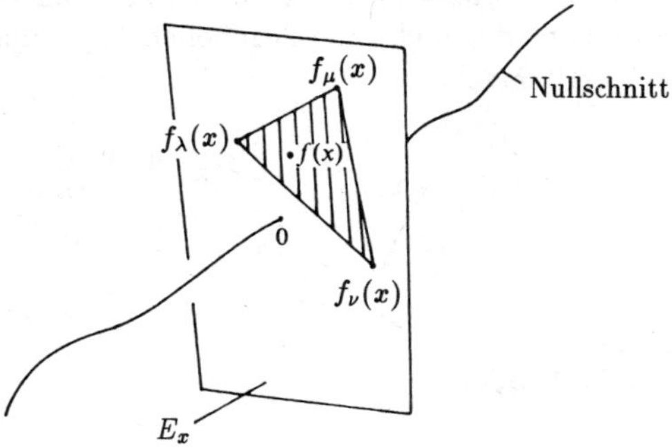

Notiz: *Sei $\pi : E \to X$ ein Vektorraumbündel über einem topologischen Raum X, für den es zu jeder offenen Überdeckung eine subordinierte Zerlegung der Eins gibt. Ferner sei $\Omega \subset E$ eine in jeder Faser konvexe Teilmenge des Totalraums, d.h. jedes $\Omega_x := \Omega \cap E_x$ sei konvex, und es gebe lokale in Ω gelegene Schnitte von E, d.h. zu jedem Punkt in X gibt es eine offene Umgebung U und einen Schnitt $U \to \pi^{-1}(U)$, dessen Bild in Ω liegt. Dann gibt es auch einen globalen Schnitt $f : X \to E$, dessen Bild in Ω liegt.*

Wird dieser Schluß angewendet, so heißt es gewöhnlich nur: "Es gibt lokale Schnitte mit der und der Eigenschaft, und da die Eigenschaft konvex ist, erhält man mittels Zerlegung der Eins auch einen globalen solchen Schnitt" — eine vortreffliche, viel umständliche Notation ersparende Phrase. Wollen wir nun einige Beispiele solcher konvexer Eigenschaften betrachten. Man beachte dabei gleich, daß mehrere konvexe Eigenschaften zusammen auch wieder eine konvexe Eigenschaft darstellen (Durchschnitte konvexer Mengen sind konvex).

(1): Die Eigenschaft, auf einer Teilmenge $A \subset X$ mit einem dort schon gegebenen Schnitt $f_0 : A \to \pi^{-1}(A)$ übereinzustimmen, ist konvex: Für $a \in A$ ist $\Omega_a = \{f_0(a)\}$, für $x \notin A$ ist Ω_x die ganze Faser E_x. Weiß man also die lokale Fortsetzbarkeit von f_0, etwa aus dem Tietzeschen Erweiterungslemma, so erhält man mittels Zerlegung der Eins auch eine globale Fortsetzung.

(2): Sei X eine differenzierbare Mannigfaltigkeit, $E := TX$. Die Eigenschaft von Vektorfeldern auf X (d.h. von Schnitten in TX), tangential zu einer oder mehreren gegebenen Untermannigfaltigkeiten zu sein, ist konvex.

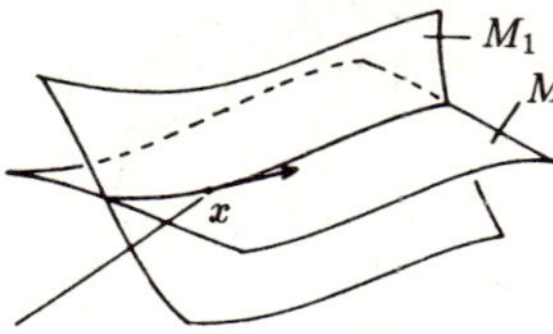

(3): Gerade in Verbindung mit (1) ist folgende Beobachtung oft nützlich: Sei M eine differenzierbare Mannigfaltigkeit, X der Zylinder $M \times [0,1]$ über M, und $E := TX$. Die Eigenschaft eines Vektorfeldes auf X, als $[0,1]$-Komponente den Standard-Einheitsvektor $\frac{\partial}{\partial t}$ zu haben, ist konvex. — Der Fluß eines solchen Vektorfeldes führt im Verlaufe der Zeit t gerade $M \times 0$ in $M \times t$ über: So konstruiert man in der Differentialtopologie "Diffeotopien", d.h. differenzierbare Homotopien $H : M \times [0,1] \to M$, für die jedes einzelne $H_t : M \to M$ ein Diffeomorphismus und $H_0 = \mathrm{Id}_M$ ist. Natürlich geht es nicht darum, irgendeine Diffeotopie zu finden, sondern eine Diffeotopie, die etwas Bestimmtes leistet, z.B. eine vorgegebene "Isotopie" $h : N \times [0,1] \to M$ (jedes h_t Einbettung) mit sich zu führen: $H_t \circ h_0 = h_t$.

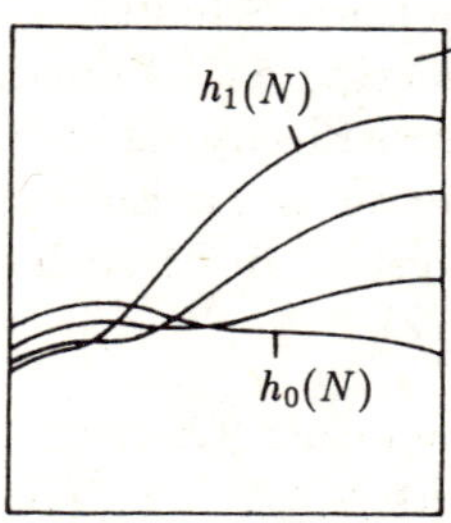

Dieses Problem führt zu der Aufgabe, auf $M \times [0,1]$ ein Vektorfeld "über" $\frac{\partial}{\partial t}$ wie in (3) zu finden, das auf der durch die Isotopie gegebene Untermannigfaltigkeit $\cup_{t \in [0,1]} h_t(N) \times t$ schon vorgeschrieben ist: (1).

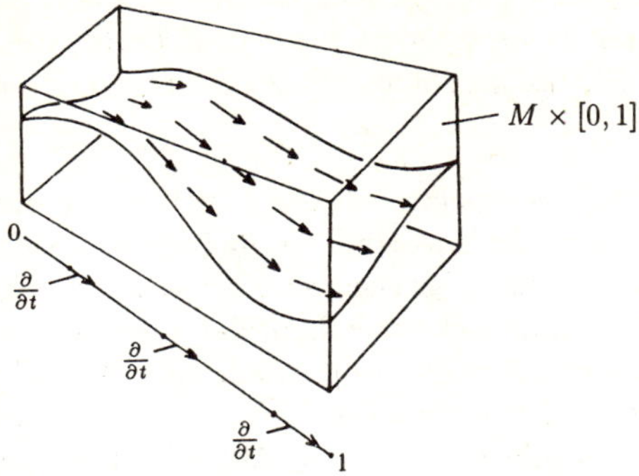

Details siehe z.B. in [3], § 9. — Überhaupt wäre ein Differentialtopologe ohne Zerlegung der Eins rein verloren, denn die vielen Diffeomorphismen, die in der Differentialtopologie gebraucht werden, erhält man fast alle durch Integration von Vektorfeldern, und die Vektorfelder verschafft man sich fast immer durch lokale Konstruktion (Analysis) und Zerlegungen der Eins (Topologie).

(4): Sei E ein Vektorraumbündel über einem topologischen Raum X. Die Eigenschaft von Schnitten im Vektorraumbündel $(E \otimes E)^*$ der Bilinearformen auf den Fasern von E, symmetrisch und positiv definit zu sein, ist konvex. So verschafft man sich "Riemannsche Metriken" auf Vektorraumbündeln, insbesondere auf Tangentialbündeln TM ("Riemannsche Mannigfaltigkeiten").

(5): Sei E ein Vektorraumbündel über X mit einer Riemannschen Metrik in jeder Faser. Sei $\varepsilon > 0$ und $\sigma : X \to E$ ein vorgegebener Schnitt. Die Eigenschaft von Schnitten in E, innerhalb der "ε – Tube" um σ zu verlaufen, ist konvex.

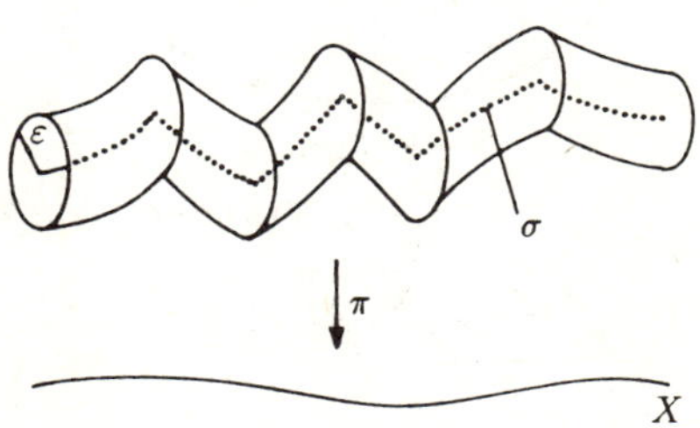

Auch hier liegt das Interesse natürlich nicht darin, überhaupt einen in der Tube verlaufenden Schnitt zu finden, ein solcher ist ja gerade als σ vorgegeben, sondern Schnitte mit zusätzlichen, "besseren" Eigenschaften als σ hat, die σ dann "ε-genau" approximieren.

Wenn diese Beispiele auch ganz typisch für die Verwendung der Zerlegungen der Eins sind, so muß ich das dadurch gegebene Bild doch mit einigen Strichen noch etwas zurechtrücken. Erstens darf nicht der Eindruck entstehen, daß man immer schon in der "lokalen Situation" wäre, wenn man eine Bündelkarte vor sich hat. Das ist zwar manchmal so (z.B. in (4)), aber im allgemeinen sagt uns die "lokale Theorie" nur, daß jeder Punkt eine (vielleicht sehr kleine) Umgebung besitzt, auf der es eine lokale Lösung gibt: dann sind die Zerlegungen der Eins auch in dem harmlosen Falle unerläßlich, daß X selbst eine offene Teilmenge des $\mathbb{R}^k$ und E einfach $X \times \mathbb{R}^n$ ist. Die Singularitätentheorie führt zum Beispiel oft zu dieser Situation.

Zweitens: Die Konstruktion globaler Gegenstände aus lokalen Daten ist sicher der Hauptzweck der Zerlegungen der Eins. Sie können aber auch benutzt werden, um schon vorhandene globale Gegenstände in lokale zu zerlegen und so irgendwelchen Berechnungen zugänglich zu machen. Ist zum Beispiel $M \subset \mathbb{R}^n$ sagen wir eine kompakte k-dimensionale Untermannigfaltigkeit und

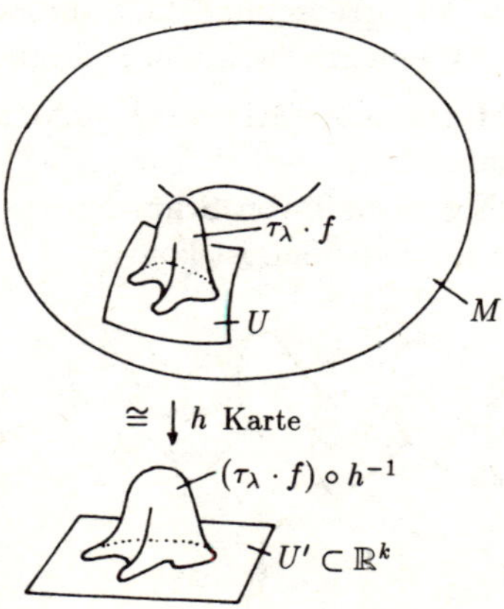

$f: M \to \mathbb{R}$ eine sagen wir stetige Funktion darauf, so kann man das Integral $\int_M f \mathrm{d}V$ dadurch erst definieren und dann studieren, daß man eine einem endlichen Atlas subordinierte endliche Zerlegung der Eins wählt, das einzelne $\int_M \tau_\lambda \mathrm{d}V$ mittels einer Karte auf das gewöhnliche Mehrfachintegral im $\mathbb{R}^k$ zurückführt, nämlich durch $\int_M \tau_\lambda \mathrm{d}V = \int_{\mathbb{R}^k} (\tau_\lambda f) \circ h^{-1} \cdot \sqrt{g} \mathrm{d}x_1 \ldots \mathrm{d}x_k$, wobei g die Determinante der metrischen Fundamentalform (g_{ij}) ist, und schließlich

$$\int_M f \mathrm{d}V = \sum_{\lambda \in \Lambda} \int_M \tau_\lambda f \mathrm{d}V$$

benutzt.

Und drittens schließlich sei erwähnt, daß die Zerlegungen der Eins nicht nur für Funktionen und Schnitte in Vektorraumbündeln da sind, sondern noch manchen subtileren Zwecken dienen, siehe z.B. A. Dold, *Partitions of Unity in the Theory of Fibrations*, 1963 [6].

8.5 Parakompaktheit

Zögernd nur nenne ich einen weiteren topologischen Begriff: Parakompaktheit. Es gibt allzu viele solcher Begriffe! Ein A heißt B, wenn es zu jedem C ein D gibt, so daß E gilt — das ist zunächst einmal langweilig und bleibt es auch solange, bis wir einen *Sinn* dahinter sehen können, " bis uns ein Geist aus diesen Chiffren spricht". Wenn einer eine erste uninteressante Eigenschaft und eine zweite uninteressante Eigenschaft definiert, nur um zu sagen, daß aus der ersten uninteressanten Eigenschaft die zweite uninteressante Eigenschaft folgt, daß es aber ein uninteressantes Beispiel gibt, welches die zweite uninteressante Eigenschaft hat und die erste nicht: da möchte man doch des Teufels werden! Niemals ist ein bedeutsamer Begriff aufs Geratewohl und gleichsam spielerisch in die Mathematik eingeführt worden; der Sinn ist vorher da, und der Zweck schafft die Mittel.

Nun weiß ich natürlich so gut wie ein anderer, daß es im akademischen Unterricht ganz unvermeidlich ist, die Studenten nicht nur zuweilen, sondern oft auf “später” zu vertrösten; die formalen und handwerklichen Kenntnisse müssen eben erst eine gewisse Höhe erreicht haben, bevor sich ehrlich, d.h. ohne Unterschieben leichtfaßlicher aber unwahrer Motive, über den Sinn der Sache sprechen läßt. Aber so formal als nötig heißt in der Mathematik sowieso ziemlich formal, und noch formaler sollte es nicht zugehen. Wem allzu oft zugemutet wurde, Vorbereitungen zu unbekannten Zwecken interessant zu finden, dem erkaltet schließlich der Wunsch, diese Zwecke überhaupt noch kennenlernen zu wollen, und ich fürchte, es verläßt manch einer die Universität, der das eigentliche Zentralfeuer der Mathematik nirgends hat glühen sehen und der nun sein Leben hindurch alle Berichte davon für Märchen und das “Interesse” an der Mathematik für eine augenzwinkernd getroffene Konvention hält. — Aber ich komme wohl zu weit von meinem Thema ab.

Definition (parakompakt): Ein Hausdorffraum X heißt ***parakompakt***, wenn es zu jeder offenen Überdeckung eine lokalendliche Verfeinerung gibt, d.h. wenn es zu jeder offenen Überdeckung $\mathfrak{U}$ von X eine offene Überdeckung $\mathfrak{B} = \{V_\lambda\}_{\lambda \in \Lambda}$ von X gibt, so daß gilt:

(1) $\mathfrak{B}$ ist lokal endlich, d.h. zu jedem $x \in X$ gibt es eine Umgebung, die nur für endlich viele λ das V_λ trifft und

(2) $\mathfrak{B}$ ist eine Verfeinerung von $\mathfrak{U}$, d.h. jedes V_λ ist in einer der Mengen aus $\mathfrak{U}$ enthalten.

Das ist gewissermaßen der langweilige “Rohzustand” des Begriffes. Er gewinnt aber sogleich Interesse durch den

Satz: *Ein Hausdorffraum ist genau dann parakompakt, wenn er die angenehme Eigenschaft hat, zu jeder offenen Überdeckung eine subordinierte Zerlegung der Eins zu besitzen.*

Die eine Richtung des Beweises ist trivial: Ist $\{\tau_\lambda\}_{\lambda \in \Lambda}$ eine zu $\mathfrak{U}$ subordinierte Zerlegung der Eins, so bilden die $V_\lambda := \{x \in X \mid \tau_\lambda(x) \neq 0\}$ eine lokalendliche Verfeinerung von $\mathfrak{U}$. Mit dem Beweis, daß umgekehrt jeder parakompakte Raum die “Zerlegung-der-Eins-Eigenschaft” hat, werden wir Paragraph und Kapitel beschließen. Zuvor will ich aber auf eine naheliegende Frage eingehen, nämlich: Wozu der Satz? Warum *definiert* man den Begriff nicht einfach durch die Aussage des Satzes, wenn es doch auf die Zerlegung der Eins ankommen soll? Nun, gerade wegen der Wünschbarkeit der Zerlegung-der-Eins-Eigenschaft möchte man sie möglichst vielen Räumen schnell ansehen können, und das geht mit Hilfe des Satzes meist besser als direkt. Zum Beispiel ist trivialerweise jeder kompakte Hausdorffraum auch parakompakt, aber können wir ihm auch die Zerlegung-der-Eins-Eigenschaft sofort ansehen? Nein, erst mit Hilfe des Satzes. — Die folgenden ohne Beweis gegebenen Mitteilungen sollen Ihnen zeigen, daß Parakompaktheit eine weitverbreitete, sozusagen "gewöhnliche" Eigenschaft ist.

Bemerkung: *Ist ein Hausdorffraum lokal kompakt, d.h. steckt in jeder Umgebung eine kompakte, und ist er außerdem Vereinigung von abzählbar vielen kompakten Teilräumen (wofür wegen der lokalen Kompaktheit das 2. Abzählbarkeitsaxiom genügt), so ist er parakompakt.*

Korollar: *Mannigfaltigkeiten, insbesondere* $\mathbb{R}^n$, *sind parakompakt.*

Bemerkung: *Das Produkt aus einem parakompakten Raum und einem kompakten Hausdorffraum ist parakompakt.*

Satz (Stone): *Jeder metrisierbare Raum ist parakompakt!*

Insbesondere sind also auch alle Teilräume von metrisierbaren Räumen parakompakt, weil sie ja wieder metrisierbar sind. Das ist deshalb bemerkenswert, weil sich Parakompaktheit im allgemeinen zwar auf abgeschlossene Teilräume überträgt (aus demselben Grunde wie Kompaktheit, siehe Kapitel 1), aber nicht auf beliebige Teilräume.

Satz (Miyazaki): *Jeder CW-Komplex ist parakompakt.*

Für den Beweis dieses letzten Satzes siehe die Referenz in [5], für die übrigen Aussagen siehe z.B. [16], Kap I, § 8.5 und 8.7. Die Beweise sind sämtlich nicht schwer — zu lesen.

Nun aber zu dem schon angekündigten *Beweis*, daß in einem parakompakten Raum jede offene Überdeckung eine subordinierte Zerlegung der Eins besitzt. Der Beweis hat zwei Teile:

(1) Lemma: In jedem parakompakten Raum ist das Urysohnsche Lemma anwendbar, d.h. je zwei abgeschlossene disjunkte Teilmengen sind durch offene Umgebungen trennbar.

(2) Konstruktion von Zerlegungen der Eins mittels des Urysohnschen Lemmas.

Zu (1): Seien also A und B disjunkte abgeschlossene Teilmengen des parakompakten Raumes X. Zu je zwei Punkten $a \in A$, $b \in B$ wählen wir trennende offene Umgebungen $U(a,b)$ und $V(a,b)$. Nun halten wir a fest und versuchen a und B durch offene Umgebungen $U(a)$ und $V(a)$ zu trennen. Dazu wählen wir eine lokalendliche Verfeinerung der durch $\{V(a,b)\}_{b \in B}$ und $X \smallsetminus B$ gegebenen offenen Überdeckung und definieren $V(a)$ als die Vereinigung aller Mengen dieser Verfeinerung, die in einem der $V(a,b)$, $b \in B$ liegen. Wegen der lokalen Endlichkeit gibt es nun eine offene Umgebung von a, die nur endlich viele dieser Verfeinerungsmengen trifft, und wenn diese in $V(a,b_1) \cup \cdots \cup V(a,b_r)$ liegen, so brauchen wir jene offene Umgebung von a nur noch mit $U(a,b_1) \cap \cdots \cap U(a,b_r)$ zu schneiden und erhalten eine zu $V(a)$ disjunkte offene Umgebung $U(a)$ von a.

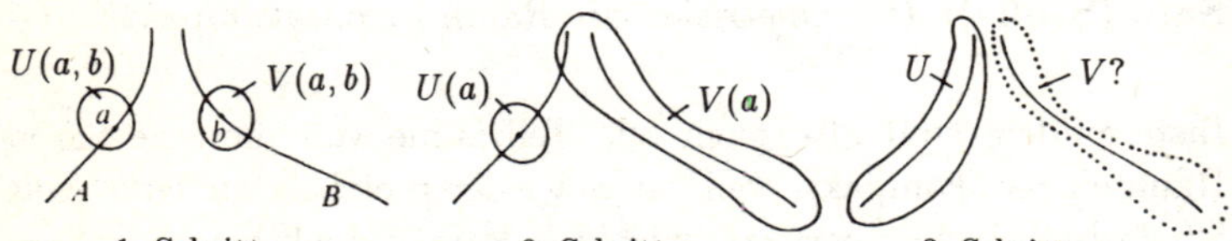

1. Schritt 2. Schritt 3. Schritt

Nun halten wir a nicht mehr fest, sondern wählen analog eine lokalendliche Verfeinerung der durch $\{U(a)\}_{a \in A}$ und $X \smallsetminus A$ gegebenen offenen Überdeckung und definieren U als die Vereinigung aller in den $U(a)$, $a \in A$ gelegenen Mengen dieser Verfeinerung. Nun brauchen wir nur noch zu jedem $b \in B$ eine offene Umgebung zu finden, die U nicht trifft: deren Vereinigung ist dann das gesuchte V. Jedenfalls hat b eine offene Umgebung, die nur endlich viele der Verfeinerungsmengen trifft, als deren Vereinigung wir U definiert haben. Mögen diese in $U(a_1) \cup \cdots \cup U(a_s)$ enthalten sein. Dann ist der Schnitt jener Umgebung von b mit $V := V(a_1) \cap \cdots \cap V(a_s)$ die gesuchte zu U disjunkte Umgebung.

(1)□

Zu (2): Sei nun $\mathfrak{U} = \{U_\lambda\}_{\lambda \in \Lambda}$ eine oBdA lokal endliche offene Überdeckung von X. Um eine dazu subordinierte Zerlegung der Eins zu finden, wollen wir die U_λ erst noch ein bißchen "schrumpfen" lassen, d.h. wir wollen eine offene Überdeckung $\{V_\lambda\}_{\lambda \in \Lambda}$ mit $\overline{V}_\lambda \subset U_\lambda$ finden. Angenommen nämlich, das wäre möglich: Dann wählten wir $\sigma_\lambda : X \to [0,1]$ mit $\sigma_\lambda | \overline{V}_\lambda \equiv 1$ und $\sigma_\lambda | X \setminus U_\lambda \equiv 0$ nach dem Urysohnschen Lemma und erhielten eine lokal endliche Familie $\{\sigma_\lambda\}_{\lambda \in \Lambda}$; die Summe $\sigma := \sum_{\lambda \in \Lambda} \sigma_\lambda$ wäre stetig und überall positiv, und deshalb wäre durch $\tau_\lambda := \sigma_\lambda / \sigma$, $\lambda \in \Lambda$, die gesuchte Zerlegung der Eins da. — Bleibt also zu zeigen: $\mathfrak{U}$ besitzt eine "Schrumpfung". Wähle zu jedem $x \in X$ eine offene Umgebung Y_x, so daß $\overline{Y}_x$ ganz in einer der Mengen aus $\mathfrak{U}$ liegt. Das ist möglich, weil man nach (1) x und $X \setminus U_\lambda$ für $x \in U_\lambda$ durch offene Umgebungen trennen kann. Sei $\{W_\alpha\}_{\alpha \in A}$ eine lokal endliche Verfeinerung von $\{Y_x\}_{x \in X}$ und V_λ die Vereinigung aller W_α, deren Hülle in U_λ enthalten ist. Dann ist natürlich $\{V_\lambda\}_{\lambda \in \Lambda}$ wieder eine offene Überdeckung, und es gilt tatsächlich $\overline{V}_\lambda \subset U_\lambda$, denn: Sei $x \in \overline{V}_\lambda$. Dann trifft jede Umgebung von x mindestens eines der W_α, deren Hülle in U_λ enthalten ist. Eine genügend kleine Umgebung trifft aber, wegen der lokalen Endlichkeit von $\{W_\alpha\}_{\alpha \in A}$, nur endlich viele, sagen wir $W_{\alpha_1}, \ldots, W_{\alpha_r}$. Dann muß aber x in $\overline{W_{\alpha_1} \cup \cdots \cup W_{\alpha_r}}$ liegen, sonst gäbe es doch eine Umgebung von x, die gar kein W_α trifft, dessen Hülle in U_λ liegt. Also haben wir $x \in \overline{W_{\alpha_1} \cup \cdots \cup W_{\alpha_r}} = \overline{W}_{\alpha_1} \cup \cdots \cup \overline{W}_{\alpha_r} \subset U_\lambda$.

(2)□

9 Überlagerungen

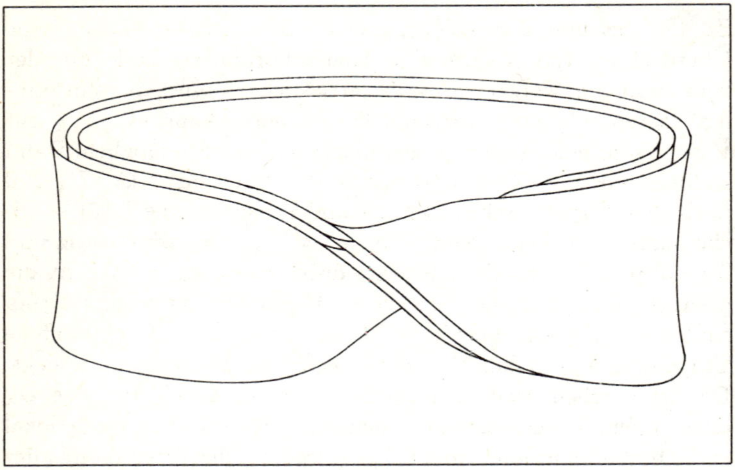

9.1 Topologische Räume über X

Eine Überlagerung von X ist eine stetige surjektive Abbildung $\pi : Y \to X$, die lokal um jeden Punkt der "Basis" X im wesentlichen so aussieht, wie die kanonische Abbildung einer disjunkten Summe von Kopien eines Raumes auf ihr Muster. Soviel vorweg, um die Anschauung in die richtige Richtung zu lenken.

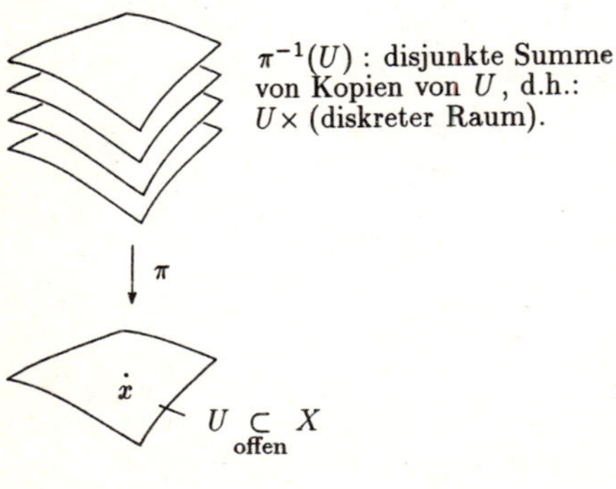

Bei der gewöhnlichen Vorstellung, die sich mit einer Abbildung $f : A \to B$ verbindet, ist A das primäre Objekt, mit dem bei der Abbildung etwas "geschieht": Jeder Punkt $a \in A$ wird auf einen Bildpunkt $f(a) \in B$ "abgebildet". Ebensowohl könnte man aber den Zielraum B als das primäre Objekt auffassen und sich die Abbildung $f : A \to B$ als eine Familie $\{A_b\}_{b \in B}$ von "Fasern" $A_b := f^{-1}(b)$ über B denken. Beide Arten, eine Abbildung anzugeben oder sich vorzustellen, sind natürlich völlig gleichbedeutend, und es kommt nur auf den jeweiligen Zweck an, dessentwegen man die Abbildung überhaupt betrachtet, ob der einen oder der anderen der Vorzug zu geben ist. Jeder wird sich z.B. eine Kurve $\alpha : [0,1] \to X$ nach der ersten Art vorstellen (Verlauf: zu jeder Zeit t wissen, wo der Bildpunkt ist), während etwa für ein Vektorraumbündel $\pi : E \to X$ die zweite Art den passenderen Gesamteindruck gibt (zu jedem $x \in X$ wissen, welches die zugehörige Faser E_x ist).

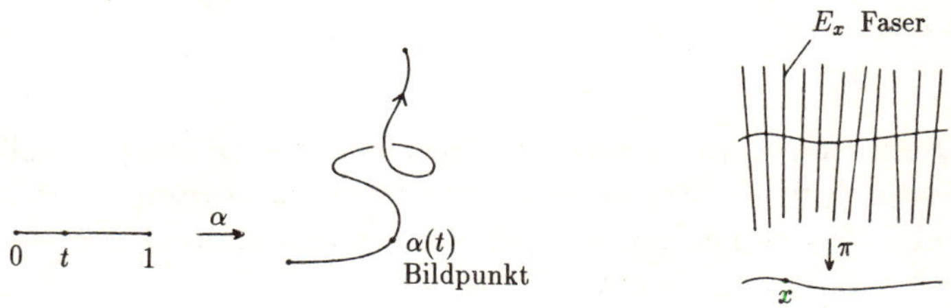

Bei den Überlagerungen ist es nun auch der Zielraum, mit dem etwas "geschieht" (er wird überlagert), und deshalb möchte ich die Aufmerksamkeit durch eine Sprechweise auf diese Vorstellung richten:

Sprechweise ("über"): Sei X ein topologischer Raum. Unter einem *topologischen Raum über X* verstehen wir ein Paar (Y, π), bestehend aus einem topologischen Raum Y und einer stetigen surjektiven Abbildung $\pi : Y \to X$.

Notation: Wir eliminieren π wenn möglich aus der Notation, d.h. wir schreiben, wenn keine Verwechslungen zu befürchten sind, Y statt (Y, π), notieren die ***Faser*** $\pi^{-1}(x)$ über x als Y_x und die ***Einschränkung*** $(\pi^{-1}(U), \pi|\pi^{-1}(U))$ als $Y|U$.

BEISPIEL: Durch die Projektion auf die x-Koordinate wird D^2 zu einem topologischen Raum über $[-1,1]$. Die Fasern sind Intervalle oder (über den beiden Enden) Punkte:

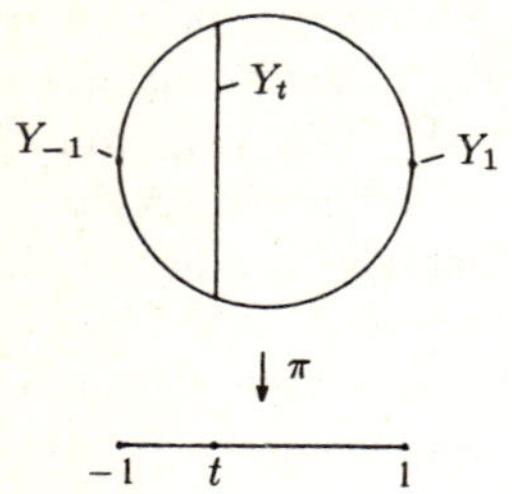

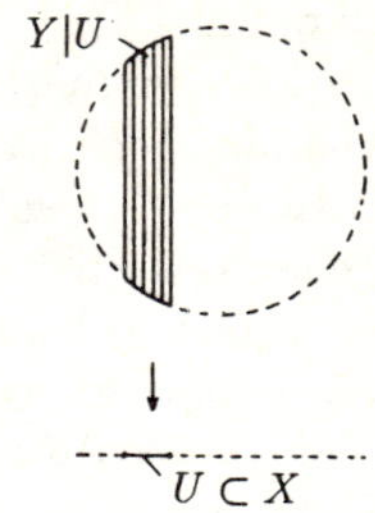

Das sind also zunächst nur Sprechweisen über surjektive stetige Abbildungen. Der Gesichtspunkt, unter dem sie hier betrachtet werden sollen, wird aber sogleich klar, wenn ich angebe, wann zwei topologische Räume über X als äquivalent angesehen werden sollen:

Definition: Zwei topologische Räume Y und $\widetilde{Y}$ über X sollen ***homöomorph über*** X oder kurz ***isomorph*** heißen ($Y \cong \widetilde{Y}$), wenn es zwischen ihnen einen Homöomorphismus $h : Y \to \widetilde{Y}$ "über X" gibt, d.h. einen für den

$$\begin{array}{ccc} Y & \xrightarrow{\;h\;} & \widetilde{Y} \\ & {\scriptstyle\pi}\searrow \quad \swarrow{\scriptstyle\widetilde{\pi}} & \\ & X & \end{array}$$

kommutativ ist. Beachte, daß h dann jeweils die Faser Y_x homöomorph auf die Faser $\widetilde{Y}_x$ abbildet.

Ohne weitere Einschränkungen durch Axiome ist der Begriff des topologischen Raumes über X noch zu allgemein, um ernsthaft etwas nütze zu sein. Eine immer noch große, aber bereits interessante Klasse von topologischen Räumen über X erhält man durch die Forderung der "lokalen Trivialität":

Definition (Triviale und lokal triviale Faserungen): Ein topologischer Raum Y über X heißt ***trivial***, wenn es einen topologischen Raum F gibt, so daß Y zu

$$\begin{array}{c} X \times F \\ \Big\downarrow \text{kanonische Projektion} \\ X \end{array}$$

isomorph ist. Ein topologischer Raum Y über X heißt ***lokal trivial*** oder ***lokal triviale Faserung***, wenn es zu jedem $x \in X$ eine Umgebung U gibt, über der Y trivial ist, d.h. für die $Y|U$ trivial ist.

Ist für eine Umgebung U von x die Einschränkung $Y|U$ trivial, dann ist natürlich sogar $Y|U \cong U \times Y_x$. Sind für eine lokal triviale Faserung alle Fasern Y_x zu einem festen Raum F homöomorph, so heißt Y eine lokal triviale Faserung mit ***typischer Faser*** F. Dies ist keine so starke weitere Einschränkung als es vielleicht aussieht: Der Homöomorphietyp der Fasern Y_x einer lokal trivialen Faserung ist natürlich lokal konstant und deshalb, wenn die Basis X zusammenhängend ist, überhaupt konstant.

Für lokal triviale Faserungen Y über X mit Faser F bestehen z.B. enge Beziehungen zwischen den Homotopiegruppen von Faser F, Basis X und Totalraum Y ("exakte Homotopiesequenz"), so daß man aus Kenntnissen über Homotopieeigenschaften zweier dieser Räume auf Homotopieeigenschaften des dritten schließen kann. (In der Tat ist lokale Trivialität mehr als man für die exakte Homotopiesequenz braucht; Stichwort "Serre-Faserungen").

Ein Wort zur Terminologie: Faser*bündel*, auf die wir hier gar nicht weiter eingehen wollen, "sind" zwar unter anderem auch lokal triviale Faserungen, ein Faserbündel ist aber nicht einfach eine lokal triviale Faserung mit besonderen Eigenschaften: außer zusätzlichen Axiomen gehören auch zusätzliche Daten zu diesem Begriff. So wird z.B. bei den Vektorraumbündeln eine Vektorraumstruktur auf den Fasern gefordert (zusätzliches Datum), und man muß die lokal trivialisierenden Homöomorphismen linear isomorph auf den Fasern wählen können (zusätzliches Axiom).

9.2 Der Begriff der Überlagerung

Definition: Eine lokal triviale Faserung heißt ***Überlagerung***, wenn ihre Fasern alle diskret sind.

Eine surjektive stetige Abbildung $\pi : Y \to X$ ist also eine Überlagerung, wenn es zu jedem $x \in X$ eine offene Umgebung U und einen diskreten Raum Λ gibt, so daß $Y|U$ und $U \times \Lambda$ über U homöomorph sind.

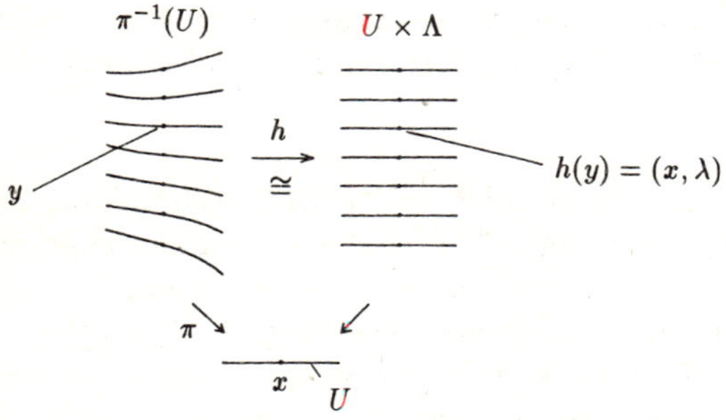

Als Λ kann man dann natürlich die Faser Y_x selbst wählen, wie stets bei lokal trivialen Faserungen.

Die Mächtigkeit $\# Y_x$ der Faser über x nennt man die ***Blätterzahl*** der Überlagerung an der Stelle x. Offenbar ist die Blätterzahl lokal konstant und deshalb für zusammenhängendes X überhaupt konstant. Ist die Blätterzahl konstant n, so spricht man von einer ***n-blättrigen*** Überlagerung. — Eine Überlagerungsabbildung $\pi : Y \to X$ ist immer *lokal homöomorph*, d.h. zu jedem $y \in Y$ gibt es eine offene Umgebung V, so daß $\pi(V)$ offen in X ist und π einen Homöomorphismus $V \xrightarrow{\cong} \pi(V)$ definiert. In $U \times \Lambda$ ist natürlich jedes $U \times \{\lambda\}$ offen, weil Λ diskret ist, und die kanonische Projektion $U \times \{\lambda\} \to U$ ist natürlich ein Homöomorphismus. Deshalb ist in der oben skizzierten Situation auch $V := h^{-1}(U \times \lambda)$ offen in $\pi^{-1}(U)$ und deshalb in Y, und π bildet V homöomorph auf U ab.

Dieser Überlagerungsbegriff ist nicht der einzige, sondern nur der einfachste, der im Gebrauch ist. Besonders in der Funktionentheorie hat man Anlaß, auch allgemeinere "Überlagerungen" zu betrachten, insbesondere "verzweigte" Überlagerungen wie z.B. $\mathbb{C} \to \mathbb{C}$, $z \mapsto z^2$. Es wird dann nicht mehr die lokale Trivialität gefordert, sondern nur noch die Stetigkeit, Offenheit (Bilder offener Mengen offen) und diskrete Fasern. (Vgl. z.B. [9], S. 18). Die Stellen y, an denen eine solche Abbildung nicht lokal homöomorph ist, heißen die Verzweigungspunkte; in dem Beispiel $z \mapsto z^2$ ist 0 der einzige Verzweigungspunkt. — Aber auch wenn eine solche "verallgemeinerte" Überlagerung unverzweigt, d.h. überall lokal homöomorph, und surjektiv ist, braucht sie noch keine Überlagerung in unserem Sinne zu sein, man kann sich leicht Beispiele herstellen, indem man aus "richtigen" Überlagerungen geeignete abgeschlossene Stücke herausschneidet.

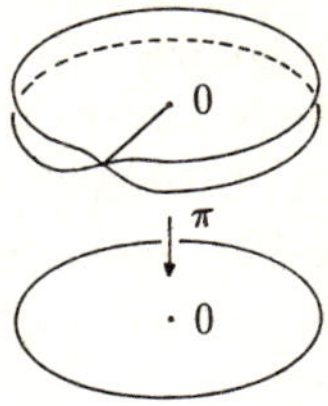

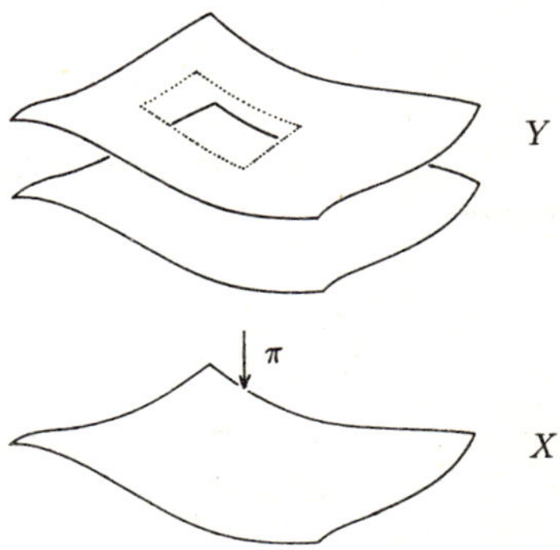

Betrachte $Y = \mathbb{R} \times 0 \cup \{x \in \mathbb{R} \mid x > 0\} \times 1$ mit der kanonischen Projektion $Y \to \mathbb{R}$ als das einfachste Beispiel: Y ist bei 0 nicht lokal trivial, die Blätterzahl ist links 1 und rechts 2:

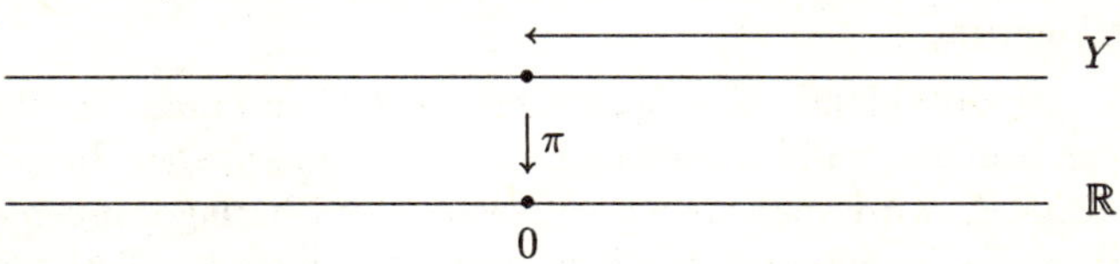

Man kann sich dieses Phänomen so vorstellen, daß man beim Herumwandern auf Y plötzlich an "Grenzen" kommt, wo Y

"aufhört", obwohl der Fußpunkt in der Basis X weiterlaufen könnte. Man nennt deshalb unsere lokal trivialen Überlagerungen, die wir hier ausschließlich betrachten wollen, auch "unverzweigte, unbegrenzte Überlagerungen". — Zum Schluß noch einige ganz einfache, aber im technischen Sinne nicht-triviale Beispiele von Überlagerungen:

(1): Für jede natürliche Zahl $n \geq 2$ ist durch $z \mapsto z^n$ eine n-fache nicht-triviale Überlagerung $\mathbb{C} \setminus 0 \to \mathbb{C} \setminus 0$ oder auch $S^1 \to S^1$ gegeben:

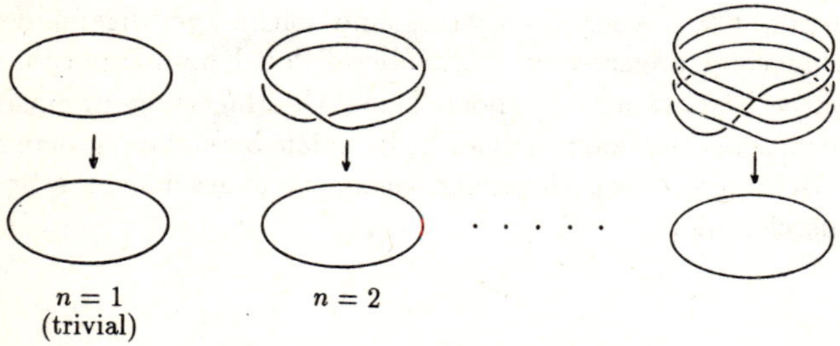

(2): Durch $\mathbb{R} \to S^1$, $x \mapsto e^{ix}$, ist eine abzählbar ∞-blättrige Überlagerung definiert.

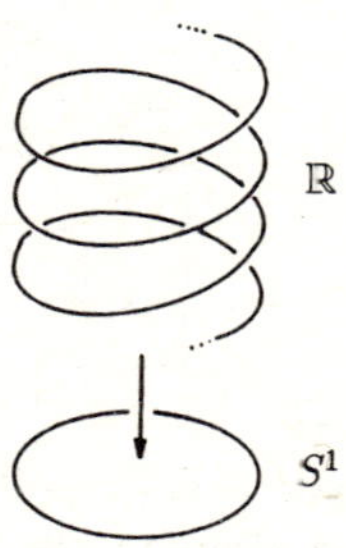

(3): Die kanonische Projektion $S^n \to \mathbb{RP}^n$ ist eine 2-blättrige Überlagerung.

Soviel zum bloßen Überlagerungs*begriff*. Wozu man Überlagerungen braucht, will ich im Abschnitt 9.8 erklären. Den Hauptteil des Kapitels wird aber die Klassifikation der Überlagerungen einnehmen. Es ist nämlich möglich, eine gewisse Art vollständiger Übersicht über alle Überlagerungen eines topologischen Raumes X zu gewinnen, und diese ist gemeint, wenn man von der

“Überlagerungstheorie” spricht — ein Theorielein schon eher, aber ein nützliches. In dieser Theorie nun gibt es einen allgegenwärtigen technischen Handgriff, mit dem alles gemacht, konstruiert und bewiesen wird: Das Hochheben von Wegen, und dieses soll zuerst vorgestellt werden.

9.3 Das Hochheben von Wegen

Definition (Hochheben von Wegen): Sei $\pi : Y \to X$ eine Überlagerung und $\alpha : [a,b] \to X$ eine stetige Abbildung (“Weg”). Ein Weg $\widetilde{\alpha} : [a,b] \to Y$ heißt eine ***Hochhebung*** von α zum Anfangspunkt y_0, wenn $\widetilde{\alpha}(a) = y_0$ und $\pi \circ \widetilde{\alpha} = \alpha$ gilt.

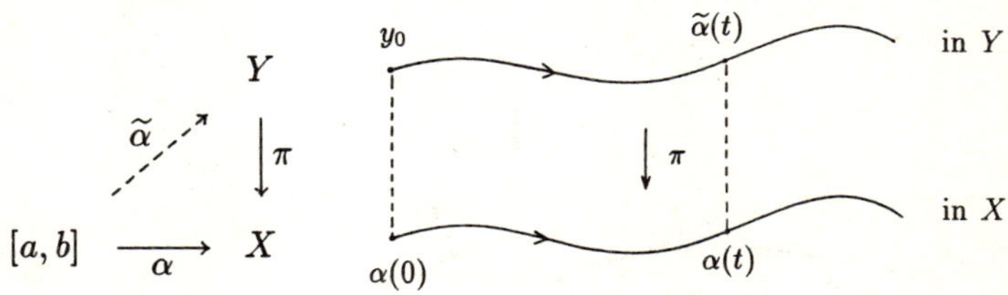

Lemma (Existenz und Eindeutigkeit für das Hochheben von Wegen): *Ist Y eine Überlagerung von X, so gibt es zu jedem Weg α in X und jedem $y_0 \in Y$ über $\alpha(a)$ genau eine Hochhebung $\widetilde{\alpha}$ von α zum Anfangspunkt y_0.*

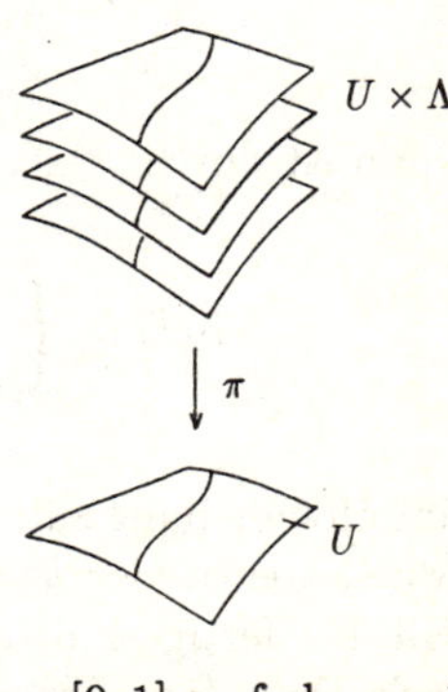

Beweis: Ist $U \subset X$ offen und $Y|U$ trivial, so sind jedenfalls sämtliche Hochhebungen sämtlicher ganz in U verlaufender Wege β leicht zu übersehen: Bezüglich $Y|U \cong U \times \Lambda$ sind es gerade die durch $\widetilde{\beta}_\lambda(t) := (\beta(t), \lambda)$ definierten Wege $\widetilde{\beta}_\lambda$ in Y. Sei nun α von (oBdA) $[0,1]$ nach X gegeben und y_0 über $\alpha(0)$. Eindeutigkeit: Seien $\widetilde{\alpha}$ und $\widehat{\alpha}$ zwei Hochhebungen zu y_0. Wie die Überlegung für $Y|U$ zeigt, sind die beiden Teilmengen von $[0,1]$ auf denen $\widetilde{\alpha}$ und $\widehat{\alpha}$ übereinstimmen bzw. nicht übereinstimmen beide offen;

die erste ist nicht leer, weil sie 0 enthält, also ist sie ganz $[0,1]$, weil das Intervall zusammenhängend ist.

EXISTENZ: Die Menge der $\tau \in [0,1]$, für die eine Hochhebung von $\alpha|[0,\tau]$ zum Anfangspunkt y_0 existiert, ist nicht leer, weil sie 0 enthält. Sei t_0 ihr Supremum. Wähle eine offene Umgebung U von $\alpha(t_0)$ über der Y trivial ist und ein $\varepsilon > 0$ so, daß $[t_0 - \varepsilon, t_0 + \varepsilon] \cap [0,1]$ von α ganz nach U abgebildet wird. Sei $\widetilde{\alpha} : [0,\tau] \to Y$ eine Hochhebung von $\alpha|[0,\tau]$ für ein $\tau \in [t_0 - \frac{\varepsilon}{2}, t_0] \cap [0,1]$ und $\widetilde{\beta}$ die Hochhebung von $\alpha|[\tau, t_0 + \frac{\varepsilon}{2}] \cap [0,1]$ zum Anfangspunkt $\widetilde{\alpha}(\tau)$.

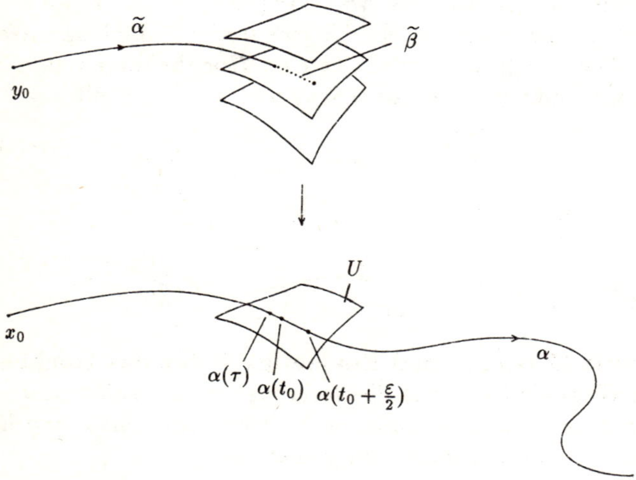

Dann ist durch

$$\widehat{\alpha}(t) := \begin{cases} \widetilde{\alpha}(t) & \text{für} \quad t \in [0,\tau] \\ \widetilde{\beta}(t) & \text{für} \quad t \in [\tau, t_0 + \frac{\varepsilon}{2}] \cap [0,1] \end{cases}$$

eine Hochhebung zum Anfangspunkt y_0 von $\alpha|[0,b]$ definiert, und zwar ist entweder $b = 1$ (falls nämlich $t_0 = 1$ war), in welchem Fall wir fertig sind, oder aber $b > t_0$. Dies letztere kann aber nach Definition von t_0 gar nicht sein, also ist $\widehat{\alpha}$ die gesuchte Hochhebung von α. □

Dieses Lemma beantwortet die beiden naheliegendsten Fragen über das Hochheben von Wegen. Das Wichtigste nun, was man darüber hinaus noch vom Hochheben wissen muß, ist die “Stetige Abhängigkeit von zusätzlichen Parametern”. Denken wir uns nicht nur einen einzelnen Weg α gegeben, sondern eine ganze “Schar”, also eine Homotopie $h : Z \times [0,1] \to X$, und dementsprechend anstatt eines einzelnen Anfangspunktes y_0 über $\alpha(0)$ eine ganze “stetige Anfangsabbildung” $\widetilde{h}_0 : Z \to Y$ über h_0, d.h. mit $\pi \circ \widetilde{h}_0 = h_0$. Heben wir nun jeweils für festes $z \in Z$ den einzelnen Weg zum vorgeschriebenen Anfangspunkt $\widetilde{h}_0(z)$ hoch, so erhalten wir insgesamt eine Abbildung $\widetilde{h} : Z \times [0,1] \to Y$ über h, und die Frage ist, ob $\widetilde{h}$ unstetig sein kann:

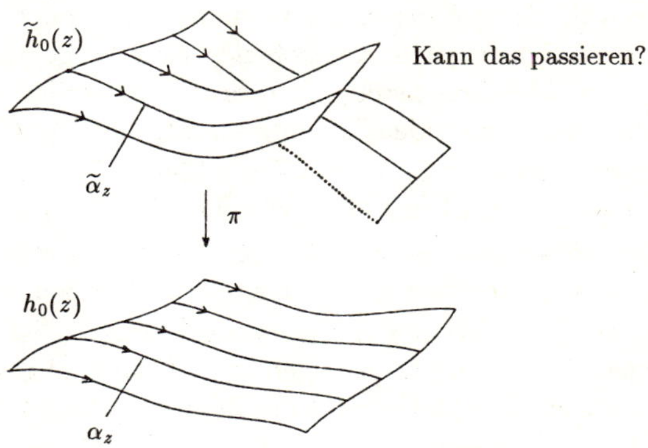

Kann nicht! Beim Beweis müssen wir noch einmal ein wenig tüfteln, dann haben wir aber auch ein sehr brauchbares Werkzeug für die Überlagerungstheorie in der Hand.

Lemma (Hochheben von Homotopien): *Sei Y eine Überlagerung von X, sei Z ein weiterer topologischer Raum, $h : Z \times [0,1] \to X$ eine stetige Abbildung und $\widetilde{h}_0 : Z \to Y$ eine stetige “Hochhebung” von h_0 (“gegebene Anfangshochhebung”):*

$$\begin{array}{ccc} Z \times 0 & \xrightarrow{\widetilde{h}_0} & Y \\ \downarrow & \overset{\widetilde{h}}{\nearrow} & \downarrow \pi \\ Z \times [0,1] & \xrightarrow[h]{} & X \end{array}$$

Dann ist die durch Hochhebung der einzelnen Wege $\alpha_z : [0,1] \to X$, $t \mapsto h(z,t)$ zum Anfangspunkt $\widetilde{h}_0(z)$ gegebene Abbildung $\widetilde{h} : Z \times [0,1] \to Y$, $(z,t) \mapsto \widetilde{\alpha}_z(t)$ stetig.

BEWEIS: Wir wollen die ε-Umgebung $(t_0 - \varepsilon, t_0 + \varepsilon) \cap [0,1]$ von t_0 in $[0,1]$ mit $I_\varepsilon(t_0)$ abkürzen. Ein offenes Kästchen $\Omega \times I_\varepsilon(t_0)$ in $Z \times [0,1]$ soll "klein" heißen, wenn es von h in eine offene Menge $U \subset X$ abgebildet wird, über der Y trivial ist. Ist dann $\widetilde{h}$ auf einer "Vertikalen" $\Omega \times t_1$ dieses Kästchens stetig, dann sogar auf dem ganzen Kästchen, denn in Bezug auf eine Trivialisierung $Y|U \cong U \times \Lambda$ ist die Λ-Koordinate von $\widetilde{h}|\Omega \times I_\varepsilon$ (auf die es ja allein ankommt, weil die U-Koordinate durch die ohnehin stetige Abbildung h gegeben ist) unabhängig von t, nämlich wegen der Stetigkeit der hochgehobenen Einzelwege, und stetig auf $\Omega \times t_1$, also überhaupt stetig. In diesem Falle wollen wir dann das Kästchen nicht nur "klein", sondern auch noch "gut" nennen.

Für ein festes $z \in Z$ sei nun T die Menge der $t \in [0,1]$, für die es ein kleines gutes Umgebungskästchen $\Omega \times I_\varepsilon(t)$ um (z,t) gibt, was also nichts anderes bedeutet, als daß $\widetilde{h}_t$ auf einer Umgebung von z stetig ist. Dann ist T trivialerweise offen in $[0,1]$, und wegen der Stetigkeit der Anfangshochhebung $\widetilde{h}_0$ ist $0 \in T$. Wir brauchen also nur noch zu zeigen, daß T auch abgeschlossen ist, denn dann ist $T = [0,1]$ wegen des Zusammenhangs des Intervalls und folglich $\widetilde{h}$ überall stetig. Sei also $t_0 \in \overline{T}$. Wegen der Stetigkeit von h gibt es ein "kleines" Kästchen $\Omega \times I_\varepsilon(t_0)$ um (z, t_0), und wegen $t_0 \in \overline{T}$ gibt es ein $t_1 \in I_\varepsilon(t_0) \cap T$. Dann ist also $\widetilde{h}_{t_1}$ stetig auf einer Umgebung Ω_1 von z, also $\widetilde{h}$ auf ganz $(\Omega \cap \Omega_1) \times I_\varepsilon(t_0)$, und es folgt $t_0 \in T$. □

Als ein erstes Korollar notieren wir das

Monodromielemma: *Sei Y eine Überlagerung von X und α, β zwei Wege in X, die homotop mit festem Anfangs- und Endpunkt sind, d.h. es gibt eine Homotopie $h : [0,1] \times [0,1] \to X$ zwischen $h_0 = \alpha$ und $h_1 = \beta$ mit $h_t(0) = \alpha(0)$ und $h_t(1) = \alpha(1)$ für alle t. Sind dann $\widetilde{\alpha}$ und $\widetilde{\beta}$ Hochhebungen von α und β zum gleichen Anfangspunkt y_0, so haben sie auch gleichen Endpunkt: $\widetilde{\alpha}(1) = \widetilde{\beta}(1)$.*

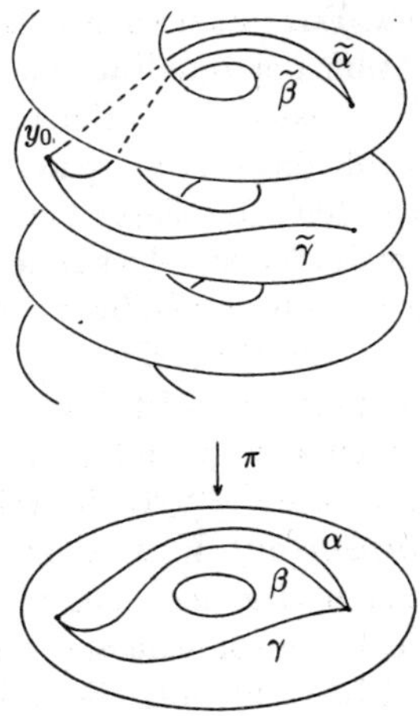

BEWEIS: Heben wir jedes einzelne h_t zu einem $\widetilde{h}_t$ mit Anfangspunkt y_0 hoch, so geht die "Endpunktabbildung" $t \mapsto \widetilde{h}_t(1)$ in die Faser über $\alpha(1)$, das wissen wir auch ohne das Hochhebungslemma aus $\pi \circ \widetilde{h}_t = h_t$. Nach dem Lemma ist diese Abbildung aber stetig, und da die Faser diskret ist also konstant. □

9.4 Einleitung zur Klassifikation der Überlagerungen

Eine Überlagerung von X ist zunächst ein nicht ohne weiteres überschaubares geometrisches Objekt. Wollen wir daher eine Übersicht, eine Klassifikation aller Überlagerungen gewinnen, so werden wir uns nach "charakterisierenden Merkmalen" für Überlagerungen umschauen müssen, d.h. wir wollen jeder Überlagerung ein mathematisch faßbares, möglichst algebraisches Datum, Merkmal oder Kennzeichen so zuordnen, daß zweien Überlagerungen von X dasselbe Merkmal genau dann zukommt, wenn sie isomorph sind. Die Isomorphieklassifikation der Überlagerungen ist dann auf den Überblick über die Merkmale zurückgeführt und dadurch hoffentlich einfacher geworden.

Viele Klassifikationsaufgaben in der Mathematik werden in diesem Sinne behandelt. Ein Ihnen allen bekanntes einfaches Beispiel ist die Klassifikation der quadratischen Formen auf einem n-dimensionalen reellen Vektorraum. Ein in die Augen fallendes Merkmal, eine "Isomorphieinvariante" einer quadratischen Form ist ihr *Rang*. Der Rang charakterisiert aber die Isomorphieklasse noch nicht, also muß man weitere Merkmale suchen, und ein solches ist z.B. die Signatur, d.h. die Differenz $p-q$ der maximalen Dimensionen p bzw. q von Unterräumen, auf denen die Form positiv bzw. negativ definit ist. (Mit Rang $p+q$ und Signatur $p-q$ kennt man natürlich auch p und q, und umgekehrt). Dann besagt der Klassifiaktionssatz ("Sylvesterscher Trägheitssatz"): *Zwei quadratische Formen auf V sind genau dann isomorph, wenn sie gleichen Rang und gleiche Signatur haben.* Damit ist die Übersicht über die Isomorphieklassen quadratischer Formen zurückgeführt auf die Übersicht über die möglichen Paare (r,σ) von Zahlen, die als Rang und Signatur vorkommen können, und das ist natürlich eine viel leichtere Aufgabe: Vorkommen kann jedes Paar $(p+q, p-q)$ mit $0 \leq p, q$ und $p+q \leq n$.

Für unsere Überlagerungen wird sich ein solches Merkmal aus dem *Hochhebeverhalten* ergeben. Wir schränken uns dabei auf wegzusammenhängende Räume ein, und außerdem denken wir uns in jedem Raum einen Punkt fest gewählt ("Basispunkt"), und bei Überlagerungen sollen natürlich die Basispunkte übereinander liegen, was wir als $\pi : (Y, y_0) \mapsto (X, x_0)$ schreiben. — Der Wegzusammenhang ist im Hinblick auf die Zwecke der Überlagerungstheorie keine wesentliche Einschränkung, und das Notieren der Basispunkte beeinträchtigt die mathematische Substanz natürlich gar nicht.

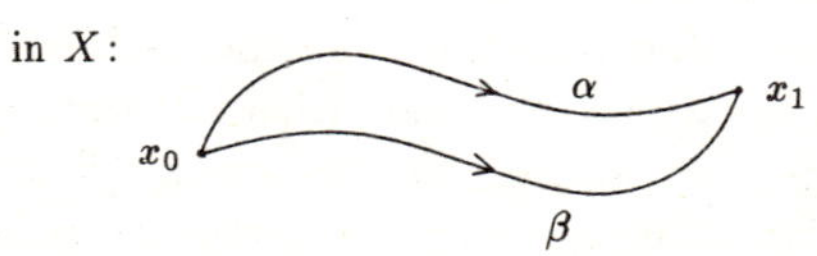

Von zwei Überlagerungen (Y, y_0) und (Y', y_0') von (X, x_0) wollen wir nun sagen, sie hätten ***dasselbe Hochhebeverhalten***, wenn für je zwei Wege α und β in X von x_0 zu irgendeinem anderen Punkt x_1 gilt: Die beiden zu y_0 hochgehobenen Wege $\widetilde{\alpha}$ und $\widetilde{\beta}$ in Y haben genau dann denselben Endpunkt, wenn die zu y_0' hochgehobenen Wege $\widetilde{\alpha}'$ und $\widetilde{\beta}'$ in Y' denselben Endpunkt haben.

Wenn nun dieses Hochhebeverhalten für die Überlagerungen eine ähnliche Rolle spielen soll wie Rang und Signatur für quadratische Formen, so müssen zwei sehr unterschiedliche Fragen beantwortet werden können:

(a) Inwieweit ist eine Überlagerung durch ihr Hochhebeverhalten bestimmt? und

(b) Wie kann man das Hochhebeverhalten algebraisch "fassen"?

Die beiden folgenden Abschnitte beantworten diese Fragen, aber damit niemand in den Details den Faden verliert, will ich hier, vielleicht überflüssigerweise, kurz das Prinzip schildern.

ZU (a): Isomorphe Überlagerungen haben offenbar dasselbe Hochhebeverhalten, die Frage ist, ob die Umkehrung gilt.

Das Hochhebeverhalten entscheidet über die Hochhebbarkeit von stetigen Abbildungen $f : (Z, z_0) \to (X, x_0)$ von wegzusammenhängenden Räumen Z auf folgende Weise. Wenn es überhaupt eine solche Hochhebung $\widetilde{f}$ gibt:

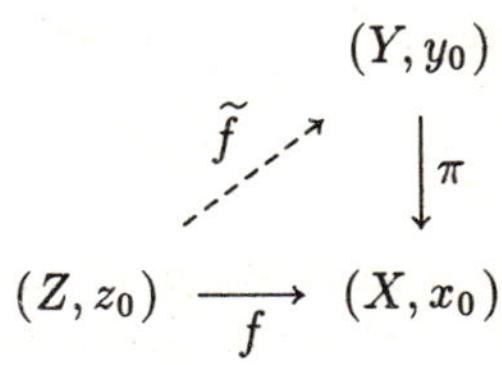

dann ist natürlich für jeden Weg α von z_0 nach z der Weg $\widetilde{f} \circ \alpha$ gerade der zu y_0 hochgehobene Weg $f \circ \alpha$ und $\widetilde{f}(z)$ deshalb der Endpunkt der Hochhebung von $f \circ \alpha$ zum Anfangspunkt y_0:

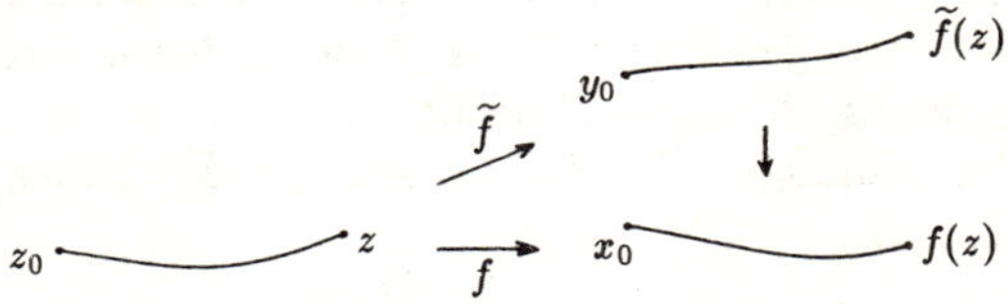

Wegen der Eindeutigkeit des Wegehochhebens folgt daraus zunächst, daß es zu f höchstens eine Hochhebung $\widetilde{f}$ mit $\widetilde{f}(z_0) = y_0$ geben kann. Wir sehen aber auch, wie ein solches $\widetilde{f}$ mittels Hochhebung von Wegen muß zu konstruieren sein, wenn vorerst nur f

gegeben ist: Man wählt zu $z \in Z$ einen Weg α von z_0 nach z, bildet ihn ab, hebt dann hoch und setzt den Endpunkt $\widetilde{f}(z)$.

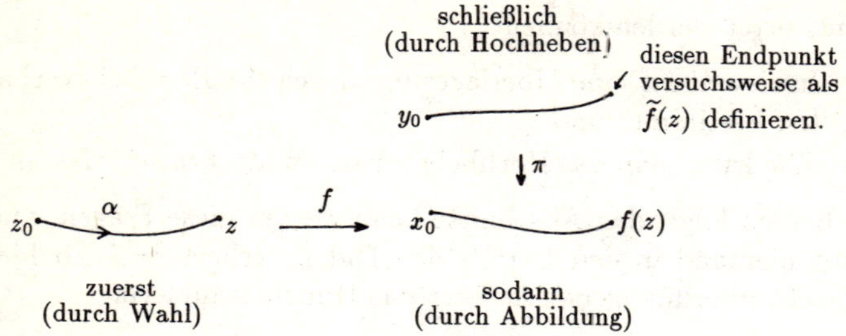

Hierbei tritt aber nun ein "Wohldefiniertheitsproblem" auf: Ist das so definierte $\widetilde{f}(z)$ unabhängig von der Wahl von α?

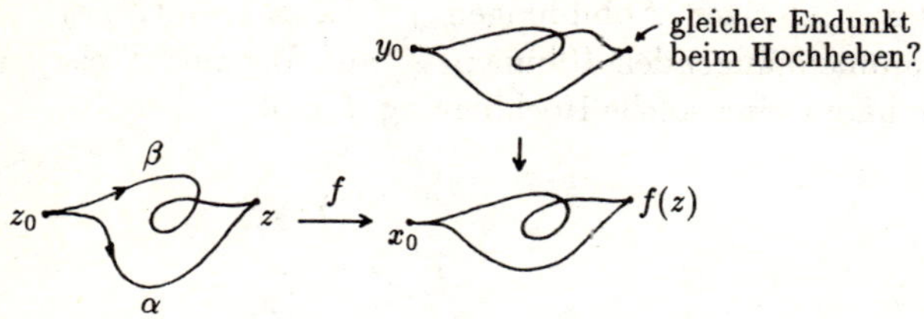

Dazu müßten also für je zwei Wege α und β, die von z_0 zum selben Endpunkt laufen, auch die Hochhebungen von $f \circ \alpha$ und $f \circ \beta$ von y_0 zum selben Endpunkt laufen. Ob diese für die Existenz von $\widetilde{f}$ offenbar notwendige Bedingung erfüllt ist, ergibt sich aber aus dem Hochhebeverhalten der Überlagerung, und wir werden sehen (Hochhebbarkeitskriterium in 9.5), daß die Bedingung unter geeigneten Voraussetzungen tatsächlich hinreichend für die Existenz einer stetigen Hochhebung $\widetilde{f}$ ist. Insbesondere ist diese Bedingung, dieses "Kriterium" natürlich erfüllt, wenn die beiden gegebenen Abbildungen Überlagerungen mit demselben Hochhebeverhalten sind:

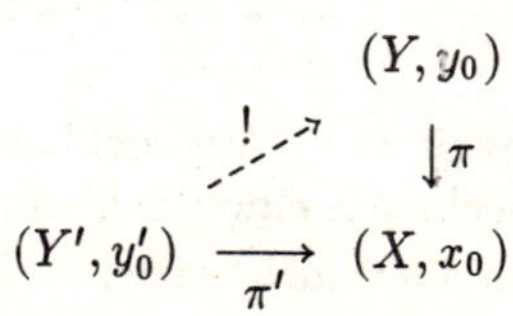

und wenden wir dann das Argument noch einmal mit vertauschten Rollen an, so erhalten wir zueinander inverse Isomorphismen der Überlagerungen:

$$\begin{array}{ccc}(Y,y_0) & \rightleftarrows & (Y',y_0')\\ & {\scriptstyle\pi}\searrow \qquad \swarrow{\scriptstyle\pi'} & \\ & (X,x_0) & \end{array}$$

Überlagerungen mit demselben Hochhebeverhalten sind also isomorph.

Zu (b): Seien α und β zwei Wege von x_0 nach x. Ihre Hochhebungen $\widetilde{\alpha}$ und $\widetilde{\beta}$ zum Anfangspunkt y_0 haben offenbar genau dann denselben Endpunkt, wenn die Hochhebung des geschlossenen Weges $\alpha\beta^-$ zum Anfangspunkt y_0

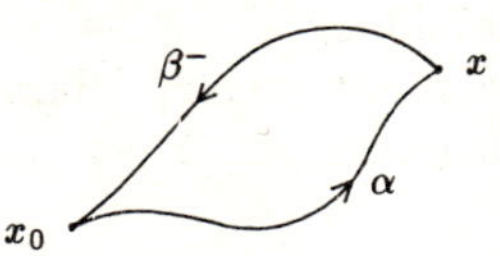

$$\alpha\beta^- : t \mapsto \begin{cases} \alpha(2t) & 0 \leq t \leq \frac{1}{2} \\ \beta(2-2t) & \frac{1}{2} \leq t \leq 1 \end{cases}$$

auch wieder ein geschlossener Weg, eine "Schleife" ist. Um das Hochhebeverhalten zu kennen, braucht man also nur zu wissen, welche Schleifen an x_0 sich zu Schleifen an y_0 hochheben lassen und welche nicht. Nach dem Monodromielemma hängt dies nur von der Homotopieklasse (mit festem Anfangs- und Endpunkt x_0) ab. Die Menge der Homotopieklassen von Schleifen an x_0 bildet aber in kanonischer Weise eine Gruppe, nämlich die sogenannte Fundamentalgruppe $\pi_1(X,x_0)$, und die der geschlossen hochhebbaren darin eine Untergruppe $G(Y,y_0) \subset \pi(X,x_0)$, und das Hochhebeverhalten der Überlagerung zu kennen heißt also, diese Untergruppe zu kennen: sie ist das algebraische "Merkmal", das wir einer Überlagerung zuordnen. Die Klassifikation der Überlagerungen besteht dann in dem unter (a) schon ausgesprochenen Eindeutigkeitssatze, daß zwei Überlagerungen genau dann isomorph sind, wenn sie gleiches Hochhebeverhalten, also gleiche Gruppen G haben, und einem noch zu formulierenden Existenzsatze, der angibt, inwieweit es zu vorgegebener Untergruppe

$G \subset \pi_1(X, x_0)$ eine Überlagerung mit $G(Y, y_0) = G$ auch wirklich gibt.

Dieses hier skizzierte Programm soll nun in den folgenden beiden Abschnitten 9.5 und 9.6 sorgfältig ausgeführt werden.

9.5 Fundamentalgruppe und Hochhebeverhalten

Definition (Kategorie der Räume mit Basispunkt): Unter einem ***Raum mit Basispunkt*** verstehen wir einfach ein Paar (X, x_0) aus einem topologischen Raum X und einem Punkt $x_0 \in X$. Eine stetige ***basispunkterhaltende*** Abbildung

$$f : (X, x_0) \longrightarrow (Y, y_0)$$

ist, wie der Name sagt, eine stetige Abbildung $f : X \to Y$ mit $f(x_0) = y_0$. Insbesondere verstehen wir unter einer Überlagerung $\pi : (Y, y_0) \to (X, x_0)$ eine Überlagerung $\pi : Y \to X$ mit $\pi(y_0) = x_0$.

Definition (Fundamentalgruppe): Sei (X, x_0) ein Raum mit Basispunkt. Sei $\Omega(X, x_0)$ die Menge der bei x_0 beginnenden und endenden Wege in X ("Schleifen an x_0") und $\Omega \times \Omega \to \Omega$, $(\alpha, \beta) \mapsto \alpha\beta$ die durch $\alpha\beta(t) := \alpha(2t)$ für $0 \leq t \leq \frac{1}{2}$ bzw. $\beta(2t - 1)$ für $\frac{1}{2} \leq t \leq 1$ gegebene Verknüpfung. Dann ist auf der Menge $\pi_1(X, x_0) := \Omega(X, x_0)/\simeq$ der Homotopieklassen ($\simeq$ bedeutet hier Homotopie mit festem Anfangs- und Endpunkt x_0) durch $[\alpha][\beta] := [\alpha\beta]$ eine Verknüpfung wohldefiniert, welche $\pi_1(X, x_0)$ zu einer Gruppe macht. Diese Gruppe heißt die ***Fundamentalgruppe*** des Raumes (X, x_0) mit Basispunkt.

Die dabei notwendigen, sehr einfachen Nachweise (Wohldefiniertheit der Verknüpfung, Assoziativität, Existenz der 1 und des Inversen) übergehe ich. Wer etwa noch gar keinen Umgang mit der Homotopie von Wegen gehabt hat und diese Dinge vor sich sehen möchte, wird vielleicht gern die Seiten 54-58 in [12] durchgehen.

Notation: Offenbar liefert diese Konstruktion in kanonischer Weise sogar einen covarianten Funktor π_1 von der Kategorie der

Räume mit Basispunkt und basispunkterhaltenden stetigen Abbildungen in die Kategorie der Gruppen und Homomorphismen, nämlich durch $\pi_1 f : \pi_1(X, x_0) \to \pi_1(Y, y_0)$, $[\alpha] \mapsto [f \circ \alpha]$. Statt $\pi_1 f$ wollen wir aber die übliche Allerweltsnotation f_* benutzen.

Korollar aus dem Monodromielemma (Verhalten der Fundamentalgruppe bei Überlagerungen): *Ist $\pi : (Y, y_0) \to (X, x_0)$ eine Überlagerung, so ist der induzierte Gruppenhomomorphismus $\pi_* : \pi_1(Y, y_0) \to (X, x_0)$ injektiv.*

Beweis: Sei $\pi_*[\gamma] = 1 \in \pi_1(X, x_0)$. Dann gibt es also eine Homotopie h mit festem Anfangs- und Endpunkt x_0 zwischen $\pi \circ \gamma$ und dem konstanten Weg $[0,1] \to \{x_0\}$. Nun heben wir h zu einer Homotopie $\widetilde{h}$ in Y mit Anfangshochhebung γ hoch. Nach dem Monodromielemma ist dann $\widetilde{h}$ eine Homotopie mit festem Anfangs- und Endprodukt y_0, und es ist $\widetilde{h}_0 = \gamma$ und $\widetilde{h}_1$ eine Hochhebung des konstanten Weges, also selbst konstant, also $[\gamma] = 1 \in \pi_1(Y, y_0)$. □

Definition (Charakteristische Untergruppe einer Überlagerung): Sei $\pi : (Y, y_0) \to (X, x_0)$ eine Überlagerung. Dann heiße das Bild des injektiven Homomorphismus

$$\pi_* : \pi_1(Y, y_0) \to \pi_1(X, x_0)$$

die ***charakteristische Untergruppe*** der Überlagerung und werde mit $G(Y, y_0) \subset \pi_1(X, x_0)$ bezeichnet.

Geschlossen zu y_0 hochhebbar zu sein bedeutet für eine Schleife an x_0 natürlich gerade, die Projektionen einer Schleife an y_0 zu sein; und die Gruppe $G(Y, y_0) \subset \pi_1(X, x_0)$ ist also jene im vorigen Abschnitt angekündigte Untergruppe, welche die gesamte Information über das Hochhebeverhalten der Überlagerung enthält.

Ist nun $f : (Z, z_0) \to (X, x_0)$ stetig und $\widetilde{f} : (Z, z_0) \to (Y, y_0)$ eine Hochhebung davon, d.h. $\pi \circ \widetilde{f} = f$

$$\begin{array}{ccc} & & (Y, y_0) \\ & \overset{\widetilde{f}}{\nearrow} & \downarrow \pi \\ (Z, z_0) & \underset{f}{\longrightarrow} & (X, x_0), \end{array}$$

so gilt offenbar $f_*\pi_1(Z,z_0) = \pi_*(\widetilde{f}_*\pi_1(Z,z_0)) \subset \pi_*\pi_1(Y,y_0) = G(Y,y_0)$, also ist $f_*\pi_1(Z,z_0) \subset G(Y,y_0)$ eine notwendige Bedingung für die Hochhebbarkeit einer gegebenen Abbildung $f : (Z,z_0) \to (X,x_0)$. Um formulieren zu können, inwiefern die Bedingung auch hinreichend ist, muß ich vorher noch einen Zusammenhangsbegriff einführen, nämlich

Definition: Ein topologischer Raum heißt ***lokal wegweise zusammenhängend***, wenn in jeder Umgebung eine wegweise zusammenhängende steckt.

Beispiel eines wegweise, aber (bei p) nicht lokal wegweise zusammenhängenden Raumes:

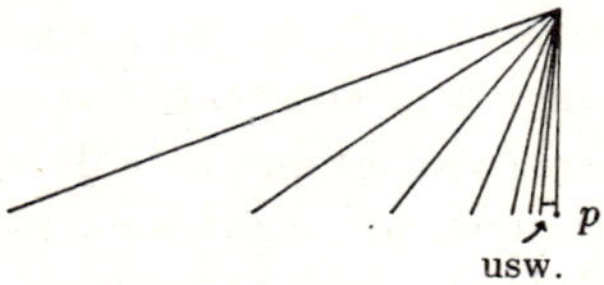

Hinweis: Mannigfaltigkeiten sind lokal wegweise zusammenhängend (klar), aber auch CW-Komplexe, siehe den (weitergehenden) Satz in [16], 3.6, S. 185.

Notiz: *In einem lokal wegzusammenhängenden Raum steckt in jeder Umgebung V eines Punktes p sogar eine offene wegzusammenhängende Teilumgebung, zum Beispiel die Menge aller $x \in \mathring{V}$, die von p aus durch einen Weg in $\mathring{V}$ erreichbar sind.* – Nun also zum

Hochhebbarkeitskriterium: *Sei $\pi : (Y,y_0) \to (X,x_0)$ eine Überlagerung, Z ein wegweise und lokal wegweise zusammenhängender Raum und $f : (Z,z_0) \to (X,x_0)$ eine stetige Abbildung. Eine (und dann auch nur eine) Hochhebung $\widetilde{f} : (Z,z_0) \to (Y,y_0)$ von f existiert genau dann, wenn f_* die Fundamentalgruppe $\pi_1(Z,z_0)$ in die charakteristische Untergruppe $G(Y,y_0)$ der Überlagerung abbildet:*

$$\begin{array}{ccc} & & \pi_1(Y,y_0) \\ & & \cong \big\downarrow \pi_* \\ \pi_1(Z,z_0) & \xrightarrow{f_*} & G(Y,y_0) \subset \pi_1(X,x_0) \end{array}$$

Hier haben wir übrigens ein einfaches Beispiel dessen, was ich in 5.7 den "Zweiten Hauptgrund für die Nützlichkeit des Homotopiebegriffes" genannt hatte. Das geometrische Problem ist hier genau dann lösbar, wenn das algebraische Problem lösbar ist, welches durch Anwendung des Fundamentalgruppenfunktors π_1 auf die Situation entsteht: Eine Hochhebung f existiert genau dann, wenn f_* zu einem Gruppenhomomorphismus φ hochhebbar ist:

$$\begin{array}{ccc} & & (Y, y_0) \\ & \overset{\exists \widetilde{f}}{\nearrow} & \Big\downarrow \pi \\ (Z, z_0) & \xrightarrow[f]{} & (X, x_0) \end{array} \qquad \Longleftrightarrow \qquad \begin{array}{ccc} & & \pi_1(Y, y_0) \\ & \overset{\exists \varphi}{\nearrow} & \Big\downarrow \pi_* \\ \pi_1(Z, z_0) & \xrightarrow[f_*]{} & \pi_1(X, x_0) \end{array}$$

Beweis: Die Bedingung ist natürlich notwendig, und wegen des Wegzusammenhanges von Z und der Eindeutigkeit der Hochhebung von Wegen kann es auch höchstens ein $\widetilde{f}$ geben.

Möge nun also f die Bedingung erfüllen. Für $z \in Z$ erklären wir $\widetilde{f}(z)$ auf die in 9.4 schon angekündigte Weise, nämlich: Wir wählen einen Weg α von z_0 nach z, heben $f \circ \alpha$ zum Anfangspunkt y_0 hoch und definieren $\widetilde{f}(z)$ als den Endpunkt dieses hochgehobenen Weges in Y.

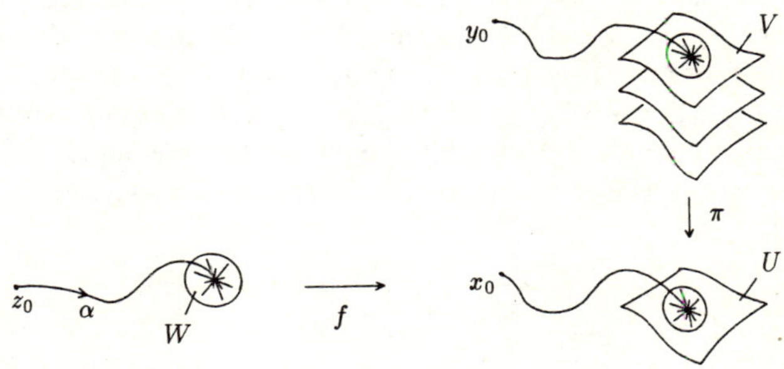

Dieser Endpunkt ist unabhängig von der Wahl von α, denn ist β ein zweiter Weg von z_0 nach z, so repräsentiert die Schleife $(f \circ \alpha)(f \circ \beta)^-$ ein Element von $G(Y, y_0)$, ist also geschlossen hochhebbar, und deshalb haben die Hochhebungen von $f \circ \alpha$ und $f \circ \beta$ den gleichen Endpunkt, eben das wohldefinierte $\widetilde{f}(z)$. Offenbar ist dann $\pi \circ \widetilde{f} = f$, und es bleibt nur, die Stetigkeit von

$\widetilde{f}$ zu zeigen. Dabei geht nun der lokale Wegzusammenhang von Z ein: Sei $z_1 \in Z$ und V eine offene Umgebung von $\widetilde{f}(z_1)$ in Y, oBdA so klein, daß $\pi|V$ ein Homöomorphismus auf die offene Menge $U := \pi(V)$ ist. Wähle nun eine wegzusammenhängende Umgebung W von z_1 so klein, daß $f(W) \subset U$. Um die $w \in W$ mit z_0 zu verbinden, wählen wir einen festen Weg α von z_0 nach z_1 und setzen ihn mit kleinen in W verlaufenden "Stichwegen" von z_1 nach den w zusammen. Dann ist $\widetilde{f}|W = (\pi|V)^{-1} \circ f|W$ evident, insbesondere $\widetilde{f}(W) \subset V$. □

9.6 Klassifikation der Überlagerungen

Eindeutigkeitssatz: *Zwischen zwei wegweise und lokal wegweise zusammenhängenden Überlagerungen (Y, y_0) und (Y', y_0') von (X, x_0) gibt es genau dann einen basispunkterhaltenden Isomorphismus, wenn sie die gleiche chrakteristische Untergruppe $G(Y, y_0) = G(Y', y_0') \subset \pi_1(X, x_0)$ haben.*

Beweis: Daß die Bedingung notwendig ist, ist klar,denn wenn $\varphi : (Y, y_0) \xrightarrow{\cong} (Y', y_0')$ ein solcher Isomorphismus ist, dann gilt $G(Y, y_0) = \pi_* \pi_1(Y, y_0) = (\pi' \circ \varphi)_* \pi_1(Y, y_0) = \pi'_*(\varphi_* \pi_1(Y, y_0)) = \pi'_* \pi_1(Y', y_0') = G(Y', y_0')$. Ist umgekehrt die Bedingung erfüllt, so kann man nach dem Hochhebbarkeitskriterium die beiden Projektionen wechselweise zueinander hochheben:

$$\begin{array}{ccc} (Y, y_0) & \begin{array}{c}\leftarrow\!\!\text{-----} \\ \text{-----}\!\!\rightarrow\end{array} & (Y', y_0') \\ & {\scriptstyle\pi}\searrow \quad \swarrow{\scriptstyle\pi'} & \\ & (X, x_0) & \end{array}$$

und die Zusammensetzungen dieser Hochhebungen sind dann Hochhebungen von π bzw. π' zu sich selbst, wegen der Eindeutigkeit der Hochhebung also die Identität auf Y bzw. Y'. □

EXISTENZSATZ? Im Eindeutigkeitssatz haben wir die Überlagerungen und deshalb natürlich auch die Basis X als wegweise und lokal wegweise zusammenhängend vorausgesetzt. Deshalb formulieren wir die Existenzfrage von vornherein entsprechend: Sei (X, x_0) ein wegweise und lokal wegweise zusammenhängender Raum und $G \subset \pi_1(X, x_0)$ eine beliebige Untergruppe der Fundamentalgruppe. Frage: Gibt es eine wegweise zusammenhängende Überlagerung (Y, y_0) von (X, x_0) (der lokale Wegzusammenhang überträgt sich sowieso von X auf Y) mit $G(Y, y_0) = G$? Das ist nun in der hier ausgesprochenen Allgemeinheit *nicht* der Fall. Warum? Müssen wir zusätzliche Voraussetzungen über X machen? Oder über G? und welche? Anstatt den Satz gleich hinzuschreiben, möchte ich hier wieder einmal die lehrreiche, für den ständigen Gebrauch nur leider zu zeitraubende Methode der Darstellung anwenden, welche die für das Mathematikerdasein so charakteristische Situation simuliert, daß der Satz nicht nur zu beweisen, sondern vor allen Dingen erst einmal zu *finden* ist.

Die Vorstufe von Sätzen sind gewöhnlich *Wünsche*, wie sie sich bei näherer Bekanntschaft mit einer Materie beinahe von selbst einstellen. Die Sätze entstehen dann dadurch, daß man die gewünschten Aussagen zu beweisen versucht, die dabei auftretenden Schwierigkeiten analysiert und durch möglichst schwache Zusatzvoraussetzungen zu beheben sucht. In unserem Falle ist der Wunsch natürlich, eine Überlagerung mit dem vorgegebenen G als charakteristische Untergruppe möge es geben; und so wollen wir das doch zu beweisen versuchen.

BEWEIS DES NOCH ZU FINDENDEN EXISTENZSATZES: Zuerst müssen wir einmal Y als Menge zu erschaffen suchen.

Wenn wir eine Überlagerung $(Y, y_0) \to (X, x_0)$ wie gewünscht schon hätten: Auf welche Weise könnten wir dann die Punkte von Y_x durch Objekte chrakterisieren, die sich mittels (X, x_0) und G ausdrücken lassen? Nun, zu jedem Weg α von x_0 nach x gehörte ein ganz bestimmter Punkt der Faser Y_x über x, nämlich der Endpunkt des zu y_0 hochgehobenen Weges. Alle Punkte von Y_x wären so zu erhalten, und zwei Wege α, β bestimmten genau dann denselben Punkt in Y_x, wenn die Schleife $\alpha\beta^-$ ein Element in G repräsentierte. Wie wird man also in Abwesenheit von Y vorgehen, um Y zu erschaffen? So:

Definition: Sei $\Omega(X, x_0, x)$ die Menge der Wege von x_0 nach x. Darauf erklären wir eine Äquivalenzrelation durch $\alpha \sim \beta :\Leftrightarrow [\alpha\beta^{-1}] \in G$ und definieren die Mengen Y_x und Y durch

$$Y_x := \Omega(X, x_0, x)/\!\sim \quad \text{und} \quad Y := \bigcup_{x \in X} Y_x.$$

Sei ferner y_0 die Äquivalenzklasse des konstanten Weges in $\Omega(X, x_0, x_0)$ und $\pi : Y \to X$ durch $Y_x \to \{x\}$ gegeben. Dann ist jedenfalls π eine surjektive Abbildung von Mengen und $\pi(y_0) = x_0$.

Unsere Aufgabe ist nun also "nur noch", Y mit einer Topologie zu versehen, durch die Y wegzusammenhängend und $(Y, y_0) \to (X, x_0)$ zu einer Überlagerung mit $G(Y, y_0) = G$ wird.

Wenn wir an den geometrischen Sinn unserer Konstruktion denken, so sehen wir sofort, daß wir außer der Menge Y und der Abbildung $\pi : (Y, y_0) \to (X, x_0)$ noch etwas schon in der Hand haben: Das Hochheben von Wegen. Für $\alpha \in \Omega(X, x_0, x)$ wollen wir die Äquivalenzklasse nach $\sim$ mit $[\ ]_\sim$ bezeichnen, um Verwechslungen mit der Homotopieklasse $[\alpha]$ zu vermeiden. Für $t \in [0,1]$ bezeichne $\alpha_t \in \Omega(X, x_0, \alpha(t))$ den durch $s \mapsto \alpha(ts)$ definierten "Teilweg".

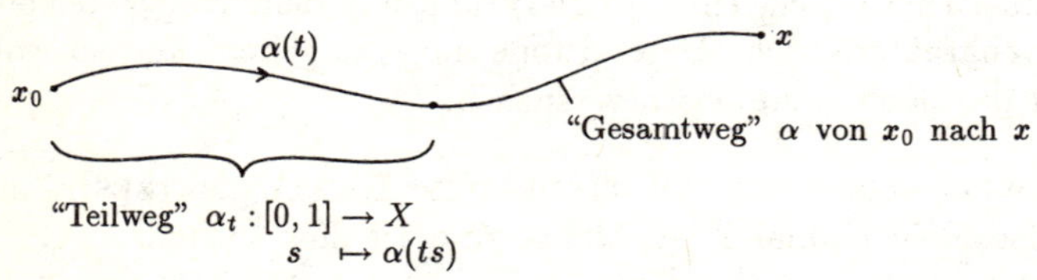

Die unserer Konstruktion zugrunde liegende Intuition zielt nun natürlich auf eine Topologie ab, bezüglich der die Hochhebung von α gerade durch $\widetilde{\alpha}(t) := [\alpha_t]_\sim$ gegeben ist. Halten wir daran fest, so ergibt sich ganz zwangsläufig, wie die Topologie auf Y definiert werden muß. Wir führen dazu folgende Notation ein: Für einen Weg α von x_0 nach x und eine offene wegzusammenhängende Umgebung U von x bezeichne $V(U, \alpha) \subset Y$ die Menge der Äquivalenzklassen $[\alpha\beta]_\sim$ von Wegen, die man durch Zusammensetzen von α mit Wegen β in U mit dem Anfangspunkt x erhält:

Wegen des lokalen Wegzusammenhanges von X bilden diese U eine Umgebungsbasis von x, und deshalb müßten die $V(U,\alpha)$ in einer Topologie nach unseren Wünschen offenbar eine Umgebungsbasis von $y \in Y$ bilden. Bevor wir das als Definition hinschreiben, wollen wir aber noch eine Beobachtung notieren, nämlich: $V(U,\alpha)$ hängt nur von $y = [\alpha]_\sim$ und von U, nicht aber von der Wahl des repräsentierenden Weges α ab:

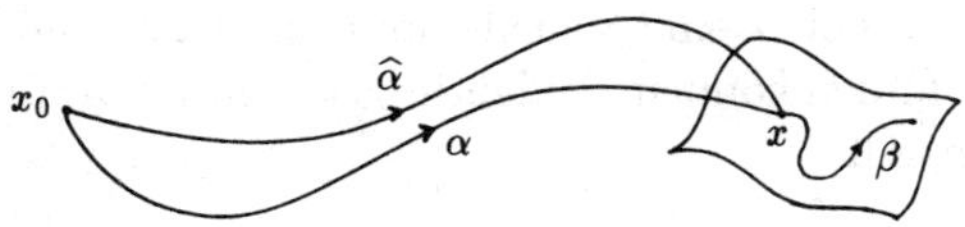

Aus $\widehat{\alpha} \sim \alpha$ folgt nämlich $[(\alpha\beta)(\widehat{\alpha}\beta)^-] = [\alpha\beta\beta^-\widehat{\alpha}^-] = [\alpha\widehat{\alpha}^-] \in G$, also $[\alpha\beta]_\sim = [\widehat{\alpha}\beta]_\sim$. Wegen dieser Unabhängigkeit von α dürfen wir $V(U,y)$ statt $V(U,\alpha)$ schreiben, was wir nun auch tun wollen. Beachte, daß $\pi(V(U,y)) = U$ gilt.

DEFINITION: $V \subset Y$ heiße *offen*, wenn es zu jedem $y \in V$ eine offene wegzusammenhängende Umgebung U von $\pi(y)$ gibt, so daß $V(U,y) \subset V$ ist.

Unsere Aufgabe ist also jetzt, nachzuprüfen und gegebenenfalls durch möglichst schwache Zusatzvoraussetzungen zu erzwingen, daß gilt:

(a) $\varnothing, Y$ offen,
(b) beliebige Vereinigungen offener Mengen offen,
(c) endliche Durchschnitte offener Mengen offen,
(d) π stetig,
(e) Fasern diskret,
(f) $\pi : Y \to X$ lokal trivial,
(g) Y wegweise zusammenhängend,
(h) $G(Y, y_0) = G$.

Die Behauptungen (a)-(d) sind trivialerweise richtig: Eine Topologie ist das wirklich, und π ist stetig.

Wir wollen hier doch einmal im Vorbeigehen bemerken, daß wir bisher noch nichts "verschenkt" haben: Wenn es überhaupt eine Überlagerung (Y', y_0') mit den gewünschten Eigenschaften gibt, dann muß unsere Konstruktion auch die Eigenschaften (e) - (h) noch haben, denn man könnte leicht einen Homöomorphismus zwischen (Y, y_0) und (Y', y_0') über (X, x_0) herstellen.

(e) DISKRETHEIT DER FASERN: Die Diskretheit der Fasern ist gleichbedeutend damit, daß es zu jedem $y \in Y_x$ eine wegzusammenhängende offene Umgebung U von x gibt, für die y der einzige Punkt von $Y_x \cap V(U, y)$ ist. Was bedeutet diese Einzigkeit? Ist $y = [\alpha]_\sim$, so sind die anderen Punkte von $Y_x \cap V(U, y)$ genau die $[\alpha\beta]_\sim$, wobei β eine Schleife an x in U ist, und wir müßten also ein U finden können, so daß $[\alpha]_\sim = [\alpha\beta]_\sim$ für alle derartigen Schleifen β gilt

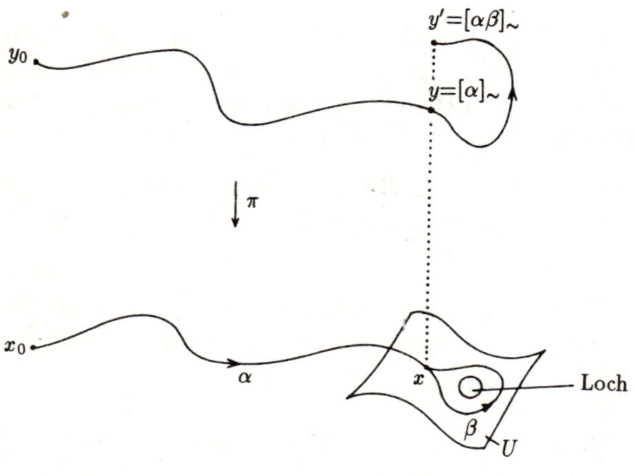

Und hier läuft unser Schifflein nun auf Grund, denn ohne weitere Annahmen über X hat die Homotopieklasse $[\alpha(\alpha\beta)^-]$ gar keine Ursache aus G zu sein. Denken wir zum Beispiel an den Fall $x = x_0$, $\alpha = \text{const}$, $G = \{1\}$, für den ja auch alles funktionieren soll: hier würde die Bedingung doch geradezu bedeuten, daß die Schleife β nullhomotop in X ist. Eine Umgebung U, für die alle

Schleifen an x in U innerhalb des großen Raums X nullhomotop sind, braucht es aber nicht zu geben:

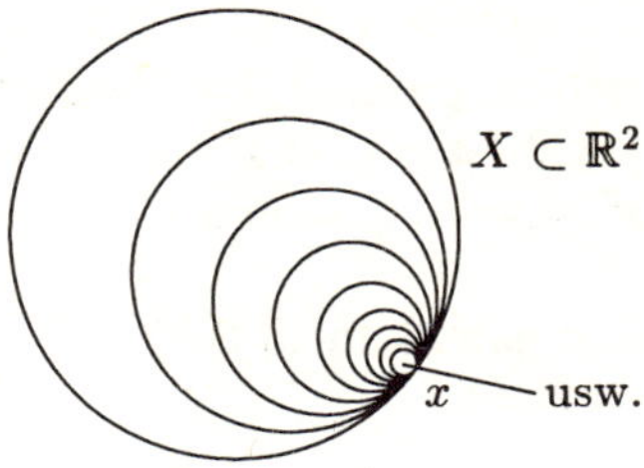

Um wieder flott zu kommen, setzen wir die gewünschte Eigenschaft von X einfach mit voraus – es bleibt uns auch nichts anderes übrig, sonst gilt der Existenzsatz jedenfalls für $G = 1$ nicht – nämlich:

Definition: Ein topologischer Raum X heißt ***semilokal einfach zusammenhängend***, wenn jedes $x \in X$ eine Umgebung U besitzt, so daß jede in U verlaufende Schleife an x nullhomotop in X ist.

*Semi*lokal heißt die Bedingung deshalb, weil zwar die Schleifen "lokal", d.h. in U sind, aber ihre Homotopie zur konstanten Schleife global, d.h. in X erlaubt ist. Daß die Eigenschaft sich von U auf alle kleineren Umgebungen überträgt, ist ja klar. "Lokal einfach zusammenhängend" würde man so definieren: In jeder Umgebung steckt eine einfach zusammenhängende, d.h. eine Umgebung V, in der alle Schleifen innerhalb V nullhomotop sind. Der Kegel

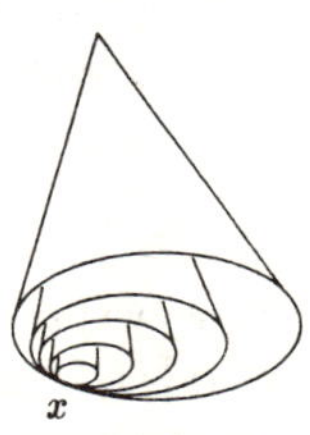

über dem obigen Beispiel ist semilokal einfach zusammenhängend, aber nicht lokal einfach zusammenhängend. – Dies nur am Rande; wichtiger ist der

Hinweis: *Mannigfaltigkeiten (klar), aber auch CW-Komplexe sind stets semilokal (sogar lokal) einfach zusammenhängend*, siehe [16], S. 185.

ZUSATZVORAUSSETZUNG: Im weiteren Verlauf dieses "Beweises des noch zu findenden Existenzsatzes" werde also X als semilokal einfach zusammenhängend angenommen.

Für genügend kleine U gilt dann $Y_x \cap V(U, y) = \{y\}$, woraus die Diskretheit der Fasern folgt. (e)□

(f) LOKALE TRIVIALITÄT: Sei $x \in X$ und U eine offene wegzusammenhängende Umgebung, in der jede Schleife an x im ganzen Raum X nullhomotop ist. Dann gilt, wie wir jetzt ohne weiteres sehen: $V(U, y) = V(U, z)$ für jedes $z \in V(U, y)$; für die $y \in Y_x$ sind die $V(U, y)$ paarweise disjunkte offene Mengen und $\pi^{-1}(U) = \cup_{y \in Y_x} V(U, y)$. Die Projektion π und die für $y \in Y_x$ wohldefinierte Zuordnung $V(U, y) \to \{y\}$ definieren dann zusammen eine stetige bijektive Abbildung $h : \pi^{-1}(U) \to U \times Y_x$ über U, von der wir also nur noch nachweisen müssen, daß sie offen ist, d.h. offene Mengen in offene überführt. Dazu genügt es, die Projektion selbst als offen nachzuweisen, was aber ganz leicht ist: Die Mengen $V(U, y)$, für $y \in Y$ und offene wegzusammenhängende $U \subset X$, bilden eine Basis der Topologie in Y, also braucht man nur die Offenheit von $\pi(V(U, y))$ zu wissen, das ist aber U selbst. Also ist h offen und $\pi : Y \to X$ als lokal trivial nachgewiesen. (f)□

(g) WEGZUSAMMENHANG VON Y: Ist $y = [\alpha]_\sim$, dann ist durch $t \to [\alpha_t]_\sim$, wobei $\alpha_t(s) := \alpha(st)$ gesetzt ist, wirklich ein Weg von y_0 nach y gegeben. (g)□

(h) $G(Y, y_0) = G$: Eine Schleife α an x_0 repräsentiert genau dann ein Element von $G(Y, y_0)$, wenn sie sich zu y_0 geschlossen hochheben läßt. Das ist aber (vgl. (g)) genau dann der Fall, wenn $[\alpha]_\sim = y_0$, d.h. $[\alpha]_\sim = [x_0]_\sim$, also wenn $[\alpha x_0] = [\alpha] \in G$ ist. □

Mit der einen unterwegs gemachten Zusatzvoraussetzung ist also alles durchgegangen, und wir haben bewiesen:

Existenzsatz: *Ist X wegweise, lokal wegweise und semilokal einfach zusammenhängend und ist $G \subset \pi_1(X, x_0)$ eine beliebige Untergruppe, so gibt es eine wegweise und lokal wegweise zusammenhängende Überlagerung (Y, y_0) von (X, x_0) mit $G(Y, y_0) = G$.*

Notiz: Nach dem Monodromielemma ist Y dann natürlich ebenfalls semilokal einfach zusammenhängend.

9.7 Deckbewegungsgruppe und universelle Überlagerung

Hochhebbarkeitskriterium, Existenz- und Eindeutigkeitssatz bilden das Kernstück der Überlagerungstheorie. Wir wollen einige nützliche Folgerungen notieren.

Definition (Deckbewegung): Unter einer ***Deckbewegung*** oder ***Decktransformation*** einer Überlagerung $\pi : Y \to X$ versteht man einfach einen Automorphismus der Überlagerung, d.h. einen Homöomorphismus $\varphi : Y \xrightarrow{\cong} Y$ über X:

$$\begin{array}{ccc} Y & \xrightarrow[\cong]{\varphi} & Y \\ & {\scriptstyle\pi}\searrow \quad \swarrow{\scriptstyle\pi} & \\ & X & \end{array}$$

Die Deckbewegungen bilden offenbar eine Gruppe, sie werde mit $\mathcal{D}$ bezeichnet.

Als unmittelbares Korollar aus dem Eindeutigkeitssatze haben wir die

Bemerkung: Sei Y eine wegweise und lokal wegweise zusammenhängende Überlagerung von X und $y_0, y_1 \in Y$ Punkte über $x_0 \in X$. Eine (und dann nur eine) Deckbewegung $\varphi : Y \to Y$ mit $\varphi(y_0) = y_1$ gibt es genau dann, wenn (Y, y_0) und (Y, y_1) die gleiche charakteristische Untergruppe in $\pi_1(X, x_0)$ haben.

Insbesondere operiert die Deckbewegungsgruppe frei auf Y: nur die Identität hat Fixpunkte.

Was bedeutet aber die Bedingung $G(Y, y_0) = G(Y, y_1)$? Dazu wollen wir einmal anschauen, wie überhaupt $G(Y, y_0)$ und $G(Y, y_1)$ für zwei über x_0 liegende Punkte miteinander zusammenhängen. Sei γ irgendein Weg in Y von y_0 nach y_1 und $\alpha := \pi \circ \gamma$ seine Projektion

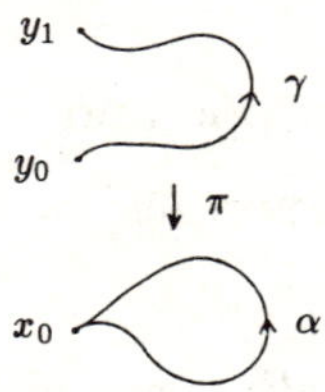

Dann haben wir ein kommutatives Diagramm von Gruppenisomorphismen

$$\begin{array}{ccc} \pi_1(Y, y_0) & \xrightarrow[\cong]{[\gamma^- \ldots \gamma]} & \pi_1(Y, y_1) \\ \cong \downarrow \pi_* & & \cong \downarrow \pi_* \\ G(Y, y_0) & \xrightarrow[{[\alpha]^{-1} \ldots [\alpha]}]{\cong} & G(Y, y_1), \end{array}$$

und deshalb ist $G(Y, y_1) = [\alpha]^{-1} G(Y, y_0)[\alpha]$, also $G(Y, y_0) = G(Y, y_1)$ genau dann, wenn $[\alpha]$ aus dem *Normalisator* von $G(Y, y_0)$ in $\pi_1(X, x_0)$ ist:

Erinnerung (Algebra): Ist B eine Untergruppe einer Gruppe A, so heißt

$$N_B := \{a \in A \mid aBa^{-1} = B\}$$

der ***Normalisator*** von B in A. Der Normalisator ist selbst eine Untergruppe von A, und B ist offenbar normal in seinem Normalisator: $B \triangleleft N_B \subset A$; der Normalisator ist eben die größte Gruppe zwischen B und A, in der B noch normal ist.

Satz über die Deckbewegungsgruppe: *Sei* $(Y, y_0) \to (X, x_0)$ *eine Überlagerung wegweise und lokal wegweise zusammenhängender Räume und* $G := G(Y, y_0)$ *ihre charakteristische Untergruppe, d.h. das Bild des von der Projektion induzierten injektiven Homomorphismus* $\pi_1(Y, y_0) \to \pi_1(X, x_0)$. *Dann gibt es zu jedem Element* $[\alpha] \in N_G$ *des Normalisators von* G *in* $\pi_1(X, x_0)$ *genau eine Deckbewegung* $\varphi_{[\alpha]}$, *die* y_0 *in den Endpunkt* $\widetilde{\alpha}(1)$ *des zu* y_0 *hochgehobenen Weges abbildet, und durch die so gegebene Abbildung* $N_G \to \mathcal{D}$ *ist in der Tat ein Gruppenisomorphismus* $N_G/G \xrightarrow{\cong} \mathcal{D}$ *definiert.*

Den Beweis empfehle ich als eine angenehme Übung zum besseren Vertrautwerden mit den vielen in diesem Kapitel neueingeführten Begriffen. In die Liste der nachzuprüfenden Einzelaussagen vergesse man nicht $\varphi_{[\alpha\beta]} = \varphi_{[\alpha]} \circ \varphi_{[\beta]}$ aufzunehmen: es verhält sich, wie behauptet, so und nicht anders herum, obwohl in $\alpha\beta$ der Weg α zuerst durchlaufen, in $\varphi_{[\alpha]} \circ \varphi_{[\beta]}$ aber die Deckbewegung $\varphi_{[\beta]}$ zuerst angewandt wird.

Korollar und Definition (normale Überlagerungen): *Die Deckbewegungsgruppe einer wegweise und lokal wegweise zusammenhängenden Überlagerung* $Y \to X$ *operiert genau dann transitiv auf den Fasern (d.h. zu je zwei Punkten einer Faser gibt es eine Deckbewegung, die den einen in den anderen überführt, oder: die Fasern sind die Orbits der* $\mathcal{D}$*-Aktion auf* Y*), wenn für einen (und dann für jeden) Punkt* $y_0 \in Y$ *die Gruppe* $G(Y, y_0)$ *Normalteiler von* $\pi_1(X, \pi(y_0))$ *ist.* Solche Überlagerungen nennt man ***normale*** Überlagerungen.

Korollar: *Für normale Überlagerungen* $(Y, y_0) \to (X, x_0)$ *gilt:*

(i) $\mathcal{D} \cong \pi_1(X, x_0)/G(Y, y_0)$

(ii) Die Blätterzahl der Überlagerung ist gleich der Ordnung von $\mathcal{D}$, *weil die Fasern die Orbits der freien* $\mathcal{D}$*-Aktion sind, also auch gleich der Ordnung von* π_1/G *oder dem "Index" von* $G(Y, y_0)$ *in* $\pi_1(X, x_0)$, *wie es in der Gruppentheorie heißt.*

(iii) Die durch die Projektion $\pi : Y \to X$ *definierte bijektive Abbildung des Orbitraums* $Y/\mathcal{D}$ *auf* X *ist in der Tat ein Homöomorphismus.*

Zu (iii): Daß die Abbildung stetig ist, folgt aus 3.2, Notiz 1, daß sie auch offen ist, folgt daraus, daß $\pi : Y \to X$, als lokal homöomorph, auch offen ist.

Insbesondere ist das alles wahr für den Fall $G(Y, y_0) = \{1\}$, dem wir uns jetzt zuwenden. Wegen $\pi_1(Y, y_0) \underset{\cong}{\xrightarrow{\pi_*}} G(Y, y_0)$ tritt das genau dann ein, wenn die Fundamentalgruppe von Y trivial ist, und es sei daran erinnert, daß man solche Räume einfach zusammenhängend nennt:

Definition: Ein wegzusammenhängender Raum Y heißt ***einfach zusammenhängend***, wenn für ein (und damit für jedes) $y_0 \in Y$ die Fundamentalgruppe $\pi_1(Y, y_0)$ trivial ist.

Die Bedingung bedeutet also, daß jede Schleife in Y nullhomotop ist. Die zusammenziehbaren Räume sind natürlich einfach zusammenhängend, aber zum Beispiel auch die Sphären S^n für $n \geq 2$. Sonderbarerweise ist übrigens diese Tatsache nicht völlig selbstverständlich. Wie? Genügt es nicht, zu einer Schleife α an q in S^n einen Punkt $p \in S^n$ außerhalb des Bildes von α zu wählen und auszunutzen, daß $\{q\}$ starker Deformationsretrakt von $S^n \smallsetminus p$ ist?

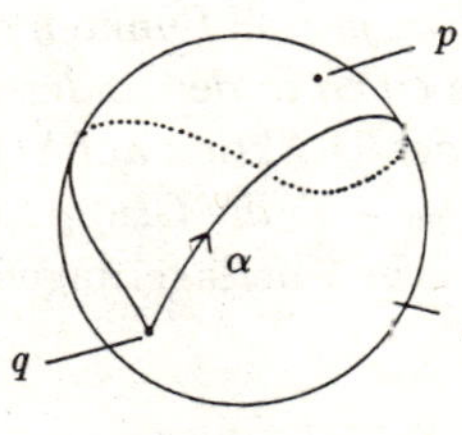

Wohl, wohl; aber Sie werden ja wahrscheinlich von den "raumfüllenden Kurven" schon gehört haben (Peano, G., *Sur une courbe, qui remplit toute une aire plane*, Math. Annalen 36 (1890), 157-160), und ebenso gibt es natürlich auch sphärenfüllende Schleifen, für die also ein solches p gar nicht vorhanden ist.

Ein direkter Beweis ist aber auch nicht etwa tiefsinnig: Man braucht nur das Intervall $[0, 1]$ so fein in $0 = t_0 < \cdots < t_n = 1$ zu unterteilen, daß α auf keinem der Teilintervalle "sphärenfüllend" ist, was wegen der Stetigkeit von α möglich sein muß. Dann gibt es wegen der Zusammenziehbarkeit von $S^n \setminus \mathrm{pt}$ eine Homotopie von α, welche α an den Teilpunkten t_i festhält, im übrigen aber α in eine Schleife überführt, die jeweils zwischen t_{i-1} und t_i auf einem Großkreisbogen verläuft. Diese Kurve ist dann nicht sphärenfüllend, und das ursrpünglich anvisierte Argument ist anwendbar.

Ist Y eine wegweise und lokal wegweise zusammenhängende Überlagerung eines einfach zusammenhängenden Raumes X, dann muß $Y \to X$ einblättrig und deshalb ein Homöomorphismus sein. Auch diese Bemerkung ist oft nützlich, sie besagt, daß einfach zusammenhängende Räume keine interessanten Überlagerungen besitzen; eine unmittelbare Folge aus dem Eindeutigkeitssatz. Jetzt wollen wir aber nicht Überlagerungen mit einfach zusammenhängender Basis, sondern mit einfach zusammenhängendem *Überlagerungsraum* Y betrachten.

Definition (universelle Überlagerung): Eine wegweise und lokal wegweise zusammenhängende Überlagerung $Y \to X$ heißt ***universell***, wenn Y einfach zusammenhängend ist.

Korollar aus der Klassifikation der Überlagerungen: *Ist X wegweise, lokal wegweise und semilokal einfach zusammenhängend und $x_0 \in X$, so gibt es bis auf eindeutig bestimmte Isomorphie genau eine universelle Überlagerung $(\widetilde{X}, \widetilde{x}_0) \to (X, x_0)$.*

In diesem Sinne darf man auch von *der* universellen Überlagerung $\widetilde{X}$ von X sprechen.

Was ist so "universell" an den universellen Überlagerungen? Dazu eine Vorbetrachtung. Sei X ein wegweise, lokal wegweise und semilokal einfach zusammenhängender Raum, und es seien zwei zusammenhängende Überlagerungen

$$\begin{array}{ccc} (Z, z_0) & & \\ \downarrow p & & (Y, y_0) \\ & \swarrow \pi & \\ (X, x_0) & & \end{array}$$

gegeben, deren charakteristische Untergruppen (H für p und G für π) ineinander enthalten sind: $H \subset G \subset \pi_1(X, x_0)$. Dann läßt sich nach dem Hochhebbarkeitskriterium die Abbildung p "zu π hochheben", d.h. es gibt genau eine stetige Abbildung $f : (Z, z_0) \to (Y, y_0)$, die das Diagramm kommutativ ergänzt:

$$\begin{array}{ccc} (Z, z_0) & & \\ & \searrow^{f} & \\ \downarrow p & & (Y, y_0) \\ & \swarrow_{\pi} & \\ (X, x_0) & & \end{array}$$

Dieses f ist dann ebenfalls eine Überlagerung, und um das einzusehen, betrachten wir folgendes Diagramm

$$\begin{array}{ccccc} (Z, z_0) & & \overset{g}{\longleftarrow}\underset{h}{\longrightarrow} & & (Y', y_0') \\ & \searrow^{f} & & \swarrow_{\pi'} & \\ \downarrow p & & (Y, y_0) & & \\ & \swarrow_{\pi} & & & \\ (X, x_0) & & & & \end{array}$$

worin π' die Überlagerung ist, welche das Urbild H' von H in $\pi_1(Y, y_0)$ als charakteristische Untergruppe hat:

$$\begin{array}{ccccc} H' & \subset & \pi_1(X, x_0) & & \\ \downarrow \cong & & \downarrow \cong & & \\ H & \subset & G & \subset & \pi_1(X, x_0) \end{array}$$

und worin ferner h die Hochhebung von f zu π' und g die von $\pi \circ \pi'$ zu p bezeichnet. Wir wollen zeigen, daß h ein Isomorphismus von Räumen über (Y, y_0) (und folglich f wie π' eine Überlagerung) ist. Die Bedingung $\pi' \circ h = f$ ist erfüllt, und wir werden jetzt nachprüfen, daß g invers zu h ist. Jedenfalls gilt $g \circ h = \mathrm{Id}_{(Z, z_0)}$, denn $g \circ h$ ist die Hochhebung von p zu sich selbst: $p \circ g \circ h = \pi \circ \pi' \circ h = \pi \circ f = p$. Um auch $h \circ g = \mathrm{Id}_{(Y', y_0')}$ zu zeigen, weisen wir $h \circ g$ als Hochhebung von π' zu sich selbst nach. Dazu wäre $\pi' \circ h \circ g = \pi'$, d.h. $f \circ g = \pi'$ zu beweisen. Dies ergibt sich aber daraus, daß beide Abbildungen Hochhebung von $\pi \circ \pi'$ zu π sind: π' sowieso, und $f \circ g$ wegen $p \circ f \circ g = p \circ g = \pi \circ \pi'$. □

Kurz zusammengefaßt: Sind die charakteristischen Untergruppen zweier Überlagerungen von (X, x_0) ineinander enthalten, so überlagert die Überlagerung mit der kleineren Gruppe kanonisch die andere, und zwar so, daß die drei Überlagerungen ein kommutatives Diagramm

$$\begin{array}{ccc} (Z, z_0) & & \\ & \searrow & \\ \downarrow & & (Y, y_0) \\ & \swarrow & \\ (X, x_0) & & \end{array}$$

ergeben.

Soweit die Vorbetrachtung. Da nun die charakteristische Untergruppe der universellen Überlagerung $(\widetilde{X}, \widetilde{x}_0)$ trivial, d.h. $\{1\}$ ist, so folgt also:

Bemerkung: *Die universelle Überlagerung* $(\widetilde{X}, \widetilde{x}_0)$ *überlagert in kanonischer Weise jede andere wegweise zusammenhängende Überlagerung* (Y, y_0) *von* (X, x_0), *so daß*

$$\begin{array}{ccc} (\widetilde{X}, \widetilde{x}_0) & & \\ & \searrow & \\ \downarrow & & (Y, y_0) \\ & \swarrow & \\ (X, x_0) & & \end{array}$$

kommutiert.

Schon deshalb dürfte man die universelle Überlagerung wohl universell nennen, es gibt aber eine Tatsache, die das noch eindringlicher nahelegt, und zwar: Die universelle Überlagerung ist natürlich insbesondere normal, und bezeichnet $\mathcal{D}_X$ die Deckbewegungsgruppe von $\widetilde{X} \to X$, so haben wir also den kanonischen, durch die Projektion selbst bewirkten Homöomorphismus $\widetilde{X}/\mathcal{D}_X \cong X$. Sind Basispunkte $\widetilde{x}_0 \mapsto x_0$ gewählt, so haben wir ferner einen kanonischen Isomorphismus $\pi_1(X, x_0) \cong \mathcal{D}_X$, wie im Satz über die Deckbewegungsgruppe genauer beschrieben. Betrachten wir nun für die Situation in der obigen Bemerkung die beiden Deckbewegungsgruppen:

$$\begin{array}{ccc} \widetilde{X} & & \\ & \overset{\mathcal{D}_Y}{\searrow} & \\ \mathcal{D}_X \big\downarrow & & Y \\ & \swarrow & \\ X & & \end{array}$$

Dann ist $\mathcal{D}_Y \subset \mathcal{D}_X$, und in Bezug auf $\pi_1(X, x_0) \cong \mathcal{D}_X$ ist $\mathcal{D}_Y$ natürlich niemand anderes als die charakteristische Untergruppe $G(Y, y_0) \subset \pi_1(X, x_0)$; und da natürlich auch $\widetilde{X} \to Y$ einen Homöomorphismus $\widetilde{X}/\mathcal{D}_Y \cong Y$ induziert, so erhalten wir als Fazit den

Satz von der Universalität der universellen Überlagerung: *Sei X ein wegweise, lokal wegweise und semilokal einfach zusammenhängender Raum, $x_0 \in X$, sei $(\widetilde{X}, \widetilde{x}_0) \to (X, x_0)$ die universelle Überlagerung und $\mathcal{D}_X \cong \pi_1(X, x_0)$ die Deckbewegungsgruppe von $\widetilde{X} \to X$. Ist dann $\Gamma \subset \mathcal{D}_X$ eine beliebige Untergruppe, so ist*

$$\begin{array}{c} (\widetilde{X}/\Gamma, [\widetilde{x}_0]) \\ \big\downarrow \\ (X, x_0) \end{array}$$

eine wegzusammenhängende Überlagerung, und bis auf eindeutig bestimmte Isomorphismen erhält man auf diese Weise sämtliche wegzusammenhängenden Überlagerungen von (X, x_0), die es überhaupt gibt.

Ich möchte diesen Paragraphen mit ein paar ganz kurzen Hinweisen beschließen, wie man die hier und übrigens auch sonst so wichtige Fundamentalgruppe denn berechnen kann. Ein Mittel ist die Überlagerungstheorie selbst: Es ist manchmal leicht, die Deckbewegungsgruppe der universellen Überlagerung von X zu bestimmen, z.B. ist $\pi_1(S^1, x_0) \cong \mathbb{Z}$, weil die ganzzahligen Translationen $\mathbb{R} \to \mathbb{R}$ offenbar die Decktransformationsgruppe der universellen Überlagerung $\mathbb{R} \to S^1, x \mapsto e^{2\pi i x}$ bilden, und für $n \geq 2$ ist $\pi_1(\mathbb{RP}^n, x_0) \cong \mathbb{Z}/2\mathbb{Z}$, weil die universelle Überlagerung $S^n \to \mathbb{RP}^n$ zweiblättrig ist.

Trivial, aber nützlich ist die Beobachtung, daß die Fundamentalgruppe eines Produkts das Produkt der Fundamentalgruppen ist: $\pi_1(X \times F, (x_0, f_0)) \cong \pi_1(X, x_0) \times \pi_1(F, f_0)$ in kanonischer Weise.

Überlagerungen und Produkte sind Spezialfälle von lokal trivialen Faserungen und diese wieder von Serre-Faserungen, für die die "exakte Homotopiesequenz" auch Information über die Fundamentalgruppen von Basis, Faser und Totalraum enthält (siehe z.B. [11], S. 65), und außerdem wird man nicht vergessen, daß der Funktor π_1 natürlich homotopieinvariant ist.

Schließlich muß hier der wichtige Satz von Seifert-van Kampen erwähnt werden, der unter gewissen Bedingungen gestattet, die Fundamentalgruppe eines Raumes $X = A \cup B$ aus der Kenntnis der folgenden drei Gruppen und zwei Homomorphismen zu bestimmen (siehe z.B. [16], S. 211)

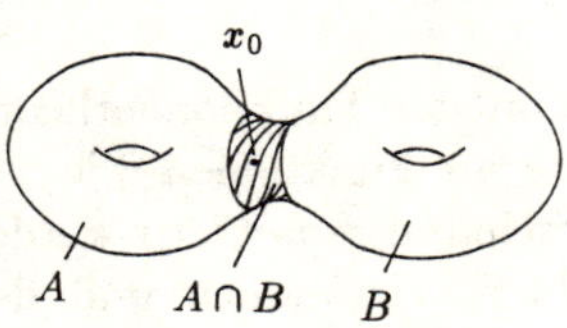

$$\pi_1(A \cap B, x_0) \nearrow \pi_1(A, x_0), \qquad \pi_1(A \cap B, x_0) \searrow \pi_1(B, x_0)$$

9.8 Von der Rolle der Überlagerungen in der Mathematik

Der Überlagerungsbegriff stammt aus der Funktionentheorie, und zwar aus dem Studium der durch analytische Fortsetzung entstehenden "mehrdeutigen" holomorphen Funktionen. Er wurde von

Riemann zu einer Zeit entdeckt, in der für eine nach heutigen Ansprüchen genaue Fassung des Begriffes noch die Mittel fehlten.

Sei $G \subset \mathbb{C}$ ein Gebiet und f ein holomorpher Funktionskeim, der sich längs jedes in G verlaufenden Weges analytisch fortsetzen läßt (wie z.B. $\sqrt{z}$ in $\mathbb{C} \setminus 0$ oder log in $\mathbb{C} \setminus 0$ oder $\sqrt{(z-a)(z-b)}$ in $\mathbb{C} \setminus \{a, b\}$ usw.). Analytische Fortsetzung definiert dann eine "mehrdeutige Funktion " auf G, und das ist gerade eine (eindeutige) holomorphe Funktion F auf einer "in kanonischer Weise", wie sich im nachhinein leicht sagen läßt, durch die fortgesetzten Keime gegebenen Überlagerung

$$\begin{array}{ccc} \widetilde{G} & \xrightarrow{F} & \mathbb{C} \\ {\scriptstyle\pi}\big\downarrow & & \\ G & & \end{array}$$

von G. – Die so entstehenden Überlagerungen sind übrigens wirklich unverzweigt und unbegrenzt; Verzweigungspunkte kommen erst dadurch zustande, daß man $\widetilde{G}$ über gewissen isolierten Punkten von $\mathbb{C} \setminus G$ ergänzt, in die hinein man f nicht analytisch fortsetzen kann (wie z.B. 0 für $\sqrt{z}$), und "begrenzte" Überlagerungen treten dann auf, wenn f zwar überallhin in G, aber nicht längs eines jeden Weges fortsetzbar ist.

Die mehrdeutigen Funktionen, die in der Funktionentheorie nun einmal vorkommen (das Interesse an Funktionen wie $\sqrt{z}$ brauche ich wohl nicht noch näher auseinanderzusetzen) werden durch diese Überlagerungen erst richtig verständlich und den üblichen funktionentheoretischen Methoden zugänglich gemacht: das ist nicht nur das ursprüngliche Motiv für die Erfindung der Überlagerungen, sondern auch heute noch eine wichtige Anwendung und nicht etwa überholt durch irgendeine modernere Methode.

Dabei ist es aber nicht geblieben. Lassen Sie mich zuerst die allgemeine Bemerkung machen, daß Überlagerungen vielfach "in der Natur vorkommen", das heißt einem beim Studium ganz anderer Probleme ungesucht begegnen, wobei man dann die gleichsam vom Himmel fallenden Auskünfte der Überlagerungstheorie dankbar mit vereinnahmen kann. Operiert zum Beispiel eine endliche

Gruppe G frei auf einem topologischen Raum Y, so ist die Quotientenabbildung $Y \to Y/G$ eine Überlagerung, oder hat man zum Beispiel mit einer differenzierbaren Funktionenfamilie zu tun, in der keine Bifurkation der Singularitäten vorfällt, so bilden die Singularitäten eine Überlagerung der Basis, usw.

Oft aber zieht man die Überlagerungen ganz absichtlich als ein Hilfsmittel heran. Die überlagernden Räume haben eine gewisse Tendenz, "einfacher" zu sein als der überlagerte Raum, das Beispiel $S^n \to \mathbb{RP}^n$ kann man sich als ein Symbol dafür merken, und das Anwendungsprinzip ist daher gewöhnlich dies: Man interessiert sich eigentlich für X, aber X ist für den direkten Zugriff zu kompliziert, also geht man zu einem besser durchschaubaren Überlagerungsraum Y von X über und benutzt die Überlagerungstheorie dazu, aus Kenntnissen über Y Informationen über X zu gewinnen. So gibt es z.B. zu jeder nichtorientierbaren Mannigfaltigkeit M eine orientierbare zweiblättrige Überlagerung $\widetilde{M} \to M$ ("Orientierungsüberlagerung"), und das ist das Vehikel, um gewisse Aussagen, deren Beweis "gutwillig" zunächst nur für orientierbare Mannigfaltigkeiten funktioniert, doch auch für nichtorientierbare zu verifizieren.

In einer Reihe von Anwendungen entfaltet dieses Vereinfachungsverfahren seine volle Kraft erst, wenn man bis zur universellen Überlagerung hinaufsteigt, und drei bedeutende solcher Beispiele will ich jetzt nennen.

(1) Riemannsche Flächen. Die Riemannschen Flächen sind die zusammenhängenden komplex eindimensionalen komplexen Mannigfaltigkeiten, bekannt aus der Funktionentheorie. Als topologische Räume sind es zweidimensionale Mannigfaltigkeiten, also Flächen. Sei X eine Riemannsche Fläche und $\pi : \widetilde{X} \to X$ ihre universelle Überlagerung. Dann ist $\widetilde{X}$ zunächst nur ein topologischer Raum und noch keine Riemannsche Fläche, aber die komplexe Struktur von X überträgt sich sofort auf Überlagerungen; man überlegt leicht, daß es auf $\widetilde{X}$ genau eine komplexe Struktur gibt, bezüglich der π holomorph ist. Dann ist also $\widetilde{X}$ eine einfach zusammenhängende Riemannsche Fläche, und diese sind in der Tat viel leichter zu durchschauen als die Riemannschen Flächen schlechthin, nach dem Riemannschen Abbildungssatz für Riemannsche Flächen ist nämlich $\widetilde{X}$ entweder zur Zahlenebene $\mathbb{C}$

oder zur Zahlenkugel $\mathbb{CP}^1$ oder zur offenen Einheitskreisscheibe $E \subset \mathbb{C}$ biholomorph äquivalent! Wie nutzt man aber diese Kenntnis zu Informationen über X? Nun, trivialerweise und nicht etwa erst aufgrund eines besonderen Satzes sind die Deckbewegungen von $\widetilde{X} \to X$ biholomorphe Abbildungen, die Deckbewegungsgruppe $\mathcal{D}$ operiert frei und "eigentlich diskontinuierlich", d.h. jedes $\widetilde{x} \in \widetilde{X}$ besitzt eine Umgebung U, so daß die $\varphi(U)$, $\varphi \in \mathcal{D}$ paarweise disjunkt sind, der Orbitraum $\widetilde{X}/\mathcal{D}$ einer solchen Aktion hat dann eine von $\widetilde{X}$ geerbte komplexe Struktur, nämlich die einzige, die $\widetilde{X} \to \widetilde{X}/\mathcal{D}$ holomorph macht, und der aus der Überlagerungstheorie bekannte Homöomorphismus $\widetilde{X}/\mathcal{D} \cong X$ ist dann offenbar auch biholomorph. Ohne Benutzung weitergehender Hilfsmittel als (topologische!) Überlagerungstheorie und Riemannscher Abbildungssatz erhält man also: bis auf biholomorphe Äquivalenz sind die Riemannschen Flächen genau die Quotienten $\widetilde{X}/\mathcal{D}$, wobei $\widetilde{X} = \mathbb{CP}^1$, $\mathbb{C}$ oder E ist und $\mathcal{D}$ eine freie und eigentlich diskontinuierlich wirkende Untergruppe der biholomorphen Automorphismen von $\widetilde{X}$.

Die Automorphismengruppen von $\mathbb{CP}^1$, $\mathbb{C}$ und E sind aber seit langem wohlbekannte, explizit angebbare Gruppen; die frei und eigentlich diskontinuierlichen Untergruppen können prinzipiell darin aufgesucht und $\widetilde{X}/\mathcal{D}$ studiert werden, und wenn das im Falle $\widetilde{X} = E$ auch ein keineswegs einfaches Problem ist, so hat man doch jetzt einen ganz konkreten Ausgangspunkt für weitere Untersuchungen und hat vom bloßen "sei X eine Riemannsche Fläche" einen großen Schritt vorwärts getan.

(2) RAUMFORMEN. Ein klassisches, bis heute noch nicht vollständig gelöstes Problem der Differentialgeometrie ist die Klassifikation der *Raumformen* bis auf Isometrie. Unter einer ***Raumform*** versteht man eine zusammenhängende vollständige n-dimensionale Riemannsche Mannigfaltigkeit $(M, \langle\ ,\ \rangle)$ mit konstanter Riemannscher Schnittkrümmung K. (Siehe J. Wolf, *Spaces of Constant Curvature* [21], S. 69). OBdA braucht man nur $K=+1, 0, -1$ ins Auge zu fassen. Eine zusammenhängende Überlagerung einer Raumform ist in kanonischer Weise wieder eine Raumform derselben Krümmung, und analog zum Riemannschen Abbildungssatz hat man hier den Satz von Killing und Hopf: Sphäre S^n, eukli-

discher Raum $\mathbb{R}^n$ und "hyperbolischer" Raum $\mathbb{H}^n$ sind bis auf Isometrie die einzigen einfach zusammenhängenden Raumformen mit $K = +1$, 0 und -1.

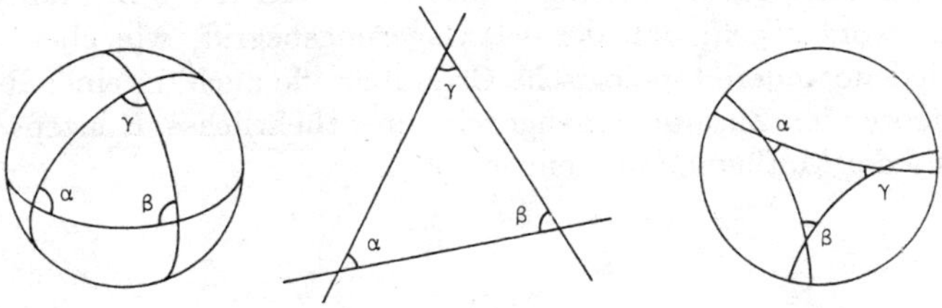

$\alpha+\beta+\gamma > \pi$ $\qquad$ $\alpha+\beta+\gamma = \pi$ $\qquad$ $\alpha+\beta+\gamma < \pi$

Geodätische Dreiecke auf Sphäre S^2, euklidischer Ebene $\mathbb{R}^2$ und hyperbolischer Ebene ($\mathring{D}^2$ mit "hyperbolischer Metrik")

Die Isometriegruppen dieser drei Räume sind wohlbekannt, und analog zum Falle der Riemannschen Flächen zeigt die Überlagerungstheorie: Die Quotienten von S^n, $\mathbb{R}^n$ und hyperbolischem Raum nach frei und eigentlich diskontinuierlich wirkenden Untergruppen der Isometriegruppen sind bis auf Isometrie alle Raumformen, die es gibt.

(3) LIEGRUPPEN. Eine Liegruppe ist eine differenzierbare Mannigfaltigkeit mit einer "differenzierbaren" Gruppenstruktur (d.h. $G \times G \to G$, $(a, b) \mapsto ab^{-1}$ ist differenzierbar). Die Liegruppen spielen in weiten Teilen der Mathematik und übrigens auch in der Theoretischen Physik eine wichtige Rolle; $O(n)$, $GL(n, \mathbb{R})$, $GL(n, \mathbb{C})$, $SO(n)$, $U(n)$, $SU(n)$ sind einige allgemein bekannte Beispiele. Die Überlagerungstheorie zeigt, daß die universelle Überlagerung $\widetilde{G}$ einer zusammenhängenden Liegruppe G in kanonischer Weise wieder eine Liegruppe und daß G ein Quotient $\widetilde{G}/H$ nach einer diskreten Untergruppe H des Zentrums von $\widetilde{G}$ ist. Die einfach zusammenhängenden Liegruppen sind aber einer Klassifikation deshalb zugänglicher, weil sie im wesentlichen durch ihre "Lie-Algebren" bestimmt sind.

Ich möchte nicht den Eindruck erweckt haben, als sei der Überlagerungstrick bei diesen Klassifikationsaufgaben das Wesentliche; schon der Riemannsche Abbildungssatz ist viel tiefsinniger als die ganze Überlagerungstheorie von A bis Z. Man darf aber wohl sagen, daß der Überlagerungsbegriff, wie eben verschiedene andere topologische Grundbegriffe auch, in einer Reihe bedeutender Zusammenhänge ein unentbehrliches Konzept ist, das jeder Mathematiker kennen sollte.

10 Der Satz von Tychonoff

10.1 Ein unplausibler Satz?

Schon im Kapitel 1 über die Grundbegriffe hatten wir uns davon überzeugt, daß das Produkt $X \times Y$ zweier kompakter topologischer Räume wieder kompakt ist, und durch Induktion folgt daraus natürlich auch, daß das Produkt endlich vieler kompakter Räume stets wieder kompakt ist. In 6.2 hatten wir Anlaß gehabt, auch einmal Produkte von möglicherweise unendlich vielen Faktoren zu betrachten, und um diese geht es jetzt wieder, denn das Kapitel ist dem folgenden Satz gewidmet.

Satz (Tychonoff 1930): *Ist* $\{X_\lambda\}_{\lambda \in \Lambda}$ *eine Familie kompakter topologischer Räume, so ist der Produktraum* $\prod_{\lambda \in \Lambda} X_\lambda$ *auch kompakt.*

Jeder, der den Satz von Tychonoff zum ersten Male hört, wird wohl gestehen müssen, daß unsere Anschauung vom Kompaktheitsbegriff eher das Gegenteil für unendliche Produkte suggeriert. Kompaktheit ist ja eine gewisse Endlichkeitseigenschaft (von offenen Überdeckungen), und so kann es uns nicht wundern, daß sie sich auf Räume überträgt, die durch *endliche* Vereinigungen, Summen oder Produkte aus kompakten Räumen entstehen, aber wir erwarten nicht, daß so ein Gebäu aus *unendlich* vielen kompakten Bausteinen wieder kompakt sein müsse. Die einfachsten Beispiele zeigen, daß sukzessive Vergrößerung kompakter Räume schließlich insgesamt zu etwas Nichtkompaktem führen kann: CW-Komplexe aus unendlich vielen Zellen sind z.B. stets nichtkompakt; nichtkompakte Mannigfaltigkeiten lassen sich durch kompakte Teile "ausschöpfen",

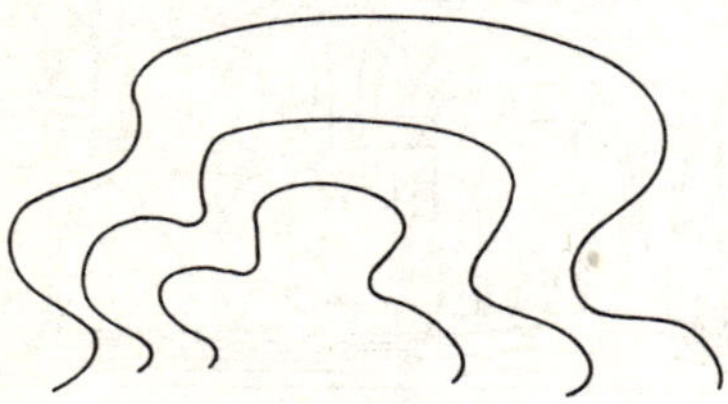

$$\bigcup_{i\geq 1} K_i = M$$

$$K_{i-1} \subset K_i \subset K_{i+1} \subset \dots$$

oder, um einen ganz trivialen, aber nicht untypischen Vorgang zu erwähnen: Fügt man zu einem kompakten Raum einen isolierten Punkt hinzu, so erhält man wieder einen kompakten Raum; macht man das aber unendlich oft, d.h. bildet die Summe mit einem unendlichen diskreten Raum, so ist das Ergebnis nichtkompakt. Betrachtet man unter diesem Gesichtspunkt nun die Folge der "Würfel",

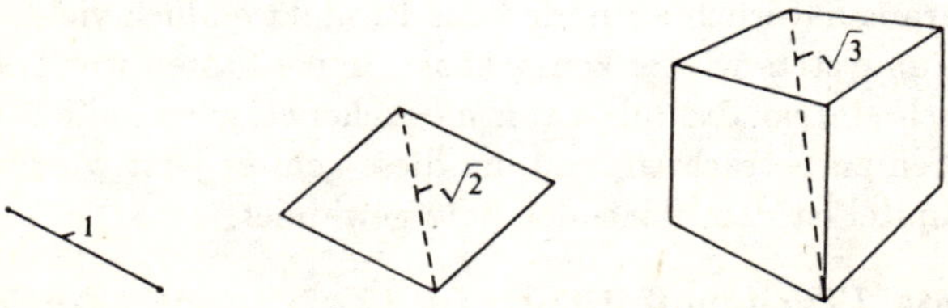

$$[0,1]^0 \subset \quad [0,1]^1 \subset \quad [0,1]^2 \subset \quad [0,1]^3 \subset \dots$$

so wird man davon wohl schwerlich das Gefühl bekommen, daß $[0,1]^\infty$ kompakt sein müsse, ebensowenig wie uns die Kompaktheit von $\{0,1\}^\infty$ sehr plausibel vorkommen kann, wenn wir an $\{0,1\}^0 \subset \{0,1\}^1 \subset \ldots$ denken: Ist nicht $\{0,1\}^\infty$ etwas sehr Ähnliches, wenn auch nicht gerade dasselbe, wie ein unendlicher diskreter Raum?

"Gegen" den Satz von Tychonoff könnte man auch anführen, daß z.B. die Einheitskugel in einem normierten Raum nur im endlichdimensionalen Falle kompakt ist: auch so ein Indiz, das die Vorstellung unterstützt, ∞-Dimensionalität sei ein Kompaktheitshindernis.

Und doch trügt uns die Anschauung hier, und zwar weniger unsere Anschauung von der Kompaktheit, als vielmehr die vom Produkt.

Wir leiten unsere Intuition über Produkte natürlich von den Produkten im $\mathbb{R}^3$ aus zwei oder drei Faktoren ab, und deshalb ist es uns nicht so augenfällig, daß "nahe benachbart" in der Produkttopologie eines unendlichen Produktes immer nur eine Aussage über endlich viele Koordinaten ist: Für jede noch so kleine Umgebung U eines Punktes $x_0 \in \prod_{\lambda\in\Lambda} X_\lambda$ besagt die Aussage $u \in U$ über die meisten (alle bis auf endlich viele) Komponenten u_λ gar nichts, weil U ein Kästchen der Form

$$\pi_{\lambda_1}^{-1}(U_{\lambda_1}) \cap \cdots \cap \pi_{\lambda_r}^{-1}(U_{\lambda_r})$$

enthalten muß. Aus diesem Grunde ist die Vorstellung des ∞-dimensionalen Würfels, die wir uns von den endlichdimensionalen Würfeln ableiten, nicht sehr zutreffend. Für unser Auge, das "nahe" immer als "metrisch nahe" sehen möchte, wird die relative Unwichtigkeit der "sehr weit draußen" gelegenen Komponenten von $(x_1, x_2, \ldots)$ viel besser durch den sogenannten Hilbertquader dargestellt, das ist der Quader im separablen Hilbertraum mit den Kantenlängen $\frac{1}{n}$ in Richtung der e_n-Achse (Durchmesser $\sqrt{\sum \frac{1}{n^2}} = \frac{\pi}{\sqrt{6}}$), dessen niederdimensionale Analoga also so aussehen:

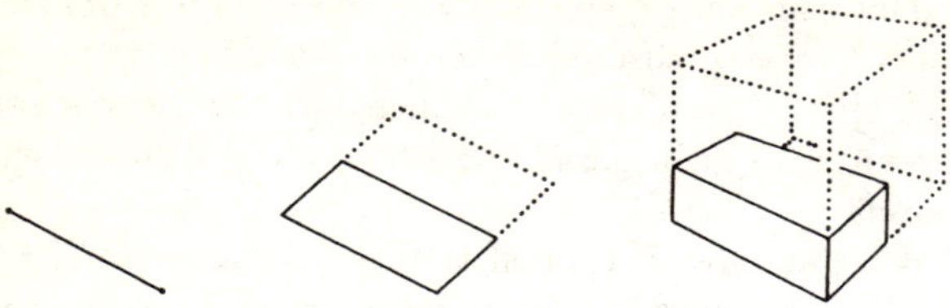

In der Tat ist der Hilbertquader homöomorph zum Produkt abzählbar vieler Intervalle $[0,1]$, durch $(x_n)_{n\geq 1} \mapsto (x_1, \frac{1}{2}x_2, \frac{1}{3}x_3, \dots)$ ist ein Homöomorphismus vom Produkt auf den Hilbertquader gegeben, wie man leicht nachprüft.

Hat man nun gehört, daß der Satz von Tychonoff doch richtig ist, so wird man aufgrund der Erfahrungen mit ähnlich klingenden Aussagen vielleicht annehmen, daß der Beweis wohl nicht schwierig sein dürfte: "Wie solche Sachen eben immer gehen: Sei $\mathfrak{B} = \{V_\alpha\}_{\alpha \in A}$ eine offene Überdeckung von $\prod_{\lambda \in \Lambda} X_\lambda$. Mit jedem $x \in V_\alpha$ muß V_α ein ganzes Kästchen $U_{\lambda_1} \times \cdots \times U_{\lambda_r} \times \prod_{\lambda \neq \lambda_i} X_\lambda$ enthalten. Angenommen nun, es gebe keine endliche Teilüberdekkung. Dann ... usw." — Oh nein! Wenn auch viele Beweise der Mengentheoretischen Topologie, navigiert von der Anschauung, im Kahne einer ausgepichten Terminologie wie von selber daherschwimmen: der Beweis des Satzes von Tychonoff gehört nicht dazu.

10.2 Vom Nutzen des Satzes von Tychonoff

Ein gegen die Anschauung gehender Satz ist schon allein dadurch gerechtfertigt. – Na gut. – Ein ähnlich allgemeiner, aber vielleicht mehr Gewicht mit sich führender Gesichtspunkt ist, daß jede Disziplin bestrebt sein muß, ihre eigenen Grundbegriffe zu klären. Die

Grundbegriffe werden ja nicht irgendwoher offenbart, sondern es bleibt den Mathematikern die Aufgabe, unter den verschiedenen ähnlichen Begriffen den günstigsten auszuwählen, und der Satz von Tychonoff war z.B. ein entscheidender Grund, den durch die Überdeckungseigenschaft definierten Kompaktheitsbegriff der Folgenkompaktheit vorzuziehen, die sich nämlich nicht auf beliebige Produkte überträgt.

Wie steht es aber mit Anwendungen außerhalb der Mengentheoretischen Topologie selbst? Ich will einmal die Behauptung wagen, daß die Differential- und Algebraische Topologie keinen wesentlichen Gebrauch vom Satz von Tychonoff macht. In der Funktionalanalysis kommt der Satz aber an mehreren sehr prägnanten Stellen zum Zuge, und drei solcher Stellen will ich nennen. Es kommt mir dabei nur darauf an zu zeigen, wie der Satz von Tychonoff jeweils in die Beweisführung eingeht. Diese Beweise im übrigen vollständig zu geben, würde pedantisch sein, da der Zusammenhang, in den sie gehören, hier ohnehin nur angedeutet werden kann.

(1) Schwache Kompaktheit der Einheitskugel in reflexiven Banachräumen. Sei X ein normierter Raum über $\mathbb{K} = \mathbb{R}$ oder $\mathbb{C}$. Für eine stetige lineare Abbildung $f : X \to \mathbb{K}$ ("Linearform") definiert man $\|f\| := \sup_{\|x\|\leq 1} |f(x)|$, und dadurch wird der Raum X' der Linearformen zu einem normierten Raum, man nennt ihn den ***Dualraum*** von X. Der Dualraum ist immer ein Banachraum, auch wenn X selbst nicht vollständig ist. – Jedes Element $x \in X$ definiert in kanonischer Weise eine Linearform auf dem Raum der Linearformen durch $x : X' \to \mathbb{K}$, $f \mapsto f(x)$; und hierdurch ist sogar eine injektive isometrische lineare Abbildung $X \to X''$ gegeben, vermöge welcher man überhaupt gleich $X \subset X''$ auffaßt. X heißt ***reflexiv***, wenn sogar $X = X''$ gilt. Hilberträume sind zum Beispiel reflexiv.

Unter der ***schwachen Topologie*** auf einem normierten Raum X versteht man die gröbste Topologie, bezüglich der $f : X \to \mathbb{K}$ für alle $f \in X'$ stetig ist. (Subbasis: $\{f^{-1}(U) \mid f \in X', U \subset \mathbb{K}$ offen$\}$). Auf jedem normierten Raum hat man somit zwei Topologien: Erstens die Normtopologie, die man immer meint, wenn man von der Topologie schlechthin spricht, und zweitens die schwache Topologie.

Auf dem Dualraum X' betrachtet man außerdem eine dritte, noch etwas "schwächere" (d.h. gröbere) Topologie, nämlich die ***schwach-$*$-Topologie***, das ist die gröbste, für die $x : X' \to \mathbb{K}$ für alle $x \in X$ stetig ist. Eine Folge $(f_n)_{n \geq 1}$ in X' ist genau dann schwach-$*$-konvergent, wenn sie punktweise konvergiert, d.h. wenn $(f_n(x))_{n \geq 1}$ für jedes x eine konvergente Zahlenfolge ist.

Korollar aus dem Satz von Tychonoff: *Die Einheitskugel in X' ist kompakt in der schwach-$*$-Topologie.*

Zum Beweis: Sei D das Intervall $[-1, 1]$ bzw. die Kreisscheibe $\{z \in \mathbb{C} \mid |z| \leq 1\}$ in $\mathbb{K}$ und $D_x := \{\|x\| \cdot z \mid z \in D\}$. Dann ist nach dem Satz von Tychonoff jedenfalls $\prod_{x \in X} D_x$ kompakt, also ist auch jeder abgeschlossene Teilraum dieses Produktes kompakt, und zu einem solchen abgeschlossenen Teilraum ist die schwach-$*$-topologisierte Einheitskugel $E' := \{f \in X' \mid \|f\| \leq 1\}$ homöomorph, nämlich: Man definiert $E' \to \prod_{x \in X} D_x$ durch $f \mapsto \{f(x)\}_{x \in X}$. Diese Abbildung ist offenbar injektiv; die Komponenten-Abbildungen $f \mapsto f(x)$ sind nach Definition der schwach-$*$-Topologie gerade noch stetig, also ist die ganze Abbildung stetig bezüglich dieser Topologie; sei $\widetilde{E}$ ihr Bild. Für festes $x \in X$ und $U \subset \mathbb{K}$ offen geht die Subbasis-Menge $\{f \in E' \mid f(x) \in U\}$ gerade in $\widetilde{E} \cap \pi_x^{-1}(U)$ über, also ist die Abbildung $E' \to \widetilde{E}$ wirklich ein Homöomorphismus. Nun prüft man nach, daß $\widetilde{E}$ abgeschlossen in $\prod_{x \in X} D_x$ ist, wofür zwar noch etwas getan, aber keine weitergehenden Hilfsmittel herangezogen werden müssen, und so folgt dann die Behauptung. □

Für reflexive Räume ist natürlich die schwache Topologie auf X' dasselbe wie die schwach-$*$-Topologie, also ist dann die Einheitskugel in X' und nach demselben Argument die in $X'' = X$ schwach kompakt.

Ist X auch noch separabel, so erfüllt in der schwachen Topologie zwar nicht der ganze Raum, aber doch die Einheitskugel das Erste Abzählbarkeitsaxiom (ist sogar metrisierbar, vgl. [4], S. 75) und ist deshalb nicht nur kompakt, sondern auch folgenkompakt: Jede normbeschränkte Folge hat also eine schwach konvergente Teilfolge.

(2) KOMPAKTHEIT DES SPEKTRUMS EINER KOMMUTATIVEN BANACH-ALGEBRA. Ein komplexer Banachraum B zusammen mit einer Multiplikation, die ihn zu einer kommutativen $\mathbb{C}$-Algebra mit 1 macht und $\|ab\| \leq \|a\|\cdot\|b\|$ erfüllt, heißt eine ***kommutative Banachalgebra***.

Die einfachsten und gewissermassen "durchsichtigsten" Beispiele sind die Algebren $C(X)$ der beschränkten stetigen Funktionen auf topologischen Räumen X. Das eigentliche Interesse gilt aber weniger diesen Funktionenalgebren als vielmehr Algebren aus *Operatoren*. Das Studium von Operatoren (z.B. Differentialoperatoren, Integraloperatoren) ist ja ein Hauptzweck der Funktionenanalysis. Hat man nun einen oder mehrere miteinander vertauschbare Operatoren in einem Banachraum, so erzeugen diese in der (nichtkommutativen) Banachalgebra aller Operatoren des Raumes eine kommutative Teilalgebra B, und es ist wohl plausibel, daß eine genauere Kenntnis von B als Banach-Algebra, d.h. bis auf Banachalgebrenisomorphie, nützliche Information über die Operatoren enthalten kann.

Natürlich gehen bei dieser Betrachtungsweise individuelle Züge der Operatoren verloren; ob es sich zum Beispiel um Differentialoperatoren handelt und wo diese operieren: das sind Einzelheiten, die aus dem Isomorphietyp der Banachalgebra nicht abzulesen sind; ganz ähnlich wie die Anwendung eines algebraisch-topologischen Funktors individuelle Züge eines geometrischen Problems unterdrückt. Es bleiben aber wichtige Eigenschaften der Operatoren in der Banachalgebra noch kenntlich, zunächst die algebraischen z.B. ob der Operator eine Projektion ist: $b^2 = b$, oder nilpotent: $b^n = 0$, ob er invertierbar ist, eine "Wurzel" besitzt: $b = a^2$; aber darüber hinaus ist ja in der Banachalgebra die Norm der Operatoren noch vorhanden, man kann deshalb Grenzprozesse und Limites betrachten, z.B. Potenzreihen von Operatoren usw.

Wie läßt sich aber der Wunsch nach "Einsicht" in die Struktur der Banachalgebra konkretisieren? Nun, ein hoher Grad an Einsicht in diese Struktur wäre erreicht, wenn man einen topologischen Raum X und einen Banachalgebrenisomorphismus $B \cong C(X)$ finden könnte! Wie, unter welchen Umständen, läßt sich das erreichen? Um das zu lernen, muß man jedenfalls studieren, wie und ob sich ein gegebener Raum X aus der Banachalgebrastruktur von $C(X)$ rekonstruieren läßt. Wie macht sich also ein Punkt $x \in X$ als ein (Banach-)*algebraisches* Objekt bemerkbar?

Es bieten sich sogar zwei algebraische Erscheinungsformen der Punkte von X an. Erstens definiert jedes x durch $f \mapsto f(x)$ einen Algebrenhomomorphismus $C(X) \to \mathbb{C}$, der x auch charakterisiert, wenn der Raum X nicht zu unvernünftig ist, dazu braucht man ja nur zu zwei Punkten $x \neq y$ eine stetige beschränkte Funktion, die an den beiden Punkten verschiedene Werte annimmt. Deshalb könnte man bei einer beliebigen kommutativen Banachalgebra B als Ersatz für die Punkte $x \in X$ die Algebrenhomomorphismen $B \to \mathbb{C}$ ins Auge fassen.

Andererseits bestimmt jedes $x \in X$ in $C(X)$ ein Ideal, nämlich das Verschwindungsideal $\mathfrak{a}_x := \{f \in C(X) \mid f(x) = 0\}$. Das ist offenbar ein maximales Ideal: enthält ein Ideal sowohl $\mathfrak{a}_x$ als eine weitere Funktion f, d.h. eine mit $f(x) \neq 0$, so enthält es jede: $\mathfrak{a}_x + \mathbb{C} \cdot f = C(X)$, trivialerweise. Für vernünftige Räume wird wieder $\mathfrak{a}_x \neq \mathfrak{a}_y$ für $x \neq y$ sein. Deshalb wäre es auch ein vernünftiger Ansatz (er braucht ja deshalb nicht gleich zum Erfolg zu führen), für eine kommutative Banach-Algebra B als die zu dem gesuchten Raum zugrunde liegende Menge das sogenannte Spektrum von B, nämlich $\mathrm{Spec}B :=$ Menge der maximalen Ideale in B in Betracht zu ziehen.

In der Tat sind beide Ansätze nur zwei verschiedene Beschreibungen ein und derselben Sache: Zu jedem Algebrenhomomorphismus $B \to \mathbb{C}$ gehört ein maximales Ideal, nämlich sein Kern, und diese Zuordnung zwischen Algebrenhomomorphismen und maximalen Idealen ist bijektiv, weil es nach einem nicht schwer zu beweisenden Satz (Gelfand-Mazur) zu jedem maximalen Ideal $\mathfrak{a}$ genau einen Algebrenhomomorphismus $B/\mathfrak{a} \cong \mathbb{C}$ gibt. Wir dürfen also die Elemente von $\mathrm{Spec}B$ sowohl als maximale Ideale $\mathfrak{a}$ als auch in der angegebenen Weise als Algebrenhomomorphismen $\varphi : B \to \mathbb{C}$ auffassen; und für unser Ziel, B als eine Funktionenalgebra darzustellen, suggeriert uns der Spezialfall $B = C(X)$ ganz eindeutig, welche Funktion wir jedem $b \in B$ zuordnen müssen, nämlich $f_b : \mathrm{Spec}B \to \mathbb{C}$, $\varphi \mapsto \varphi(b)$.

Algebrenhomomorphismen $\varphi : B \to \mathbb{C}$ sind automatisch Linearformen der Norm 1, also $\mathrm{Spec}B$ in kanonischer Weise Teilmenge der Einheitssphäre des Dualraums B'. Insbesondere sind die Funktionen f_b jedenfalls beschränkt (durch $\|b\|$).

Noch haben wir keine Topologie auf Spec$B$ gewählt, aber wenn wir nur wünschen, daß alle diese f_b stetig sein sollen, so werden wir dies auf die sparsamste als die einzig kanonische Weise zu erreichen suchen, aber das heißt eben, auf Spec$B \subset B'$ die von der schwach-$*$-Topologie induzierte Topologie einzuführen! Dann erhalten wir wirklich einen kanonischen Algebren-Homomorphismus $\rho : B \to C(\text{Spec}B)$, $b \mapsto f_b$. Ist das ein Isomorphismus? Nun, nicht jede kommutative Banachalgebra ist isomorph zu einem $C(X)$. Auf $C(X)$ gibt es noch eine zusätzliche algebraische Struktur, deren Möglichkeit in B man auch fordern muß, nämlich die komplexe Konjugation: Unter einer "Involution" $* : B \to B$ auf einer kommutativen Banach-Algebra versteht man einen $\mathbb{R}$-Algebren-Homomorphismus mit den Eigenschaften $(\lambda \cdot 1)^* = \overline{\lambda} \cdot 1$ für alle $\lambda \in \mathbb{C}$ und $b^{**} = b$ und $\|b^*b\| = \|b\|^2$ für alle $b \in B$. Eine kommutative Banachalgebra mit Involution heißt B^*-Algebra. Für solche gilt dann aber der

Satz von Gelfand-Neumark: *Ist $(B, *)$ eine B^*-Algebra, dann ist $\rho : B \to C(\text{Spec}B)$ ein isometrischer B^*-Algebrenisomorphismus.*

Das ist also die Antwort oder eine Antwort auf die eingangs gestellte Frage. Woher diese Frage kam und wohin die Antwort führt, darüber hat die Funktionalanalysis noch viel zu sagen, aber ich denke, daß es schon nach dem wenigen, was ich hier davon berichtet habe, kein leerer Schall ist, wenn ich sage: Das Spektrum einer kommutativen Banachalgebra ist ein "wichtiger" Begriff aus der Funktionalanalysis. Über das Spektrum macht nun der Satz von Tychonoff eine bemerkenswerte Aussage. Wie wir schon gesehen haben, ist Spec$B$ ein Teilraum der schwach-$*$-topologisierten Einheitssphäre von B', die nach dem Satz von Tychonoff kompakt ist. Es ist nicht schwer zu zeigen, daß Spec$B$ in der Tat ein abgeschlossener Teilraum ist, und so folgt das besonders im Hinblick auf den Satz von Gelfand-Neumark sehr merkwürdige Resultat

Korollar aus dem Satz von Tychonoff: *Das Spektrum einer kommutativen Banach-Algebra ist kompakt.*

(3) STONE-ČECH-KOMPAKTIFIZIERUNG: Beim heuristischen Vorgehen im vorigen Abschnitt waren wir bestrebt, X aus $C(X)$ zu rekonstruieren, aber wie das Korollar aus dem Satz von Tychonoff zeigt, kann nicht immer $X = \text{Spec}C(X)$ sein, da ja X nicht kompakt zu sein braucht. In welchem Verhältnis stehen X und $\text{Spec}C(X)$ zueinander? Ganz ohne Zusatzannahmen braucht die kanonische stetige Abbildung $X \to \text{Spec}C(X)$ weder injektiv noch surjektiv zu sein. Eine etwaige Nichtinjektivität hat aber ziemlich uninteressante Ursachen, nämlich ungefähr, daß die Topologie von X so grob ist, daß die stetigen beschränkten Funktionen nicht alle Punkte unterscheiden können. (Für die triviale Topologie ist z.B. jede stetige Funktion konstant, also $\text{Spec}C(X)$ nur ein Punkt). Also wird man, um diesen Effekt auszuschließen, Trennungseigenschaften voraussetzen, und die richtige Trennungseigenschaft ist hier, was man ***vollständig regulär*** nennt: Punkte seien abgeschlossen und zu jeder abgeschlossenen Menge A und Punkt $p \notin A$ gibt es ein stetiges $f : X \to [0,1]$ mit $f(p) = 0$ und $f|A \equiv 1$; das ist zum Beispiel in jenen Hausdorffräumen der Fall, in denen das Urysohnsche Lemma angewendet werden kann. Dann aber gilt der Satz (vgl. [8], S. 870): *Ist X vollständig regulär, so ist die kanonische Abbildung $X \to \text{Spec}C(X)$ eine Einbettung, d.h. ein Homöomorphismus auf ihr Bild, und dieses Bild ist ein dichter Teilraum, d.h. seine abgeschlossene Hülle ist ganz* $\text{Spec}C(X)$.

Vermöge dieser Einbettung darf man X selbst als dichten Teilraum des nach dem Satz von Tychonoff kompakten Raumes $\text{Spec}C(X)$ auffassen: Insbesondere ist also jeder vollständig reguläre Raum Teilraum eines kompakten Raumes, was allein schon sehr erstaunlich ist. $\text{Spec}C(X)$ ist die sogenannte "Stone-Čech-Kompaktifizierung" eines vollständig regulären Raumes, die gewöhnlich mit βX bezeichnet wird. Sie ist in einem gewissen Sinne die "größtmögliche" Kompaktifizierung: sie läßt sich durch die Eigenschaft charakterisieren, daß sich jede stetige Abbildung von X in einen kompakten Hausdorffraum X auf βX fortsetzen läßt. Die Stone-Čech-Kompaktifizierung nach Würden zu behandeln, dazu gehört ein anderes Buch (und ein anderer Verfasser), aber auch ohne dem hoffe ich, Ihnen inzwischen vor dem Satz von Tychonoff, dessen Beweis wir uns nun zuwenden, einigen Respekt eingeflößt zu haben.

10.3 Der Beweis

Alle Beweise des Satzes von Tychonoff benutzen das "Zornsche Lemma", von dem deshalb zuerst die Rede sein soll. Sodann möchte ich die günstige Gelegenheit ergreifen, um die auch sonst nützlichen Begriffe *Filter* und *Ultrafilter* einzuführen. Mit diesen Hilfsmitteln versehen, werden wir dann zeigen: Hat ein Raum X eine Subbasis $\mathfrak{S}$ mit der Eigenschaft, daß jede Überdeckung von X durch Mengen aus $\mathfrak{S}$ eine endliche Teilüberdeckung besitzt, dann ist X bereits kompakt. Zur Anwendung auf ein Produkt $X = \prod_{\lambda \in \Lambda} X_\lambda$ kompakter Räume braucht man dann also z.B. nur zu zeigen, daß die kanonische Subbasis aus den Zylindern $\{\pi_\lambda^{-1}(U_\lambda) \mid \lambda \in \Lambda,\ U_\lambda \subset X_\lambda \text{ offen}\}$ diese Eigenschaft hat, und der Satz von Tychonoff ist bewiesen. Von dieser Eigenschaft der Subbasis wollen wir uns vorweg überzeugen:

Sei also $\mathfrak{U}$ eine Überdeckung des Produkts durch offene Zylinder. Angenommen, $\mathfrak{U}$ habe keine endliche Teilüberdeckung. Dann gibt es in jedem Faktor X_λ wenigstens einen Punkt x_λ, dessen "Koordinatenebene" $\pi_\lambda^{-1}(x_\lambda)$ *nicht* von endlich vielen Mengen aus $\mathfrak{U}$ überdeckt wird, und zwar aus folgendem Grunde: Eine Koordinatenebene, die von endlich vielen Zylindern aus $\mathfrak{U}$ überdeckt wird,

Zur Existenz von x_λ:

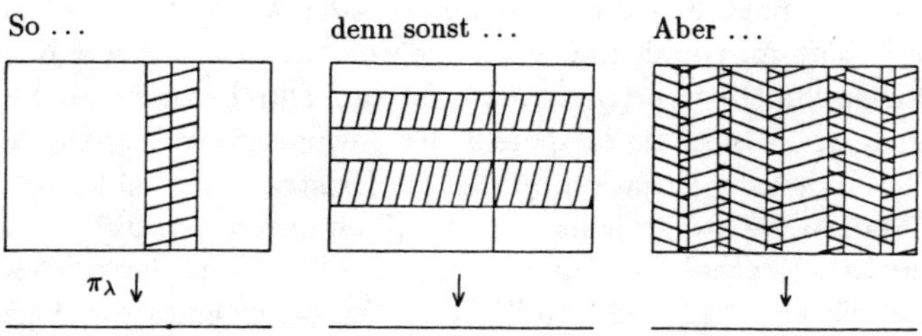

steckt immer schon in *einem* dieser Zylinder, sonst überdeckten diese endlich vielen entgegen der Annahme das ganze Produkt; steckte aber *jede* Koordinatenebene über X_λ in einem Zylinder aus $\mathfrak{U}$, so folgte aus der Kompaktheit von X_λ abermals entgegen der Annahme, daß endlich viele dieser Zylinder das Produkt überdeckten. Es gibt also zu jedem λ so ein x_λ wie behauptet.

Sei nun $x := \{x_\lambda\}_{\lambda\in\Lambda}$. Dann muß x in einem Zylinder $\pi_\mu^{-1}(U_\mu)$ von $\mathfrak{U}$ liegen, in dem dann aber im Widerspruch zur Konstruktion auch die Koordinatenebene $\pi_\mu^{-1}(x_\mu)$ enthalten wäre, also war die Annahme falsch. □

1. DAS ZORNSCHE LEMMA. Wie Sie wissen hat man oft Anlaß, "maximale" oder "minimale" mathematische Objekte bestimmter Art zu betrachten. Im vorigen Abschnitt war z.B. von maximalen Idealen in einer kommutativen Banachalgebra die Rede gewesen; eine differenzierbare Struktur auf einer Mannigfaltigkeit ist nach Definition ein maximaler differenzierbarer Atlas; in der Theorie der Liegruppen sind die maximalen kompakten Untergruppen einer zusammenhängenden Liegruppe wichtig; die maximale offene in einer gegebenen Teilmenge A eines topologischen Raumes enthaltene Menge heißt deren offener Kern $\mathring{A}$, die minimale A enthaltende abgeschlossene Teilmenge ihre abgeschlossene Hülle $\overline{A}$; feinste und gröbste Topologien mit gewissen Eigenschaften sind maximal bzw. minimal in der Menge dieser Topologien, usw. – In vielen, ja man darf wohl sagen in den meisten Fällen sind die Objekte, um die es geht, insbesondere Teilmengen einer festen Menge, und die Ordnungsrelation, auf die sich die Maximalität oder Minimalität bezieht, ist die Inklusion von Mengen. Wenn sich nun die fragliche Eigenschaft auf beliebige Vereinigungen überträgt, dann ist natürlich die Vereinigung *aller* Mengen mit dieser Eigenschaft maximal, und wenn sich die Eigenschaft auf beliebige Durchschnitte überträgt, dann ist der Durchschnitt aller dieser Mengen ein minimales Objekt der gewünschten Art. Das ist die allereinfachste Situation, in der die Existenz maximaler oder minimaler Objekte gesichert ist; die einen gegebenen differenzierbaren Atlas enthaltende differenzierbare Struktur, der offene Kern und die abgeschlossene Hülle einer Teilmenge eines topologischen Raumes sind Beispiele dieses Typs.

Meist allerdings wäre es zuviel verlangt, daß sich die Eigenschaft auf *beliebige* Vereinigungen bzw. Durchschnitte übertragen sollte. Eine wesentlich schwächere Voraussetzung ist aber häufig noch erfüllt, daß sich nämlich die Eigenschaft auf die Vereinigung bzw. den Durchschnitt von *Ketten* solcher Mengen überträgt, und das ist eine typische Situation, in der das Zornsche Lemma anwendbar ist und die Existenz einer maximalen bzw. minimalen solchen Menge sichert.

Es sei aber gleich angemerkt, daß auch das Zornsche Lemma nicht in allen Fällen "zieht". Um etwa die Existenz einer maximalen kompakten Untergruppe in jeder zusammenhängenden Liegruppe zu zeigen, muß man schon ziemlich tief in die Theorie der Liegruppen steigen, ein bloß formales und rein mengentheoretisches Argument wie das Zornsche Lemma reicht da nicht aus.

Das Zornsche Lemma wird im nächsten Kapitel bewiesen, wir wollen aber seine Formulierung von dort schnell hierherzitieren: Eine Relation $\leq$ ("kleiner gleich") auf einer Menge M heißt bekanntlich eine teilweise Ordnung, wenn sie reflexiv ($x \leq x$), antisymmetrisch ($x \leq y$ und $y \leq x \Rightarrow x = y$) und transitiv ($x \leq y \leq z \Rightarrow x \leq z$) ist. $K \subset M$ heißt ***Kette***, wenn je zwei Elemente $x, y \in K$ in Relation stehen, d.h. $x \leq y$ oder $y \leq x$ gilt, und K heißt ***beschränkt***, wenn es ein $m \in M$ gibt mit $x \leq m$ für alle $x \in K$.

Lemma von Zorn: *Ist in einer teilweise geordneten nichtleeren Menge $(M, \leq)$ jede Kette beschränkt, dann hat M mindestens ein maximales Element, d.h. ein a, für das kein $x \neq a$ mit $a \leq x$ existiert.*

2. Filter und Ultrafilter. **Definition:** Unter einem ***Filter*** auf einem topologischen Raum X (oder allgemeiner: auf einer Menge X) versteht man eine Menge von Teilmengen von X, die folgende drei Axiome erfüllt:

Axiom 1: $F_1, F_2 \in \mathcal{F} \Rightarrow F_1 \cap F_2 \in \mathcal{F}$

Axiom 2: $F \in \mathcal{F}$ und $F \subset F' \Rightarrow F' \in \mathcal{F}$

Axiom 3: $\varnothing \notin \mathcal{F}$

Definition (Filterkonvergenz): Ein Filter $\mathcal{F}$ auf einem topologischen Raum X ***konvergiert*** gegen a, wenn jede Umgebung von a zu $\mathcal{F}$ gehört.

Beispiel: Sei $(x_n)_{n \geq 1}$ eine Folge in X und $\mathcal{F}$ der Filter aller Mengen, in denen die Folge schließlich bleibt. Offenbar konvergiert der Filter genau dann gegen a, wenn die Folge das tut.

Definition (Ultrafilter) und **Korollar** aus dem Zornschen Lemma: Maximale Filter nennt man ***Ultrafilter***. *Jeder Filter ist in einem Ultrafilter enthalten.*

Das Zornsche Lemma wird hierbei natürlich auf die durch Inklusion teilweise geordnete Menge aller der Filter angewendet, die den gegebenen Filter enthalten. – Die Ultrafilter haben eine merkwürdige Eigenschaft.

Bemerkung: *Ist $\mathcal{F}$ ein Ultrafilter auf X und $A \subset X$ eine Teilmenge, so gehört von den beiden Teilmengen A und $X \setminus A$ genau eine zu $\mathcal{F}$.*

BEWEIS: Natürlich nicht beide, weil ihr Durchschnitt leer ist. Ferner muß eine von beiden alle Filtermengen treffen, sonst fände sich sowohl eine Filtermenge außerhalb A als auch eine außerhalb $X \setminus A$, und deren Durchschnitt wäre also leer. OBdA treffe A alle Elemente von $\mathcal{F}$. Dann ist die Menge aller Obermengen aller Durchschnitte $A \cap F$, $F \in \mathcal{F}$, ein $\mathcal{F} \cup \{A\}$ enthaltender Filter und aus der Maximalität von $\mathcal{F}$ folgt $A \in \mathcal{F}$. □

3. ANWENDUNG: BEWEIS DES SATZES VON TYCHONOFF. Sei nun also $\mathfrak{S}$ eine Subbasis des topologischen Raums X mit der Eigenschaft, daß jede Überdeckung von X durch Mengen aus $\mathfrak{S}$ eine endliche Teilüberdeckung besitzt.

Wir zeigen im 1. SCHRITT: Jeder Ultrafilter auf X konvergiert. BEWEIS: Angenommen, es gäbe einen nichtkonvergenten Ultrafilter $\mathcal{F}$. Zu jedem $x \in X$ können wir dann eine Umgebung $U_x \in \mathfrak{S} \setminus \mathcal{F}$ finden, denn wären alle x enthaltenden Mengen aus $\mathfrak{S}$ Elemente des Filters, so auch alle deren endlichen Durchschnitte und der Filter konvergierte gegen x. Nach Voraussetzung hat dann $\{U_x\}_{x \in X}$ eine endliche Teilüberdeckung: $X = U_{x_1} \cup \cdots \cup U_{x_r}$. Da die U_{x_i} nicht Elemente von $\mathcal{F}$ sind, müssen es nach der oben gezeigten merkwürdigen Eigenschaft der Ultrafilter ihre Komplemente sein: deren Durchschnitt ist aber leer, und wir haben einen Widerspruch zu den Filteraxiomen.

Nun beweisen wir in einem 2. UND LETZTEN SCHRITT: X ist kompakt. BEWEIS: Sei also $\{U_\alpha\}_{\alpha \in A}$ eine beliebige offene Überdeckung von X. Angenommen, es gäbe keine endliche Teilüberdeckung, d.h. je endlich viele Überdeckungsmengen ließen immer ein nichtleeres "Defizit" $X \setminus U_{\alpha_1} \cup \cdots \cup U_{\alpha_r}$ übrig. Die Menge der Obermengen solcher Defizite bildete dann einen Filter, und es sei $\mathcal{F}$ ein diesen Filter enthaltender Ultrafilter. Nach dem 1. Schritt wissen wir, daß $\mathcal{F}$ gegen ein $a \in X$ konvergiert. Dieses a muß in einer der Überdeckungsmengen U_α liegen, also $U_\alpha \in \mathcal{F}$ wegen der Konvergenz, aber $X \setminus U_\alpha \in \mathcal{F}$ als Defizit im Widerspruch zu den Filteraxiomen. Damit ist der Schlußstein in den Beweis des Satzes von Tychonoff eingefügt. □

11 Letztes Kapitel. Mengenlehre

von Theodor Bröcker

Dieses Kapitel dient weder dazu, Skrupel zu erregen, noch sie auszuräumen: Es teilt nur Studierenden, die die ersten Semester erfolgreich hinter sich gebracht haben, kurzgefaßt mit, was sie an mengentheoretischer Technik in der Mathematik gelegentlich brauchen werden.

Ist Λ eine Indexmenge, und ist jedem $\lambda \in \Lambda$ eine Menge M_λ zugeordnet, so ist $\prod_{\lambda \in \Lambda} M_\lambda$, das *Produkt* der Mengen M_λ, gleich der Menge der Abbildungen $\varphi : \Lambda \to \bigcup_{\lambda \in \Lambda} M_\lambda$, so daß $\varphi(\lambda) \in M_\lambda$; das ist also mit anderen Worten die Menge der Familien $(m_\lambda \mid \lambda \in \Lambda,\ m_\lambda \in M_\lambda)$.

Auswahlaxiom:

$$\text{Ist } M_\lambda \neq \varnothing \text{ für alle } \lambda \in \Lambda, \text{ so ist } \prod_{\lambda \in \Lambda} M_\lambda \neq \varnothing .$$

Das heißt also: wenn es in jedem M_λ ein Element gibt, dann gibt es auch eine Funktion, die in jedem M_λ so ein Element auswählt.

Eine ***teilweise Ordnung*** auf einer Menge M ist eine Relation $\leq$ zwischen Elementen von M, so daß gilt: $x \leq x$ (*Reflexivität*), $x \leq y$ und $y \leq x \Rightarrow x = y$ (*Antisymmetrie*), $x \leq y$ und $y \leq z \Rightarrow x \leq z$ (*Transitivität*), jeweils für alle $x, y, z \in M$. Man schreibt dann $x < y$ für $x \leq y$ und $x \neq y$. Ist $x \in M$, $A \subset M$, so schreibe $x \geq A$, falls $x \geq a$ für alle $a \in A$, und ähnlich $x > A$, $x < A$ ...

BEISPIELE: Ist M eine Menge und $\mathfrak{P}$ die Menge ihrer Teilmengen, so definiert die Inklusion eine teilweise Ordnung auf $\mathfrak{P}$. Daher kommen dann auch die teilweisen Ordnungen für die Untergruppen einer Gruppe, die Unterräume eines Vektorraumes ...

Eine ***Kette*** oder (streng) geordnete Menge ist eine teilweise geordnete Menge, in der zudem gilt: Es ist stets $x \leq y$ oder $y \leq x$ für $x, y \in M$. Eine Kette heißt ***wohlgeordnet***, wenn jede nichtleere Teilmenge der Kette ein kleinstes Element (bezüglich der Ordnung) besitzt. Beispiel: $\mathbb{N}$, nicht aber $\mathbb{Z}$, $\mathbb{Q}$, $\mathbb{R}$. Sind M, N wohlgeordnet, so offenbar auch $M \times N$ in *lexikographischer Ordnung*, d.h. $(m, n) < (m_1, n_1)$ falls $m < m_1$ oder $m = m_1$, $n < n_1$. Ebenso $M + N$ (punktfremde Vereinigung) in der Ordnung $m < n$ für $m \in M$, $n \in N$, und wie gehabt für zwei Elemente aus M oder N.

In einer wohlgeordneten Menge gilt das

Induktionsprinzip: Ist $A(k)$ eine Aussage über beliebige $k \in K$ und gilt: $A(\ell)$ für alle $\ell < k \Rightarrow A(k)$, so gilt $A(k)$ für alle $k \in K$.

Andernfalls gäbe es nämlich ein kleinstes $k \in K$, so daß nicht $A(k)$. Aber dann $A(\ell)$ für $\ell < k$, also doch $A(k)$. Widerspruch.

Ähnlich wie bei den natürlichen Zahlen kann man in einer wohlgeordneten Menge auch rekursiv *definieren*. Eine Rekursionsformel etwa für eine Funktion f auf M legt den Wert $f(n)$ fest, in Abhängigkeit von den Funktionswerten $f(k)$ für $k < n$, also

$$f(n) = \varphi(f|\{k \mid k < n\}).$$

Man zeigt durch Induktion nach n, daß es auf den Teilmengen $\{k \in M \mid k \leq n\}$ genau eine Funktion f gibt, die der Rekursionsformel genügt, und damit auch auf M, denn eine Funktion f auf M ist durch die Einschränkungen $f|\{k \leq n\}$ bestimmt.

Manche möchten allzu kurz argumentieren, die Behauptung: "f ist durch die Rekursionsformel für alle n eindeutig definiert", folge durch Induktion nach n. Aber dies ist gar keine Behauptung von der Form: "Für alle n gilt . . . ", die man direkt durch Induktion beweisen könnte.

Das wichtigste Hilfsmittel in und aus der Mengenlehre ist das

Lemma von Zorn (im wesentlichen von Zermelo): *Sei* $(M, \leq)$ *eine teilweise geordnete Menge. Jede Kette* $K \subset M$ *sei beschränkt. Dann hat* M *ein maximales Element, d.h. es gibt ein* $a \in M$, *so daß für kein* $x \in M$ *gilt* $x > a$.

BEWEIS: Angenommen nicht, dann kann man jeder Kette $K \subset M$ sogar ein echt größeres Element $m(K) \in M$, $m(K) > K$, zuordnen. Hier wird das Auswahlaxiom benutzt. Eine Kette $K \subset M$ heißt *ausgezeichnet*, wenn K wohlgeordnet ist und für jeden *Abschnitt* $K_x := \{k \in K \mid k < x\}$ gilt $x = m(K_x)$. Alle ausgezeichneten Ketten beginnen also gleich, mit $m_1 = m(\emptyset)$, $m_2 = m(\{m_1\})$, $m_3 = m(\{m_1, m_2\}), \ldots$ wenn sie überhaupt so weit gehen.

LEMMA: *Sind* K *und* L *ausgezeichnete Ketten, so ist* $K = L$ *oder* $K_x = L$ *oder* $L_x = K$ *für ein* x *aus* K *beziehungsweise* L.

BEWEIS davon: Angenommen das erste beides nicht, so zeige induktiv in K die *Behauptung*: $x \in K \Rightarrow x \in L$ und $K_x = L_x$. *Beweis der Behauptung*: Andernfalls gibt es ein kleinstes $x \in K$, für das die Behauptung falsch ist. Dann ist schon $K_x \subset L$ (weil $K_x < x$), und $K_x \neq L$ nach Annahme; sei also $z \in L$ minimal, so daß $z \notin K_x$. Dann ist $z > K_x$, sonst wäre nämlich für ein $y \in K_x$

$$x > y > z$$

aber dann, weil die Behauptung für y gilt, $y \in L$ und $K_y = L_y \ni z$, also $z \in K_x$, im Widerspruch zur Wahl von z.

Nun also $z > K_x$, und offenbar $K_x = L_z$. Aber dann $x = m(K_x) = m(L_z) = z$. Das zeigt die Behauptung. Jetzt folgt $K \subset L$, und wie eben $K = L_z$ für das minimale $z \in L$, $z \notin K$. Das zeigt das Lemma.

Jetzt folgt leicht, daß die Vereinigung aller ausgezeichneten Ketten eine ausgezeichnete Kette ist. Sie heiße A. Dann ist $m(A) > A$, und $A \cup \{m(A)\}$ auch ausgezeichnet, aber dann $A \cup \{m(A)\} \subset A$, ein Widerspruch, weil $m(A) \notin A$. Damit ist das Zornsche Lemma bewiesen.

Definition: Zwei Mengen M, N haben gleiche ***Kardinalzahl*** $|M| = |N|$, wenn es eine Bijektion $\varphi : M \to N$ gibt. Auch ist $|M| \leq |N|$, wenn es eine Injektion $\varphi : M \to N$ gibt.

Offenbar: $|M| \leq |N|,\ |N| \leq |S| \Rightarrow |M| \leq |S|$.

Satz (Schröder-Bernstein):

(i) $|M| \leq |N|$ *und* $|N| \leq |M| \Rightarrow |M| = |N|$.

(ii) $|M| \leq |N|$ *oder* $|N| \leq |M|$.

BEWEIS: (i): Seien $\varphi : M \to N$ und $\psi : N \to M$ injektiv. Gesucht ist eine Bijektion $\gamma : M \to N$. Jedes Element $m \in M$ und $n \in N$ tritt bis auf Indextranslation in genau einer Sequenz der Form

$$\ldots \underset{\varphi}{\mapsto} n_{-2} \underset{\psi}{\mapsto} m_{-1} \underset{\varphi}{\mapsto} n_{-1} \underset{\psi}{\mapsto} m_0 \underset{\varphi}{\mapsto} n_0 \underset{\psi}{\mapsto} m_1 \underset{\varphi}{\mapsto} n_1 \underset{\psi}{\mapsto} \ldots$$

$n_\nu \in N$, $m_\nu \in M$, als ein n_ν bzw. m_ν auf. Definiere $\gamma(m) = \varphi(m)$, wenn die Sequenz, in der m auftritt, mit einem $m_\nu \in M$ beginnt (insbesondere also ein erstes Element hat), und $\gamma(m) = \psi^{-1}(m)$ sonst. Dann ist γ stets definiert und bijektiv.

(ii): Betrachte die Menge der Tripel $\varphi : A \to B$, so daß $A \subset M$, $B \subset N$, φ bijektiv. Definiere $(\varphi : A \to B) < (\varphi_1 : A_1 \to B_1)$, falls $A \subset A_1$, $B \subset B_1$ und $\varphi_1|A = \varphi$. Auf der Menge dieser Tripel ist so eine teilweise Ordnung definiert, und jede Kette $((\varphi_\lambda : A_\lambda \to B_\lambda) \mid \lambda \in \Lambda)$ ist beschränkt durch $A = \bigcup_\lambda A_\lambda \xrightarrow{\varphi} \bigcup_\lambda B_\lambda = B$, $\varphi|A_\lambda = \varphi_\lambda$. Sei nun nach Zorns Lemma $(\varphi : A \to B)$ maximal, dann ist offenbar $A = M$ oder $B = N$, sonst könnte man $m \in M$, $m \notin A$, $n \in N$, $n \notin B$ finden, und $(\varphi : A \to B)$ auf $A \cup \{m\} \to B \cup \{n\}$ durch $m \mapsto n$ erweitern.

Definition: Die ***Potenzmenge*** $\mathfrak{P}(M)$ ist die Menge der Teilmengen von M.

Satz (Cantor): $|\mathfrak{P}(M)| > |M|$.

Man schreibt auch $|\mathfrak{P}(M)| =: 2^{|M|}$.

BEWEIS: Sonst gäbe es eine Bijektion $M \to \mathfrak{P}(M)$, $x \mapsto M(x)$. Definiere eine Teilmenge $A \subset M$ durch $x \in A \Leftrightarrow x \notin M(x)$. Es müßte $A = M(y)$ für ein $y \in M$ sein, also $y \in A \Leftrightarrow y \notin M(y) = A$. Widerspruch.

Satz: *Jede Menge kann wohlgeordnet werden.*

BEWEIS: Zur Menge M betrachte die Menge der Paare (A, R), $A \subset M$, R Wohlordnung auf A. Setze $(A_1, R_1) \leq (A_2, R_2)$, falls A_1 mit der Anordnung R_1 ein Abschnitt von A_2 mit der Anordnung R_2 ist, oder sogar $A_1 = A_2$ mit gleicher Anordnung $R_1 = R_2$. Dies definiert eine teilweise Ordnung auf den Paaren (A, R). Jede Kette $\{(A_\lambda, R_\lambda)\}$ ist beschränkt durch $A = \bigcup_\lambda A_\lambda$, $R|A_\lambda = R_\lambda$. Ein maximales Element (A, R) erfüllt $A = M$, denn sonst wäre $m \in M$, $m \notin A$, und $A \cup \{m\}$ würde durch die Wohlordnung R auf A und die Bestimmung $A < m$ wohlgeordnet, so daß das entstehende Paar $(A \cup \{m\}, \leq)$ größer als (A, R) wäre.

Wie man aus Mengen und Injektionen die Kardinalzahlen bildet, erhält man aus wohlgeordneten Mengen und monotonen Injektionen ***Ordinalzahlen***. Zwei wohlgeordnete Mengen haben gleiche Ordinalzahl, wenn es eine ordnungserhaltende Bijektion zwischen ihnen gibt.

Satz: *Seien M, N wohlgeordnet, dann gibt es genau eine monotone Bijektion von einer auf die andere oder einen Abschnitt der anderen. Insbesondere sind die Ordinalzahlen streng geordnet.*

BEWEIS: Angenommen, es gibt keine monotone Bijektion $M \to N$ oder $M \to N_x$. Dann definiere $\varphi : N \to M_y$ induktiv, nämlich ist φ auf N_x schon definiert, und $\varphi(N_x) = M_z$ für ein $z \in M$, so setze $\varphi(x) = z$; ist $N_x \cup \{x\} \neq N$, so ist auch $N_x \cup \{x\}$ ein Abschnitt in N und $\varphi(N_x) \cup \{x\}$ ein Abschnitt in M. Offenbar ist induktiv $\varphi(N)$ erklärt, und $\varphi(N) = M_y$ mit y minimal in M, so daß $y \notin \varphi(N)$. qed.

Ist insbesondere M wohlgeordnet, so werden die Kardinalzahlen $< |M|$ durch Teilmengen von M, also nach dem Satz durch Abschnitte M_x von M repräsentiert, und $|M| \le |M_y| \Leftrightarrow x \le y$, also

Korollar: *Es gibt genau eine bijektive monotone Abbildung der Menge der Kardinalzahlen $< |M|$ auf einen Abschnitt der wohlgeordneten Menge M. Insbesondere ist die Menge der Kardinalzahlen $\le |M|$ durch ihre Ordnung wohlgeordnet, und $|M|$ ist auch durch die Menge der Ordinalzahlen $\le$ der Ordinalzahl von M repräsentiert.*

Satz: *Für eine unendliche Menge M gilt $|M \times M| = |M|$ und $|M + M| = |M|$, wenn $+$ die punktfremde Vereinigung ist.*

Korollar: *Ist $|M|$ unendlich, $N \neq \varnothing$, so ist $|M \times N| = |M + N|$ $= \max\{|M|, |N|\}$.*

BEWEIS: Aus der ersten Behauptung folgt $|M| = |M \times M| \ge |M \times \{1,2\}| = |M + M| \ge |M|$ also die zweite Behauptung für dieselbe Kardinalzahl. Die erste Behauptung gilt für Mengen der Kardinalzahl $|\mathbb{N}|$, denn man kann $\mathbb{N} \times \mathbb{N}$ abzählen. Wir schließen nun durch Induktion nach der Kardinalzahl von M, setzen also die Behauptung für Teilmengen von M kleinerer Kardinalzahl voraus.

Zum *Beweis* der ersten Behauptung betrachte dann die Menge der Paare (B, ψ), wo $B \subset M$ unendlich und $\psi : B \to B \times B$ bijektiv ist. Wie immer hat man für die Paare (B, ψ) die Anordnung $(B, \psi) \le (B_1, \psi_1)$ wenn $B \subset B_1$ und $\psi = \psi_1 | B$. Das Lemma von Zorn liefert dann ein maximales Paar (A, φ), $\varphi : A \to A \times A$. Angenommen, für dieses ist $|A| < |M|$, so ist $M = A + B$ und $|B| > |A|$ nach Induktionsannahme. Also $M = A + A_1 + C$, $|A_1| = |A|$. Nun ist

$$(A + A_1) \times (A + A_1) = (A \times A) + (A \times A_1) + (A_1 \times A) + (A_1 \times A_1),$$

und nach Induktionsannahme gibt es eine Bijektion

$$\varphi_1 : A_1 \longrightarrow (A \times A_1) + (A_1 \times A) + (A_1 \times A_1).$$

Also liefert φ_1 eine Erweiterung von φ, nämlich eine Bijektion

$$A + A_1 \to (A + A_1) \times (A + A_1),$$

die auf A mit φ übereinstimmt, im Widerspruch zur Maximalität von φ. Also $|A| = |M|$, und damit ist der Satz bewiesen.

Sei $|M|$ unendlich und K die Menge der Kardinalzahlen κ, so daß $|M| < \kappa < 2^{|M|}$. Aus dem ersten Korollar auf der vorigen Seite folgt die Abschätzung

$$0 \leq |K| \leq 2^{|M|}.$$

Die ***Kontinuumshypothese*** von Cantor sagt $|K| = 0$. Nach einem Satz von Cohen ist diese Hypothese unabhängig von den Axiomen der Mengenlehre, und innerhalb obiger Abschätzung ist jede Annahme mit den Axiomen der Mengenlehre verträglich. Nach der Kontinuumshypothese gäbe es, wie man leicht aus dem letzten Satz folgert, keine Kardinalzahl zwischen $|\mathbb{N}|$ und $|\mathbb{R}|$, daher der Name.

Literaturverzeichnis

[1] Bourbaki, N., Eléments de Mathématique, Livre V: *Espaces vectoriels topologiques*, Chapitres I et II, 2ième éd., Paris: Hermann 1966

[2] Bourbaki, N., *Topologie Générale*, Chapitres 1 à 4, Paris: Hermann 1971

[3] Bröcker, Th., Jänich, K., *Einführung in die Differentialtopologie*, Heidelberger Taschenbücher 143, korr. Nachdr., Berlin-Heidelberg-New York: Springer 1990

[4] Dieudonné, J.A., *Treatise on Analysis*, Vol. II, New York und London: Academic Press 1970

[5] Dold, A., *Lectures on Algebraic Topology*, Berlin-Heidelberg-New York: Springer 1972

[6] Dold, A., *Partitions of unity in the theory of fibrations*, Ann. of Math. 78 (1963), 223-255

[7] Dunford, N., Schwartz, J.T., *Linear Operators*, Part I: General Theory, New York: Interscience Publ. 1957

[8] Dunford, N., Schwartz, J.T., *Linear Operators*, Part II: Spectral Theory, New York: Interscience Publ. 1963

[9] Forster, O., *Riemannsche Flächen*, Heidelberger Taschenbücher 184, Berlin-Heidelberg-New York: Springer 1977

[10] Grauert, H., Remmert, R., *Theorie der Steinschen Räume*, Berlin-Heidelberg-New York: Springer 1977

[11] Hilton, P.J., *An Introduction to Homotopy Theory*, Cambridge Univ. Press 1953

[12] Jänich, K., *Funktionentheorie. Eine Einführung*, 3. Aufl. Berlin-Heidelberg-New York: Springer 1993

[13] Köthe, G., *Topologische Lineare Räume I*, 2. Aufl., Berlin-Heidelberg-New York: Springer 1966

[14] Milnor, J., *Morse Theory*, Princeton Univ. Press 1963

[15] Neumann, J.v., *Zur Algebra der Funktionaloperationen und Theorie der normalen Operatoren*, Math. Annalen 102 (1930), 370-427

[16] Schubert, H., *Topologie*, 4. Aufl., Stuttgart: Teubner 1975

[17] Steen, L.A., Seebach, J.A., *Counterexamples in Topology*, 2nd ed., New York-Heidelberg-Berlin: Springer 1978

[18] Thom, R., *Quelques propriétés globales des variétés différentiables*, Comm. Math. Helv. 28 (1954), 17-86

[19] Tychonoff, A., *Über die topologische Erweiterung von Räumen*, Math. Annalen 102 (1930), 544-561

[20] Tychonoff, A., *Ein Fixpunktsatz*, Math. Annalen 111 (1935), 767-780

[21] Wolf, J.A., *Spaces of Constant Curvature*, New York: McGraw-Hill 1967

Symbolverzeichnis

4	$[a, b]$	abgeschlossenes Intervall von a bis b
8	$\mathring{B}$	Inneres der Menge B
8	$\bar{B}$	abgeschlossene Hülle von B
11	$K_\varepsilon(x)$	Kugel vom Radius ε um einen Punkt x eines metrischen Raumes
13	$+$	disjunkte Summe, topologische Summe
18	$\cong$	"isomorph", hier Zeichen für Homöomorphie
19	$(2,3)$	offenes Intervall von 2 bis 3; Verwechslungsgefahr mit dem Zahlenpaar $(2,3) \in \mathbb{R}^2$.
33	$\\|\cdots\\|$	Norm
34	$\|\ldots\|$	Halbnorm
37	$C(X)$	Banachraum der beschränkten stetigen Funktionen auf X
39	$[x]$	Äquivalenzklasse
39	$X/\sim$	Menge bzw. Raum der Äquivalenzklassen bezüglich der Äquivalenzrelation $\sim$ auf X.
43	G/H	Quotientenraum von G nach der Untergruppe H.
48	X/G	Orbitraum eines G-Raumes X
50	X/A	Quotientenraum, der durch Zusammenschlagen von $A \subset X$ zu einem Punkt entsteht
51	CX	Kegel über X
53	$X \vee Y$	"wedge", $X \times y_0 \cup x_0 \times Y \subset X \times Y$
53	$X \wedge Y$	"smash", $X \times Y/X \vee Y$
54	$Y \cup_\varphi X$	Quotientenraum, der aus $X + Y$ durch Identifizieren der Punkte x und $\varphi(x)$ entsteht. ("Anheften von X an Y mittels φ").
56	$M_1 \# M_2$	zusammenhängende Summe
57	$X \times [0,1]/\alpha$	Quotientenraum, der aus $X \times [0,1]$ durch Identifizieren von $(x,0)$ mit $(\alpha(x),1)$ hervorgeht

63	$(\widehat{X}, \widehat{d})$	Vervollständigung des metrischen Raumes (X, d)
70	$C_0^\infty(\mathbb{R}^n)$	Vektorraum der C^∞-Funktionen mit kompaktem Träger
73	$\simeq$	homotop
76	$\simeq$	homotopieäquivalent
75	$[X, Y]$	Menge der Homotopieklassen von Abbildungen von X nach Y
93	$\pi_n(X, x_0)$	n-te Homotopiegruppe von (X, x_0)
99	$\prod_{\lambda \in \Lambda} X_\lambda$	Produkt der Familie $\{X_\lambda\}_{\lambda \in \Lambda}$ von Mengen oder topologischen Räumen
109	$s(v_0, \dots, v_k)$	Simplex, konvexe Hülle von Punkten $v_0, \dots, v_k$ in allgemeiner Lage im $\mathbb{R}^n$
111	$\|K\|$	einem Polyeder K zugrunde liegende Menge
118	X^n	n-Gerüst eines zellenzerlegten Raumes X
143	TM	Tangentialbündel
157	Y_x	Faser eines topologischen Raumes $Y \xrightarrow{\pi} X$ über X an der Stelle x
157	$Y\|U$	Einschränkung eines topologischen Raumes Y über X auf $U \subset X$
158	$\cong$	Isomorphie, hier Homöomorphie "über X"
163	$\sim$	über Abbildungen geschrieben: in Kapitel 9 meist für "Hochhebungen" aller Art ($\widetilde{\alpha}, \widetilde{f}$ etc.)
171	α^-	der rückwärts durchlaufene Weg, d.h. $\alpha^-(t) := \alpha(1-t)$
172	$\Omega(X, x_0)$	Menge der Schleifen in X an x_0
172	$\simeq$	hier: Homotopie von Schleifen mit festem Anfangs- und Endpunkt x_0
172	$[\ ]$	hier: Äquivalenzklassen von Schleifen nach $\simeq$
173	$\pi_1(X, x_0)$	Fundamentalgruppe
173	f_*	von f induzierter Homomorphismus der Fundamentalgruppen
173	$G(Y, y_0)$	charakteristische Untergruppe von $\pi_1(X, x_0)$ der Überlagerung $(Y, y_0) \to (X, x_0)$
178	$[\ ]_\sim$	nur auf den Seiten 164–168 gebrauchte Notation für die in der Definition auf S. 164 angegebene Äquivalenzrelation

Register

Vorbemerkung:

Die kurzen Erläuterungen zu den einzelnen Stichworten können nicht immer ausführlich genug sein und ersetzen daher, wenn es darauf ankommt, nicht die genaue Definition im Text.

E

F

H

Häufungspunkt 4

einer Teilmenge $A \subset \mathbb{R}$: Nicht notwendig zu A gehöriger Punkt $p \in \mathbb{R}$, für den $A \cap (p-\varepsilon, p+\varepsilon) \setminus p$ für kein $\varepsilon > 0$ leer ist.
Analog für eine Teilmenge A eines topologischen Raumes ($A \cap U \setminus p$ für keine Umgebung U von p leer).

Halbnorm 34

$|\ldots| : E \to \mathbb{R}$; $|x| = 0$ trotz $x \neq 0$ kann eintreten, sonst wie Norm.

Hausdorff, Felix 3, 5, 22

1868–1942

Hausdorffraum 22

topologischer Raum, der das Hausdorffsche Trennungsaxiom erfüllt. Auch "separierter Raum" genannt.

Hausdorffsches Trennungsaxiom 22

zu je zwei verschiedenen Punkten existieren disjunkte Umgebungen.

Henkel 56

Im Zusammenhang mit der Morse-Theorie Bezeichnung für $D^k \times D^{n-k}$.

Hilbert-Basis 33

vollständiges Orthonormalsystem in einem Hilbertraum.

Hilbertquader 199

Im separablen Hilbertraum, z.B. dem der quadratsummierbaren Folgen, ist das der Teilraum der Folgen $(x_n)_{n \geq 1}$ mit $|x_n| \leq \frac{1}{n}$.

Hilbertraum 33

vollständiger euklidischer bzw. unitärer Raum.

Hochhebbarkeitskriterium 174

$$\begin{array}{ccc} & & (Y, y_0) \\ & \overset{\widetilde{f}}{\nearrow} & \downarrow \pi \\ (Z, z_0) & \xrightarrow[f]{} & (X, x_0) \end{array}$$

$\widetilde{f}$ gesucht. Das Kriterium verweist auf die Fundamentalgruppen.

Hochheben von Wegen 163

In der Überlagerungstheorie die allgegenwärtige Grundtechnik: Ist $Y \xrightarrow{\pi} X$ eine Überlagerung und y_0 Punkt über dem Anfangspunkt eines Weges α in X, dann gibt es genau einen "hochgehobenen" Weg $\widetilde{\alpha}$ (d.h. $\pi \circ \widetilde{\alpha} = \alpha$), der bei y_0 anfängt.

homöomorph 18

heißen zwei Räume, wenn zwischen ihnen ein Homöomorphismus existiert.

Homöomorphismus 17

$f : X \to Y$ heißt Homöomorphismus, wenn es bijektiv ist und f und f^{-1} *beide* stetig sind.

homogener Raum 43

Quotient G/H topologischer Gruppen.

Homologie 89, 91, 114, 127

Von der Homologie ist zwar, wie von einer Reihe anderer über die Mengentheoretische Topologie hinausgehender Gegenstände in diesem Buch mehrfach die Rede, aber die Definition wird hier nicht gegeben. Siehe z.B. [5] oder [16].

Druck: Weihert-Druck GmbH, Darmstadt
Bindearbeiten: Theo Gansert Buchbinderei GmbH, Weinheim

Springer-Verlag und Umwelt

Als internationaler wissenschaftlicher Verlag sind wir uns unserer besonderen Verpflichtung der Umwelt gegenüber bewußt und beziehen umweltorientierte Grundsätze in Unternehmensentscheidungen mit ein.

Von unseren Geschäftspartnern (Druckereien, Papierfabriken, Verpackungsherstellern usw.) verlangen wir, daß sie sowohl beim Herstellungsprozeß selbst als auch beim Einsatz der zur Verwendung kommenden Materialien ökologische Gesichtspunkte berücksichtigen.

Das für dieses Buch verwendete Papier ist aus chlorfrei bzw. chlorarm hergestelltem Zellstoff gefertigt und im pH-Wert neutral.